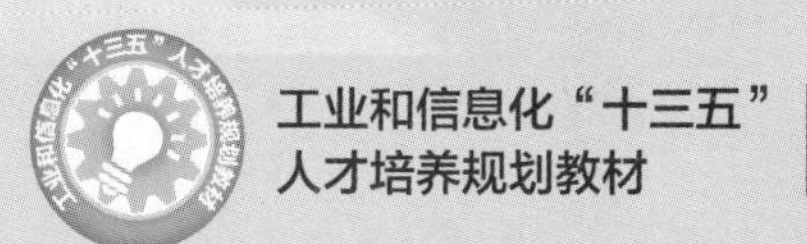

Python 技术类

Python
Programming

Python
基础案例教程 微课版

钟柏昌 ◎ 主编

人 民 邮 电 出 版 社
北 京

图书在版编目（CIP）数据

Python基础案例教程 ：微课版 / 钟柏昌主编. -- 北京 ：人民邮电出版社，2023.1（2024.1重印）
工业和信息化“十三五”人才培养规划教材. Python技术类
ISBN 978-7-115-55149-8

Ⅰ. ①P… Ⅱ. ①钟… Ⅲ. ①软件工具－程序设计－教材 Ⅳ. ①TP311.561

中国版本图书馆CIP数据核字(2020)第208635号

内容提要

本书从初学者角度出发，通过实例、图示和通俗易懂的语言，详细、全面地介绍Python的基础知识。全书分为8章，包括Python编程基础、基本数据类型、Python程序控制、Python数据结构、Python函数模块、Python文件操作、Python图形用户界面及Python编程实战。

本书所有的知识点都结合具体案例进行介绍，涉及的程序代码也都给出了详细的注释。读者可以轻松领会Python程序开发的精髓，快速掌握开发技能。

本书可作为高等教育本、专科院校计算机相关专业及其他工科专业的Python教材，也可作为自学者的参考书，是一本适合程序开发初学者学习的入门级图书。

◆ 主　　编　钟柏昌
责任编辑　范博涛
责任印制　焦志炜
◆ 人民邮电出版社出版发行　　北京市丰台区成寿寺路11号
邮编　100164　　电子邮件　315@ptpress.com.cn
网址　https://www.ptpress.com.cn
北京市艺辉印刷有限公司印刷
◆ 开本：787×1092　1/16
印张：15.25　　2023年1月第1版
字数：384千字　　2024年1月北京第3次印刷

定价：59.80元

读者服务热线：(010)81055256　印装质量热线：(010)81055316
反盗版热线：(010)81055315
广告经营许可证：京东市监广登字20170147号

前言 PREFACE

Python 是一种功能强大而又简单易学的编程语言，它不仅适合初学者也适合专业人员使用。现在很多学校都开设了 Python 课程，甚至不少中小学也开设了 Python 课程。

目前，关于 Python 的图书很多，但是真正适合初学者学习的并不是很多。本书从初学者的角度，循序渐进地讲解使用 Python 编程应该掌握的各项知识与技能。本书虽然是为新手设计的，但对于有经验的程序员来说同样有用。如果读者有其他语言的编程经验，也能从中认识到 Python 与其他编程语言之间的区别，感受到 Python 的简洁、易写、功能强大等特点。

◆ 指导思想

本书在编写的过程中，结合党的二十大精神进教材、进课堂、进头脑的要求，将知识教育与思想品德教育相结合，通过案例学习加深学生对知识的认识与理解，让学生在学习新兴技术的同时了解国家在科技发展上的伟大成果，提升学生的民族自豪感，引导学生树立正确的世界观、人生观和价值观，进一步提升学生的职业素养，落实德才兼备、高素质和高技能的人才培养要求。

◆ 本书内容

本书提供了从入门到实战所需的各类知识，共分 8 章。内容由浅入深，将知识点融入一个个实例中，帮助读者从新手模仿编程，逐步创新，最终成为实战高手。全书内容安排顺序如下。

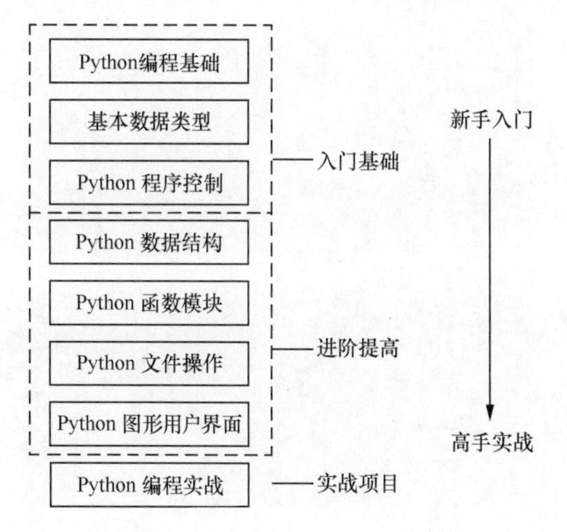

◆ 本书特点

在编写本书时，作者努力体现以下特点，力图让读者能更轻松地学习 Python，开启 Python 的神秘之旅。

❖ 实例丰富：本书的知识点融入了丰富有趣的案例。每个案例都有详细的分析和设计指导，降低了学习难度。案例中的问题贴近读者的生活，使读者在解决案例问题的情境中，既学习了编程知识，又提升了解决问题的能力。

❖ 项目驱动：书中的案例基于案例学习理念，设置了“案例准备”“案例实施”“拓展阅读”“案例练习”等栏目。这样的栏目设置遵循读者的思维发展过程，不仅可以让读者学会几十个程序，更重要的是可以培养编程思维能力。

❖ 资源丰富：针对每章教学内容的配套资源包括微课视频、源代码、教学课件、教学设计、参考题库等。对于初学者，微课视频是最好的导师，它可以引导初学者快速入门，提升学习兴趣。源代码、习题答案、参考题库能为读者自学提供帮助，读者能边学边练习，巩固所学知识，并在实践中提升实际开发能力。

❖ 图文并茂：本书的案例分析部分多采用流程图等图示法代替文字描述，让读者一目了然，轻松读懂描述的内容。

❖ 贴心提醒：本书根据需要在各章中设置"理解题意""问题思考""知识准备""算法分析"等内容，有利于读者在实践中轻松理解相关知识点和概念，找出自己编程中的问题，从而掌握相应技术的应用和技巧。

◆ 致读者

本书由钟柏昌主编，参与本书编写的作者还包括方其桂、梁祥、刘蓓、张青、宣国庆、张小龙、董俊、林文明、孙志辉等，配套资源由方其桂整理制作。在本书作者中，有的是信息技术学科省级教研人员，有的是具有多年教学经验的一线教师，曾编写过多本Python编程相关图书，具有丰富的编写经验。

虽然编者有多年撰写计算机图书的经验，并尽力认真构思、验证和反复审核修改，但难免存在一些不足之处。如果读者在阅读中遇到问题，恳请与我们联系。电子邮箱为Ahjks2010@163.com。

编者

2023年7月

目录
CONTENTS

第 1 章 Python 编程基础

Python 是一门非常优秀的计算机编程语言，因使用界面简洁，编写程序过程简便，故学习起来容易上手，已成为当前主流的编程语言。

本章主要介绍 Python 编程基础知识，结合实例，让读者感受 Python 简单易学、功能强大的特点。通过阅读案例程序的注释，理解程序代码，并尝试修改程序代码，拓展案例新功能。引用生活中的案例，分析案例流程，了解算法基础知识，为后续章节的学习打好基础。

学习目标

★ 了解 Python 编程的基本规范，掌握 Python 编程的常规流程

★ 了解标识符和保留字，掌握运算符的应用

★ 了解常量和变量，掌握表达式的应用

★ 了解算法的基本知识，掌握算法的描述方式

★ 应用自然语言、伪代码和流程图来描述算法

1.1 快速入门

编写 Python 程序，需用 Python 自带的编辑器 IDLE。脚本式多行编程是 Python 的主要编程方法，它可以用文件的方式把程序代码保存下来，方便以后随时修改与调用。

1.1.1 开始编写程序

Python 语法结构简单，非常适合初学者启蒙学习。本节精选一个代码简洁的案例，从零开始，一步一步示范讲解，了解 Python 完整的编程过程，从而开启编程之旅。

案例 1 排序好简便

在生活中经常会使用到排序，编写一小段 Python 程序，能把乱序的数字重新有序排列。如图 1.1 所示，可根据需要将一组乱序的数字“2,5,0,8,3,7,4,6,9,1”按从小到大或从大到小的顺序排列输出。

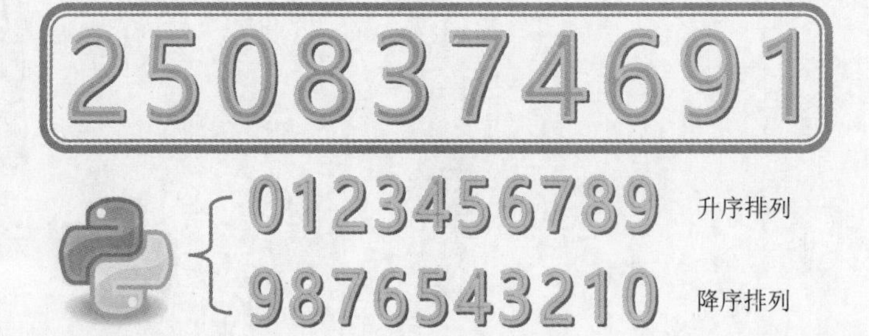

图 1.1 排序好简便

案例准备

1. 理解题意

使用 Python 编写排序程序要学习很多知识，本案例讲解的重点是让学习者感受 Python 代码简洁、容易

上手、编程快捷的特点。从进入 Python 的编辑环境开始，分别介绍新建、输入、保存、运行等基础环节的操作过程。结合案例让学习者体验数字排序过程，体验 Python 的神奇魅力。

2. 问题思考

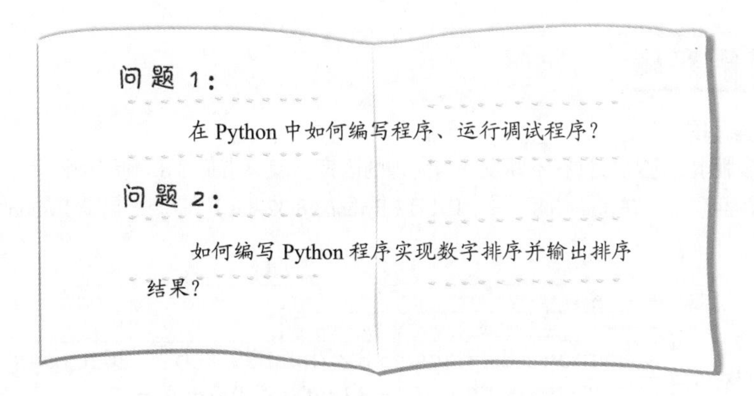

3. 知识准备

（1）编辑器 IDLE 的编程方式

虽然可以使用记事本、Word 等字处理软件编写程序，但是这些软件不能进行程序的编译和运行。IDLE 是 Python 自带的集成开发环境，不仅具有代码的编辑功能，还具有程序的编译和运行功能。如图 1.2 所示，IDLE 编程方式分交互式逐行编程与脚本式多行编程两种方式。

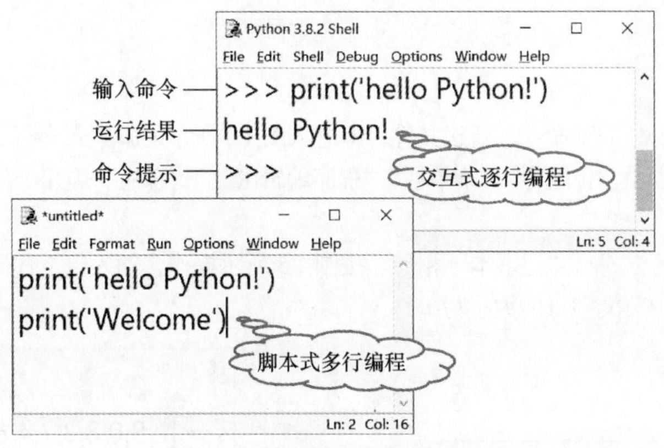

图 1.2　编辑器 IDLE 的编程方式

（2）认识案例程序的代码

本案例的程序中有 4 行代码，每行代码的功能解释如下（在 Python 中“#”后面的文字是左侧代码的注释语句，用于解释代码的逻辑或功能，提高代码的可读性）。

```
s = [2,5,0,8,3,7,4,6,9,1]   # 定义列表 S，该列表是由一组乱序数字组成
print(s)                    # 屏幕输出显示列表 S
s.sort()                    # 对列表 S 中的数字进行排列
print(s)                    # 屏幕输出显示列表 S
```

4. 算法分析

第一步：定义一组乱序的数据。

第二步：输出显示第一步所定义的数据。

第三步：对这组数据执行排序操作。

第四步：输出显示排序后的有序数据。

1. 进入编程环境

Python 有很多版本，它是一种在不断发展与完善的语言。以 Python 3.8.2 版为例，其打开方式为，选择“开始”→“所有程序”→“Python 3.8”→“IDLE（Python3.8 32-bit）”命令，启动 Python 3.8.2 Shell，如图 1.3 所示。

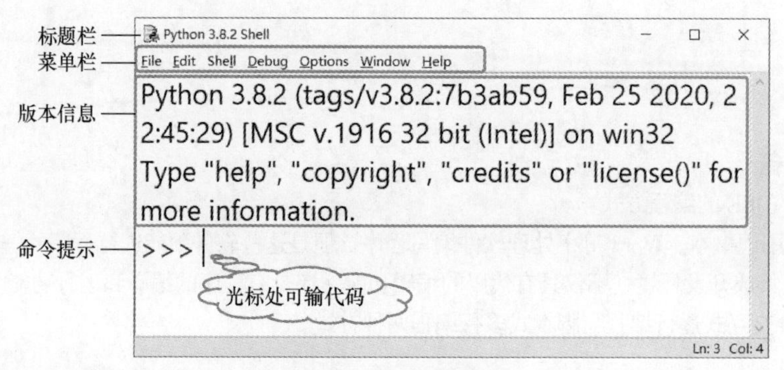

图 1.3　进入编程环境

2. 新建文件

选择“File”→“New File”命令，新建文件，即进入图 1.4 所示的脚本式多行编程界面。该界面与“记事本”窗口界面相类似，由“标题栏”“菜单栏”“程序编辑区”“状态栏”等几个部分组成。

3. 输入代码

Python 中输入代码的方式与“记事本”相似。按图 1.5 所示操作，输入以下代码（要在英文半角状态下输入代码，需注意代码中英文字母的大小写）。

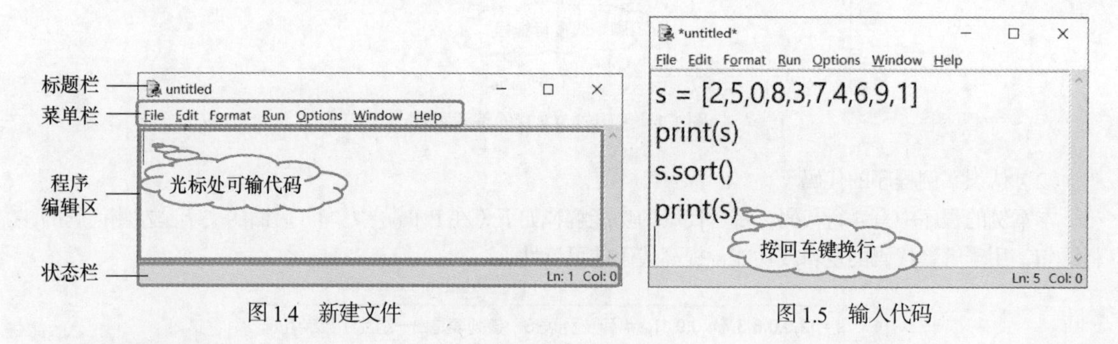

图 1.4　新建文件　　　　图 1.5　输入代码

4. 保存文件

按图 1.6 所示操作，选择保存路径后，以“案例 1　排序好简便.py”为文件名保存文件。在 Python 中，使用脚本式多行编程方式所编写的文件扩展名为“.py”，文件名的命名同记事本、Word 等软件命名一样，文件名可以由中文、英文、数字等组成。

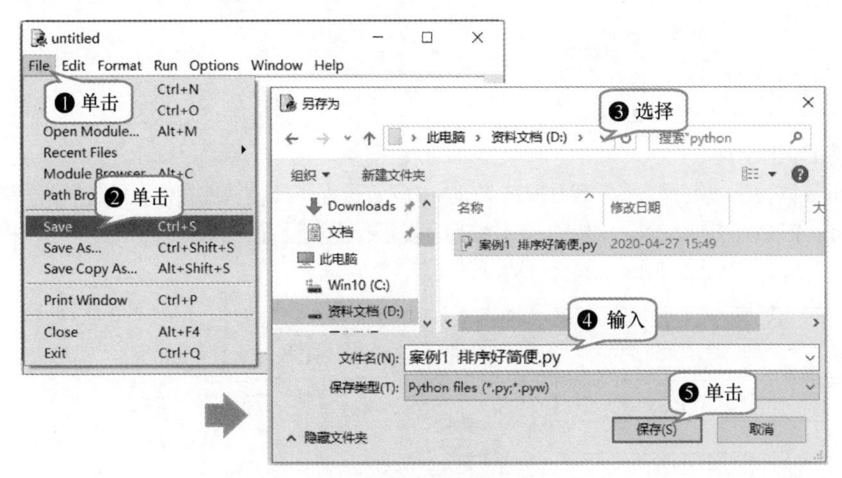

图 1.6 保存文件

5. 运行程序

程序编写完成后，需运行程序。按图 1.7 所示操作，查看“案例 1 排序好简便”程序的运行结果。

图 1.7 运行程序

6. 调试程序

若编程时不小心输入了错误代码，运行程序时 Python 就会自动提示出错的位置与原因。如图 1.8 所示，“prin(s)” 少写了一个 “t”，系统就会出现提示，指出程序出错的位置。

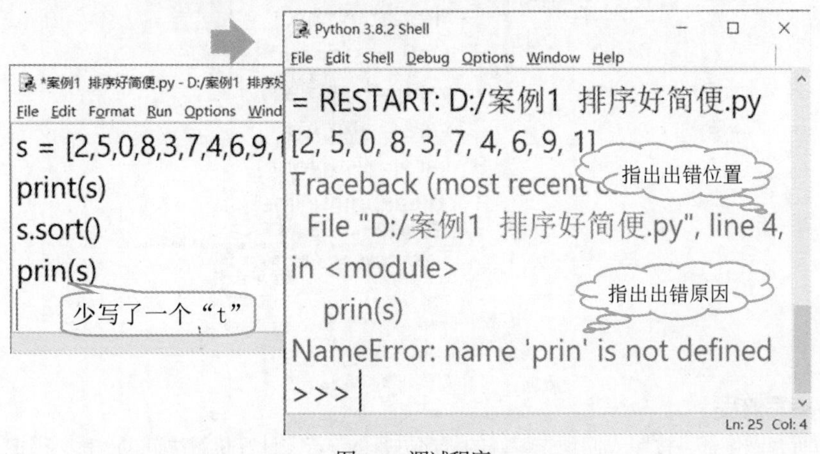

图 1.8 调试程序

1. 安装 Python

利用 Python 语言学习编程，需下载并安装 Python。安装过程与一般软件相似，只需根据安装界面的提示进行操作即可。需注意的是，初学者如果不会对编程环境进行专业设置，可按图 1.9 所示操作，将“Add Python 3.8 to PATH”复选框勾选上，Python 就会自动设置安装。

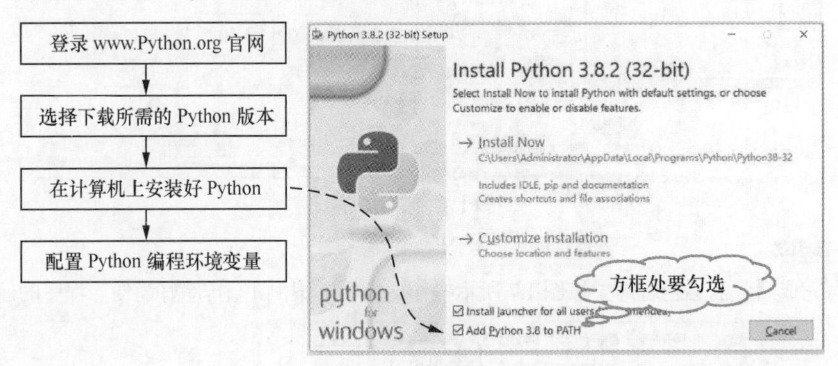

图 1.9　安装 Python

2. 设置编程环境

为了方便编程，Python 可对编辑器 IDLE 的编程环境进行个性化设置。选择“Options”→“Configure IDLE”命令，按图 1.10 所示操作，可以设置编程环境中的字体、字号、颜色等参数。

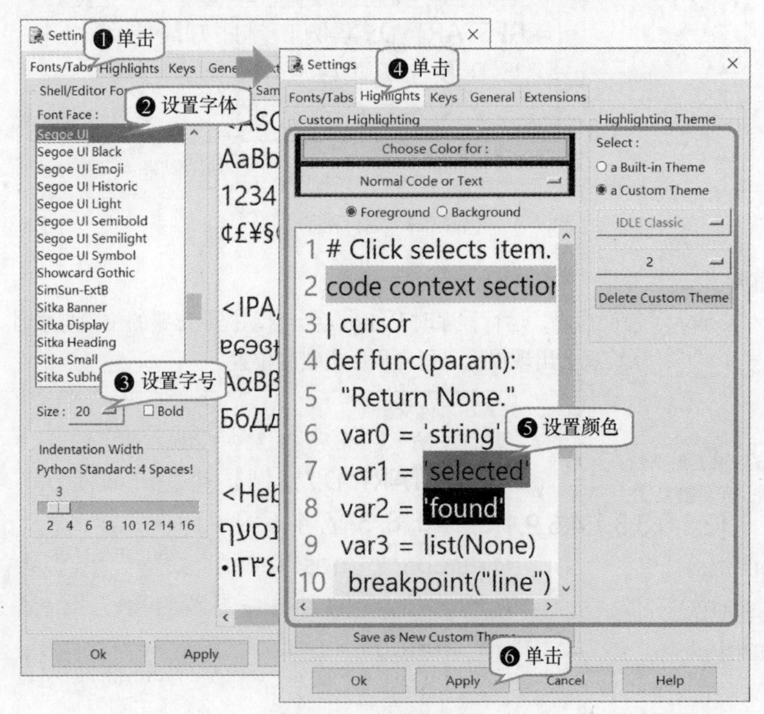

图 1.10　设置编程环境

3. 程序编写流程

计算机的所有操作都是按照人们预先编好的程序进行的。若需计算机解决问题，就必须把具体问题转化为计算机可以运行的程序。在问题提出之后，从分析问题、设计算法、编写程序，一直到运行调试程序，整个过程称为程序设计，简称编程。例如，让本案例再添加一个从大到小排序的功能，程序编写流程如图 1.11 所示。

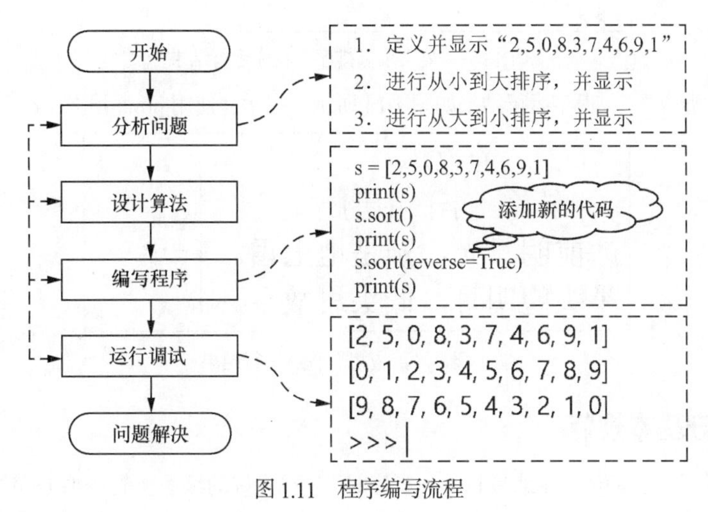

图 1.11　程序编写流程

4．修改调试程序

当程序出现运行错误时，需要进行修改与调试。运行程序后，如果出现红色英文提示信息，则说明 Python 收到了错误的命令，反馈出相应的提示信息。如图 1.12 所示，此时需根据提示信息进行修改，直到修改正确，这个过程称为修改调试程序。

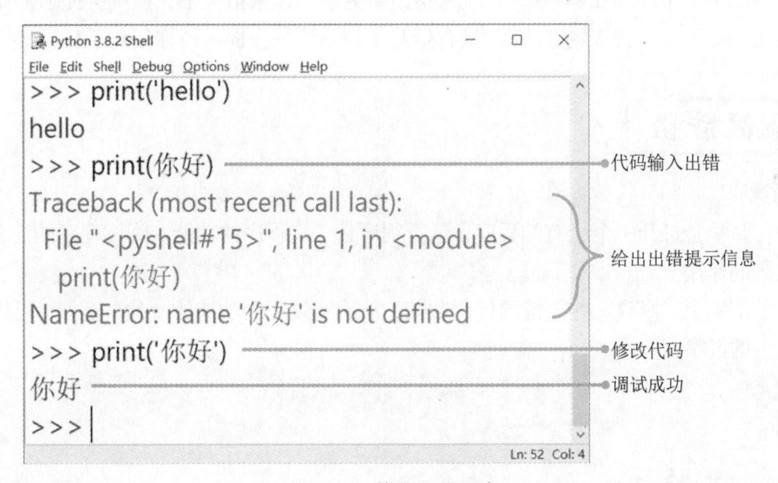

图 1.12　修改调试程序

1. 更换案例中的乱序数据，如将“2,5,0,8,3,7,4,6,9,1”数据修改为“12,5,10,85,34,7,4,62, 9,1,172,22,0,184”。测试程序，查看运行结果。

2. 上述案例不仅可以对数据进行排序，还可以对英文字母进行排序。请修改乱序数据为英文字母，并测试程序，程序运行结果如图 1.13 所示。提示：s = ['e','a','f','b','g','c','h','d','k']。

```
['e', 'a', 'f', 'b', 'g', 'c', 'h', 'd', 'k']    #1. 显示乱序的字母
['a', 'b', 'c', 'd', 'e', 'f', 'g', 'h', 'k']    #2. 输出顺序的字母
['k', 'h', 'g', 'f', 'e', 'd', 'c', 'b', 'a']    #3. 输出倒序的字母
>>>
```

图 1.13 “英文字母排序”程序运行结果

3. 编写程序“静夜思”，程序运行结果如图 1.14 所示。提示：使用 print( )函数。

```
    静夜思
  作者：李白 (唐)
床前明月光，疑是地上霜。
举头望明月，低头思故乡。
```
输出古诗文字

图 1.14 “静夜思”程序运行结果

1.1.2 遵守基本规范

Python 程序讲究优雅、简洁。在编写 Python 程序时，遵循良好的编程规范，可以有效地提高程序中代码的可读性，降低出错概率和维护难度。同时，符合编程规范的程序有助于别人阅读与再次修改开发。

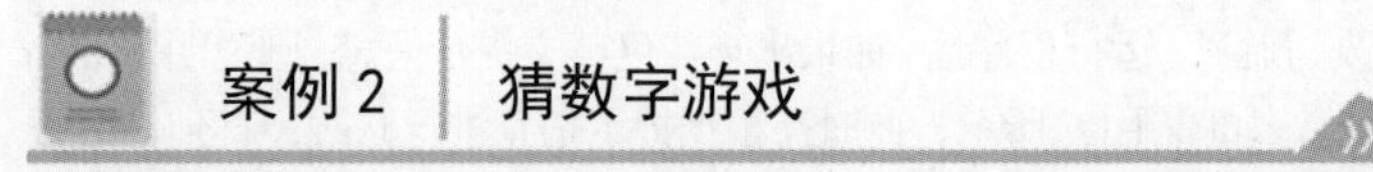

案例 2 猜数字游戏

计算机随机生成一个 10 以内的数字，让玩家猜出该数字。如果猜大了，系统会提示“比我选的数大”；如果猜小了，系统会提示“比我选的数小”；只有猜对了，系统才会提示“你猜对了！”并结束游戏。

1. 理解题意

在本案例中，要学会打开一个已有的程序，运行程序，了解程序的功能。阅读程序的注释语句，从而了解程序中各行代码的作用。

在读懂程序的基础上，修改一些关键的代码数值，从而实现程序功能的变化。例如，可以让计算机随机生成一个 100 以内的数字。

2. 问题思考

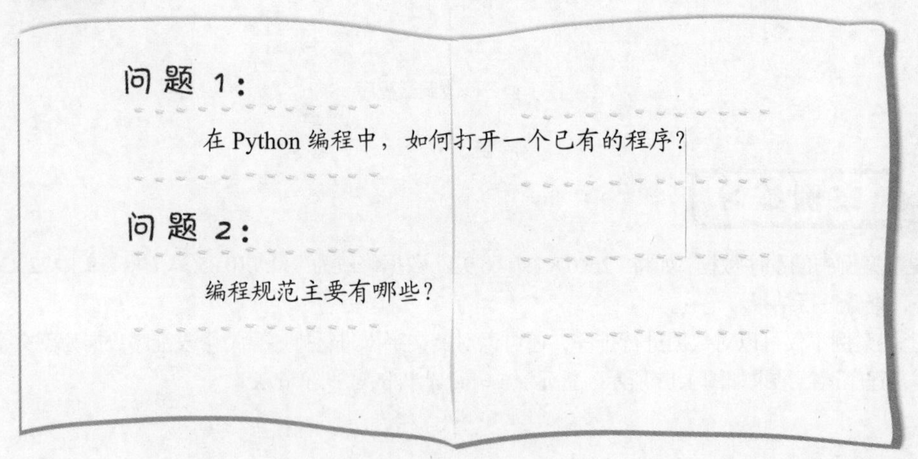

3. 知识准备

（1）行

编写程序如同写文章，一段程序是由多行具有不同功能的语句组成的。在 Python 中，为了使编写的程序便于阅读，以及在调试程序时能快速定位错误代码的位置，需要标注行号。按图 1.15 所示操作，设置显示编辑器 IDLE 中每行代码的行号。

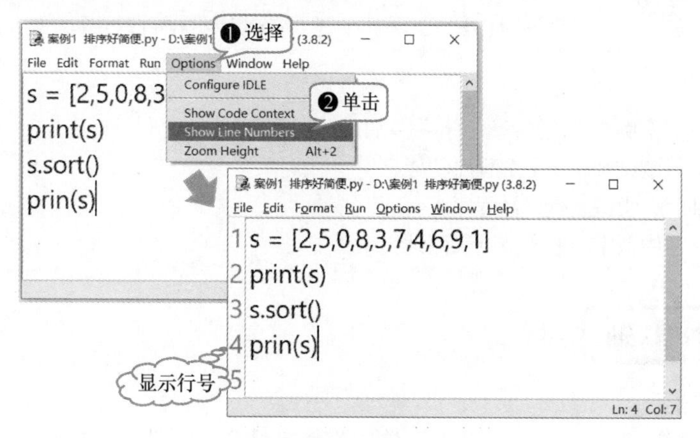

图 1.15　设置编辑器程序行号

一般一条语句为一行，但有时也可以将多条语句写成一行。将多条语句写成一行时，每条语句后面使用“;”隔开。以下程序与“案例 1　排序好简便.py”文件中程序的运行效果是一样的。但在编程时，这种写法不利于后期的阅读与修改，所以一般不推荐这样写。

```
s = [2,5,0,8,3,7,4,6,9,1]
print(s);   s.sort();   print(s)
```

在编程中还有一些语句，为了实现某种功能，必须分多行写。如下程序就是为了输出特定的显示效果，将一条显示输出语句写成了 3 行。所以在具体编程时，也要根据实际需要编写，不可机械地理解“一条语句必须写成一行”。

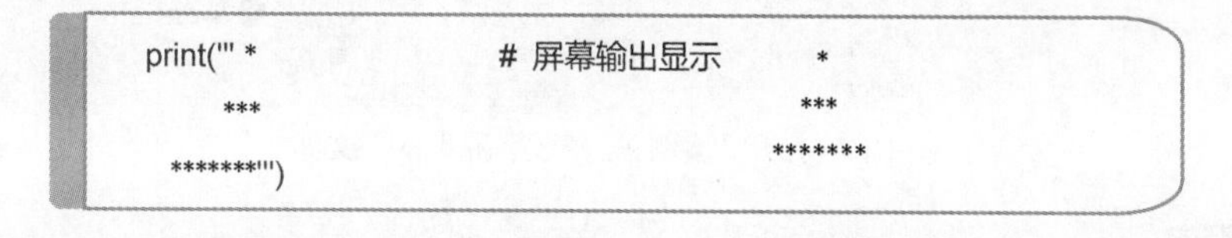

```
print(''' *                         # 屏幕输出显示         *
     ***                                              ***
  *******''')                                       *******
```

（2）缩进

写文章时，一般段前要空两格，这种形式称为缩进。在 Python 编程中，一些条件语句、循环语句的结构体内所写的代码必须缩进。实现代码缩进可以使用空格键，也可以使用 Tab 键。图 1.16 所示为代码缩进的注意事项。

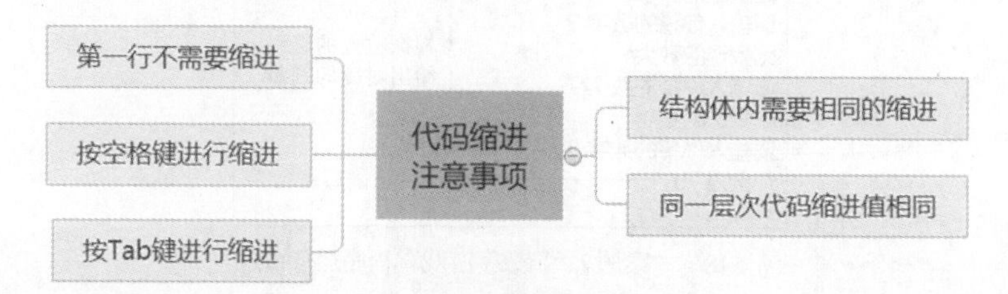

图 1.16　代码缩进注意事项

缩进是 Python 的一种特性，同一层级的代码要求相同的缩进，下一层级的代码相对于上一层级的代码再进行缩进。如果应该缩进的地方没有缩进，运行程序时会自动报错。正因为 Python 缩进特性，使得写出来的代码条理清晰，可读性强，如下所示（条件语句还没有学习，此处只需要简单理解即可）。

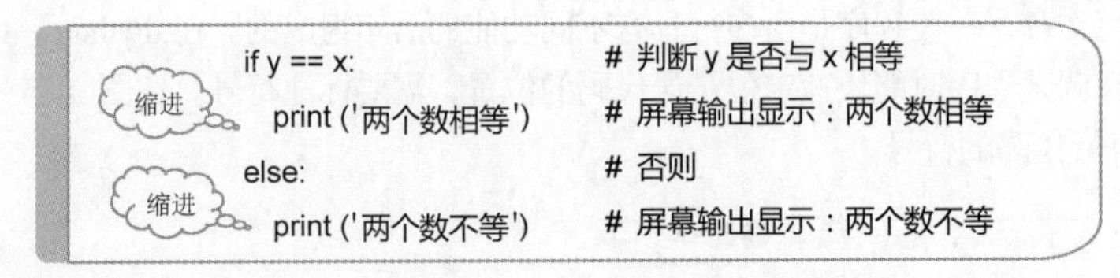

4. 算法分析

第一步：先打开"案例 2　猜数字游戏.py"文件，运行程序。

第二步：多次运行测试程序，了解程序功能。

第三步：借助注释，尝试逐行读懂程序。

第四步：修改程序中数字的取值范围，测试程序。

1. 打开已有程序

按图 1.17 所示操作，在 Python 中，打开已有的"案例 2　猜数字游戏.py"文件。

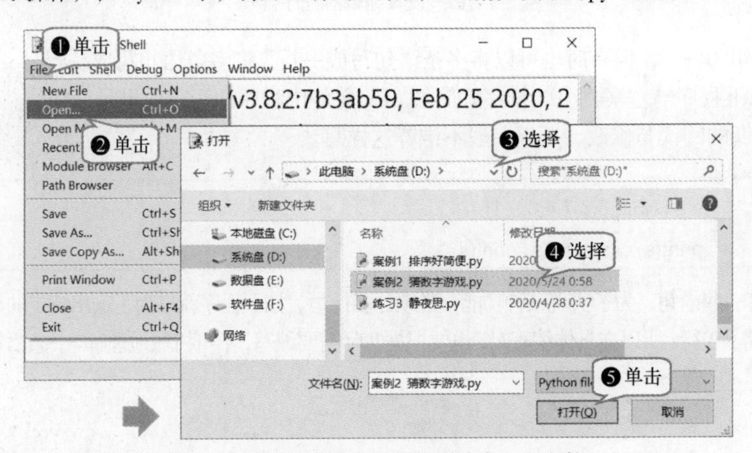

图 1.17　打开"案例 2　猜数字游戏.py"文件

2. 测试程序

按 F5 键，运行程序。运行结果如图 1.18 所示。

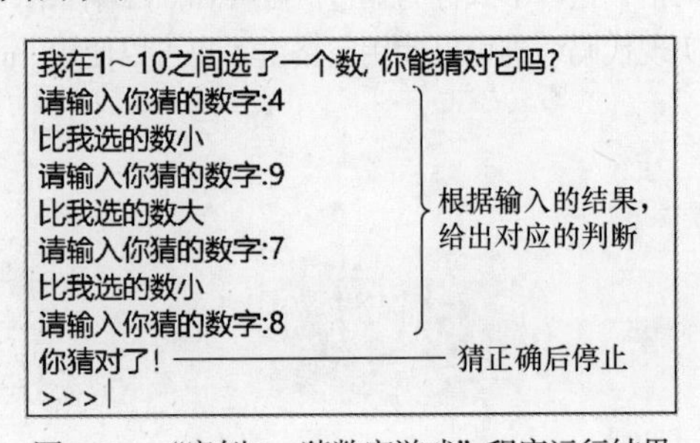

图 1.18　"案例 2　猜数字游戏"程序运行结果

3. 阅读程序

根据程序的运行结果，对照程序的代码，借助"#"后的注释语句，了解程序代码的作用。

案例 2　猜数字游戏. py

```
 1 import random                             # 打开随机模块
 2 print ("我在1~10之间选了一个数, 你能猜对它吗?")
 3 x= random.randint(1,10)                   # 选定 10 以内的某个整数
 4 while True:                               # 程序一直重复运行
 5     y = int(input("请输入你猜的数字:"))     # 输入一个你所猜的数字
 6     if y == x:                            # 输入的数等于选定的数
 7         print ("你猜对了！ ")
 8         break                             # 程序结束
 9     elif y < x:                           # 输入的数小于选定的数
10         print ("比我选的数小")
11     else:                                 # 输入的数大于选定的数
12         print ("比我选的数大")
```

4. 修改程序

想一想，如何将程序可判断的数值范围改为 1 ~ 100 呢？其实只要认真读懂程序与程序的注释，只需将程序中的 10 改为 100 即可。此外，为了便于读懂程序，还可以将变量 y 改为 num，将变量 x 改为 random_num，参考代码如下。

```
import random
print ("我在 1~100 之间选了一个数, 你能猜对它吗?")
random_num= random.randint(1,100)
while True:
    num = int(input("请输入你猜的数字:"))
    if num == random_num:
        print ("你猜对了！ ")
        break
    elif num < random_num:
        print ("比我选的数小")
    else:
        print ("比我选的数大")
```

程序运行结果：

```
我在1～100之间选了一个数, 你能猜对它吗?
请输入你猜的数字:50
比我选的数大
请输入你猜的数字:25
比我选的数大
请输入你猜的数字:12
比我选的数小
请输入你猜的数字:20
你猜对了！
>>>
```

根据输入的结果，给出对应的判断

猜对后停止

1. 注释

注释用于对程序代码进行说明与解释，添加程序代码的注释是规范编程的一个好习惯。注释在程序运行时不会被执行。在 Python 中的注释分为单行注释和多行注释。

※ 单行注释：在 Python 中，使用“#”作为单行注释的符号。从符号“#”开始直到换行为止，其后面所有的内容都是注释的内容。

```
格式：  #  注释内容
案例：  while True:          # 程序一直重复运行
```

※ 多行注释：在 Python 中，并没有单独的多行注释标记，而是将其包含在三个单引号或三个双引号之间。

```
格式一：'''  注释内容 1              格式二："""  注释内容 1
            注释内容 2                          注释内容 2
            注释内容……'''                       注释内容……"""
```

2. 编写规范

在编写 Python 程序时，遵循良好的编写规范，可以有效地提高程序的可读性，降低出错概率和维护难度。图 1.19 所示为程序编写规范。

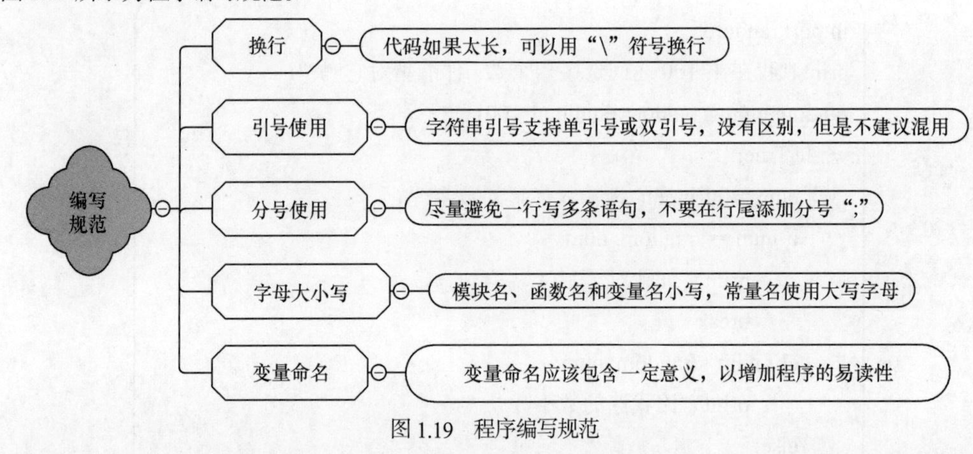

图 1.19　程序编写规范

编写规范的具体应用过程也是一个熟能生巧的过程。以下仅举两个对比实例，在后续的章节中还可以进一步学习。

```
推荐写法：                          推荐写法：
    import  os                          a='你好，Python!'
    import  sys                         print (a)
不推荐写法：                        不推荐写法：
    import  os，sys                     a='你好，Python!'; print (a)
```

3. 掌握编程学习方法

编程可以教学习者如何思考。但编程也不是短时间内就能全部学会的，在学习编程的时候，其实有不少方法可以借鉴。图 1.20 罗列了一些学习编程的实用方法。

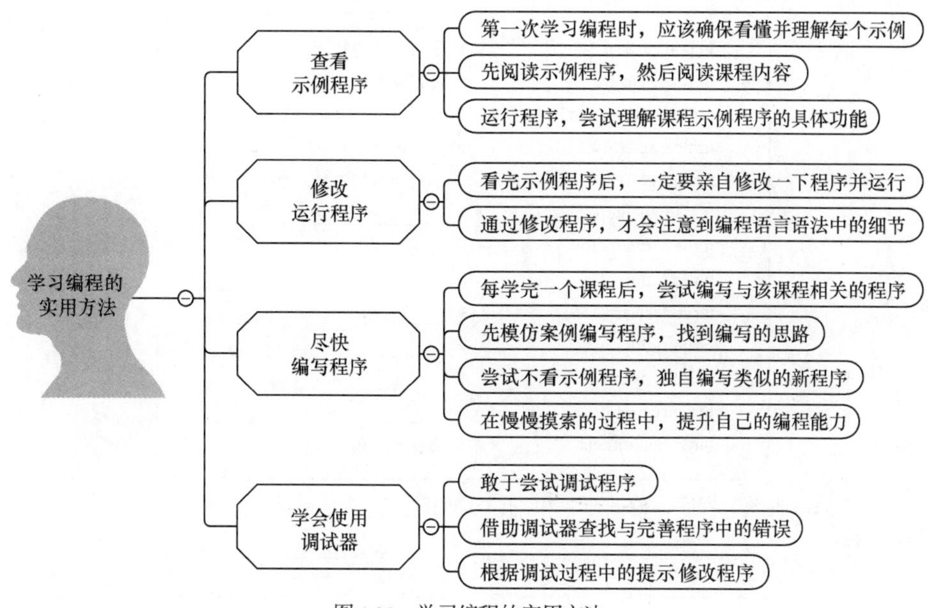

图 1.20　学习编程的实用方法

4．养成良好的编程习惯

如图 1.21 所示，学习编程时，要养成以下良好的编程习惯。

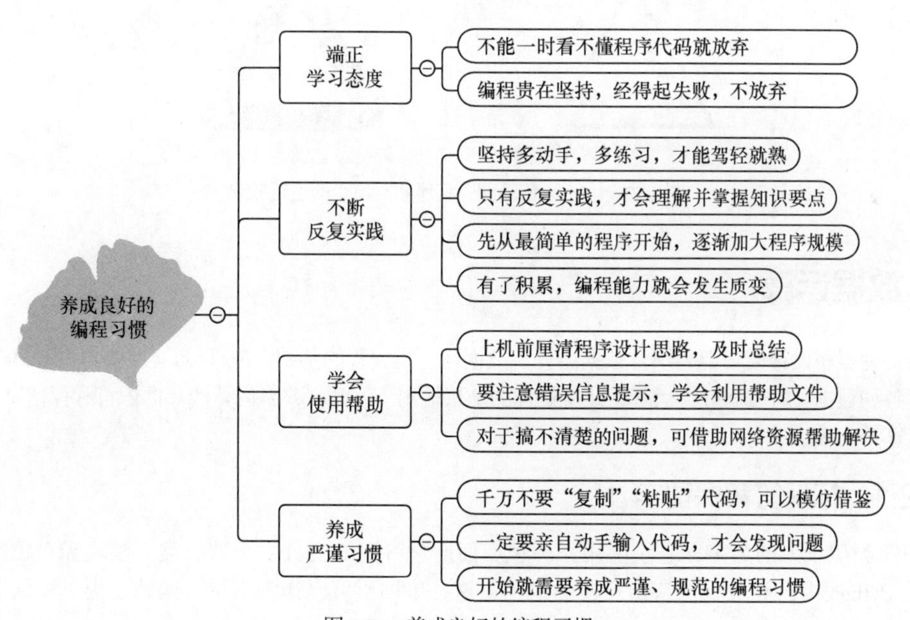

图 1.21　养成良好的编程习惯

1. 运行“案例 2　猜数字游戏”，修改测试数的范围为 100~200，并测试程序。
2. 运行“小海龟画图”程序，在该程序注释语句空白处，填写对应代码的功能。

```
import turtle                 # 导入小海龟模块
turtle.pensize(5)             # 设置画笔粗细为 5 像素
turtle.pencolor("red")        # 设置画笔颜色为红色
turtle.circle(50)             # 绘制一个半径为 50 像素的圆
turtle.right(60)              # 小海龟方向右转 60º
turtle.pencolor("blue")       # ____________
turtle.forward(150)           # 前进 150 像素
turtle.right(120)             # ____________
turtle.forward(150)           # ____________
turtle.right(120)             # ____________
turtle.forward(150)           # ____________
turtle.right(120)             # ____________
turtle.hideturtle()           # 隐藏小海龟
```

3. 打开"小海龟画图"程序，修改画笔粗细，实现图 1.22 所示的运行效果。

图 1.22　"小海龟画图"程序修改前后的运行效果

1.2　数据运算

任何一种程序设计语言都离不开数据运算，数据运算是编程的基础组成部分。使用 Python 编写程序，需要处理各种数据，对数据进行运算，并将处理的结果输出。Python 数据运算涉及标识符和保留字、常量与变量、运算符与表达式等。

1.2.1　标识符和保留字

标识符类似于人的名字，它主要用来标识后面所学习到的变量、函数、类、模块和对象的名称。保留字是 Python 中已经被赋予特定意义的单词，这些单词不可以作为变量、函数、类、模块和对象的名称。

案例 3　计算三角形的面积

已知三角形的面积等于三角形的底边乘高再除以 2。编写程序，让计算机接收输入的任意一个三角形的底边与高的长度数值，最后输出该三角形的面积。

1. 理解题意

求三角形面积需要定义 3 个变量名，即三角形的底边、高和面积。这些变量名就是 Python 中的标识符。

2. 问题思考

问题 1：

标识符是否可以任意定义？

问题 2：

在计算三角形面积的程序中，标识符如何使用？

3. 知识准备

（1）标识符

Python 中标识符命名规则如下。

※ **标识符的组成**：由字母、下划线“_”和数字组成。第一个字符不能是数字。字母一般为 A~Z 和 a~z。例如，1area 和 area%是非法的标识符。

※ **区分字母的大小写**：如 area 与 Area 是两个不同的标识符。

※ **不能使用保留字**：在 Python 中，保留字有特殊的用处，不可以作为标识符。

（2）保留字

保留字是 Python 中一些已经被赋予特定意义的单词。在 Python 中，所有保留字都需要区分字母大小写。例如，“for”是保留字，但“FOR”可以做标识符。Python 中的保留字如表 1.1 所示。

表 1.1　Python 中的保留字

False	None	True	and	as	assert	async
await	break	class	continue	def	del	elif
else	except	finally	for	from	global	if
import	in	is	lambda	nonlocal	not	or
pass	raise	return	try	while	with	yield

4. 算法分析

第一步：请输入三角形的底边。

第二步：请输入三角形的高。

第三步：计算三角形的面积。

第四步：输出三角形的面积。

1. 编写程序

案例 3 的相关代码如文件“案例 3　计算三角形面积.py”所示。

案例 3　计算三角形面积.py

```
1 a = float(input('请输入三角形的底边：'))  # 接收键盘输入的底边 a
2 h = float(input('请输入三角形的高：'))    # 接收键盘输入的高 h
3 s = a * h / 2                            # 计算三角形的面积 s
4 print('该三角形的面积是：',s)             # 输出三角形的面积 s
```

2. 测试程序

运行程序，查看程序运行的结果，如图 1.23 所示。

```
请输入三角形的底边：10
请输入三角形的高：5          —— 第 1 次测试数据
该三角形的面积是： 25.0
>>>
请输入三角形的底边：5.5
请输入三角形的高：3.3        —— 第 2 次测试数据
该三角形的面积是： 9.075
>>>
```

图 1.23　“案例 3　计算三角形面积”程序运行结果

3. 解读程序

在此案例的程序中，a、h、s 都是编程时自己定义的标识符，可以根据需要修改这些标识符。例如，将 a 改为 dibian，h 改为 gao，s 改为 mianji，同样可以得出运行结果。

input( )函数用于接收键盘的输入，而 float( )函数用于将键盘输入的数值转换为小数。这些函数在后续章节还会有介绍，此处只需了解即可。

1. 查看保留字

在编辑器 IDLE 中，可以输入两行代码查看 Python 中的保留字，具体操作如图 1.24 所示。

图 1.24　查看保留字

2. 标识符与保留字的应用

在 Python 中，标识符与保留字的应用需注意以下内容。

※ **保留字区分字母大小写**：在 Python 中，保留字的字母大小写是固定的，如“False”是保留字，而“false”不是保留字，是标识符。标识符可以作为变量名，而保留字不可以。

```
>>> false='0'
>>> false='0'
SyntaxError: cannot assign to False
```

※ **标识符命名规则**：下面分别列出标识符的合法写法和不合法写法。

```
合法写法：                          不合法写法：
    NAME   # 可以是大写字母             1_name      #  数字开头
    name   # 可以是小写字母             for         #  保留字
    Name_1 # 可以是混合                 name$       #  特殊符号
```

1. 程序填空。

```
____1____ = float (input("请输入直角边 1："))
____2____ = float (input("请输入直角边 2："))
s = ____3____ / 2
print("该直角三角形面积是：",s)
```

填空 1：________ 填空 2：__________ 填空 3：______________

2. 下面标识符应用错误的是（　　）。

A. true= 'T'　　B. True='T'　　C. TRUE='T'　　D. 正确='T'

3. 阅读“求直角三角形的周长.py”文件中的程序，请将保留字与标识符找出来，分别填写在框下相应选项后面的横线上。

```
import math
side_a = float (input("请输入第 1 条直角边："))
side_b = float (input("请输入第 2 条直角边："))
side_c = math.sqrt(side_a ** 2 + side_b ** 2)
girth =side_a+side_b+side_c
print("该直角三角形的周长是：",girth)
```

保留字：____

标识符：____

4. 编写程序，输入三角形的三条边长，求三角形的周长。

1.2.2 常量和变量

编程离不开各种数据，按照在程序运行时该数据是否会发生改变可分为常量和变量。不会被更改的数据称为常量，在程序运行时随着程序运行而更改的数据称为变量。

案例 4　求圆环的面积

如图 1.25 所示，已知大圆的半径比小圆的半径大 20，请输入小圆的半径数值，计算圆环的面积。要求编写程序，输入小圆的半径，并根据已知条件，计算并输出圆环的面积（Pi=3.14）。

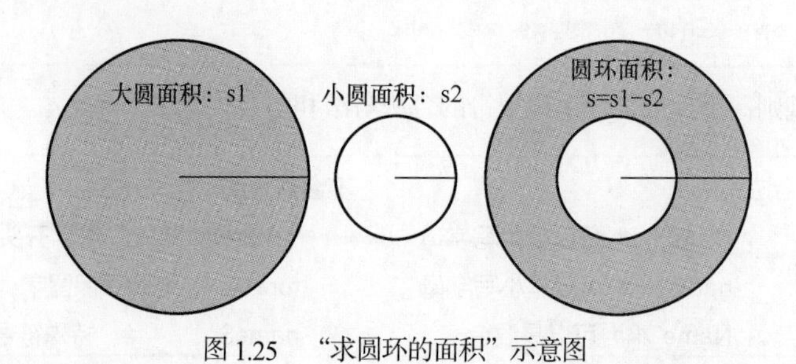

图 1.25　“求圆环的面积”示意图

1. 理解题意

在程序运行过程中，值不发生变化的数据为常量，所有的常数都是常量，例如 Pi、e 的值等。

计算圆环的面积，通常只需知道大圆的面积与小圆的面积，两者相减即可。本案例通过编写程序，输入小圆的半径 r，然后根据已知条件得到大圆的半径为 r+20，再根据圆面积公式即可求出圆环的面积。

案例中，圆的半径 r、大圆的面积 s1、小圆的面积 s2、圆环的面积 s 均为变量；而 Pi 值是不变的，是 3.14，即 Pi 是常量。

2. 问题思考

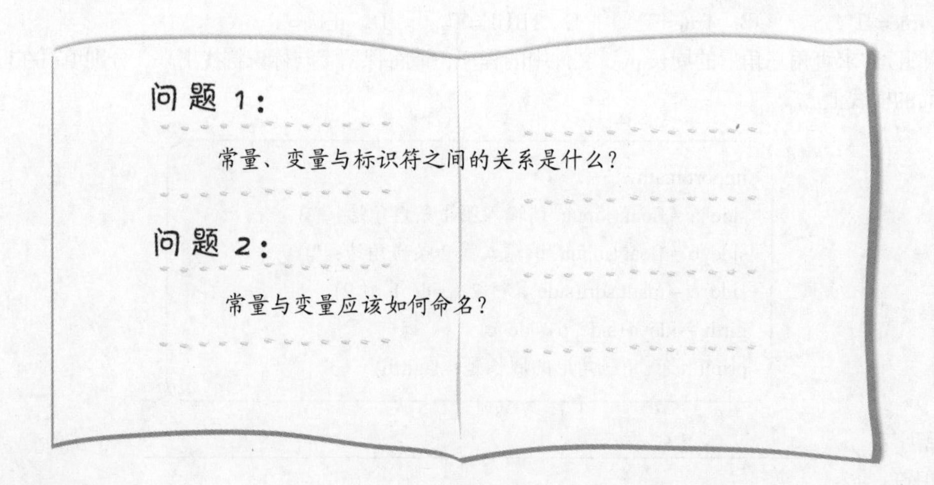

3. 知识准备

（1）常量

在程序运行过程中，常量里存放的数据不发生改变，也就是常量一旦初始化，就不能修改其固定值。

常量属于标识符，因此给常量命名需符合标识符的命名规则，一般要求全部字母大写或者第一个字母大写。这样，阅读程序时一看便知其是一个常量，如 Pi=3.14。

（2）变量

Python 没有专门定义变量的语句，而是通过给变量赋值的方式完成变量的定义。如 s2=Pi*r*r，r=r+20，s1=Pi*r*r，s=s1–s2，都会因输入的小圆半径 r 的值变化而发生变化。

变量属于标识符，因此给变量命名要符合标识符的命名规则，并且最好所有字母都小写，与常量有所区别。

4. 算法分析

第一步：给出常量 Pi 的值。

第二步：请输入小圆的半径 r。

第三步：计算小圆的面积 s2=Pi*r*r。

第四步：计算大圆的半径 r=r+20。

第五步：计算大圆的面积 s1=Pi*r*r。

第六步：计算圆环的面积 s=s1–s2。

第七步：输出圆环的面积 s。

1. 编写程序

案例 4 的相关代码如文件“案例 4　求圆环的面积.py”所示。

案例 4　求圆环的面积. py

```
1 Pi=3.14                              # 定义常量 Pi
2 r=float(input('请输入小圆的半径：'))    # 输入圆的半径
3 s2=Pi*r*r                            # 计算小圆的面积
4 r=r+20                               # 计算大圆的半径
5 s1=Pi*r*r                            # 计算大圆的面积
6 s=s1-s2                              # 计算圆环的面积
7 print('圆环的面积是：',s)              # 输出圆环的面积
```

注：在 Python 中单引号和双引号都可以用来表示字符串，字符串前后的引号统一即可。

2. 测试程序

第 1 次输入整数“10”，第 2 次输入小数“15.5”，查看程序运行的结果，如图 1.26 所示。

```
请输入小圆的半径：10
圆环的面积是： 2512.0        —— 第 1 次测试结果
>>>
请输入小圆的半径：15.5
圆环的面积是： 3202.8        —— 第 2 次测试结果
>>>
```

图 1.26　“案例 4　求圆环的面积”程序运行结果

1. 赋值符号“=”的应用

Python 中常量与变量的赋值都是通过“=”实现的，如 num=123，name='Python'，xb=True。在 Python 中，每个常量与变量在使用之前都必须赋值，常量与变量只有在赋值之后才会被创建。使用“=”可以给常量与变量赋值，“=”左边是常量名或变量名，“=”右边是常量或变量的值，图 1.27 所示是正确和错误的赋值方法。注意这里的等号和数学中的等号有本质意义的区别。

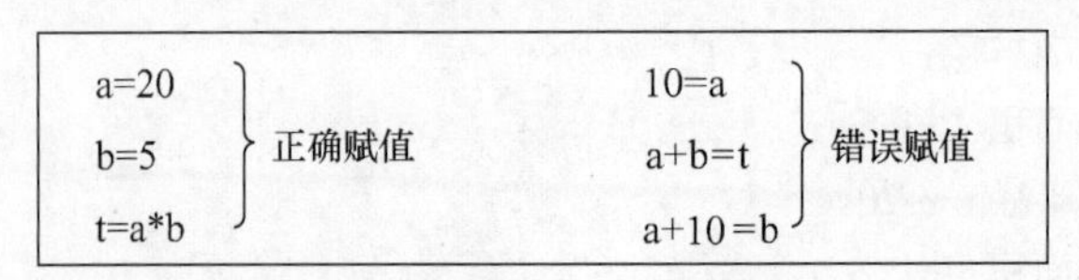

图 1.27　赋值符号“=”的应用

2. 标识符与常量、变量之间的关系

在 Python 中，标识符包含常量与变量。常量与变量有很多相似的地方，具体情况如图 1.28 所示。

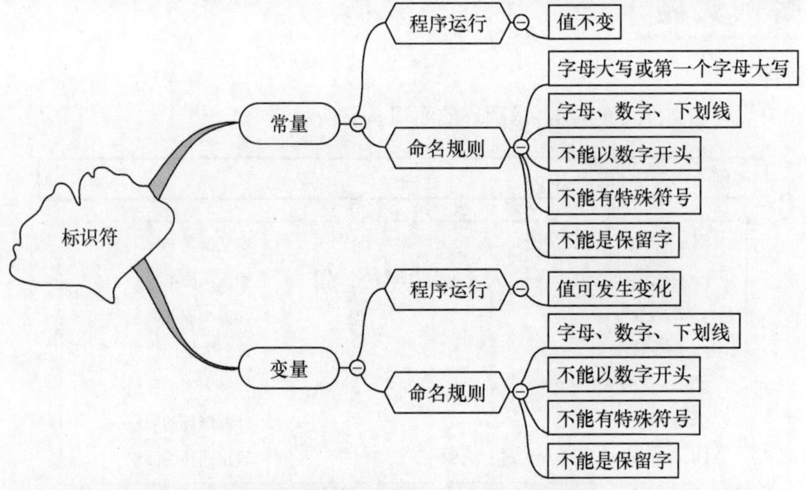

图 1.28　标识符与常量、变量之间的关系

1. 执行下列语句后，变量 z 的值是（　　）。

```
x=5
y=x+5
z=x
z=x+y
```

A. 5　　B. 10　　C. 15　　D. 20

2. 执行下列语句后，变量 z 的值是（　　）。

```
x=10
y=x-5
x=y
z=x+y
```

A. 10　　B. 5　　C. 0　　D. 15

3. 编写程序，输入圆的半径，求圆形的面积。

4. 编写程序，输入矩形的长与宽，求矩形的周长。

1.2.3 运算符和表达式

在计算机编程过程中，需对数据进行各种运算，进行数据运算就需要用到加、减、乘、除等多种运算符。在 Python 中，将数据和运算符连接到一起的式子称为表达式。

案例 5 用海伦公式求三角形的面积

海伦公式利用三角形的三条边长来求取三角形的面积，如图 1.29 所示。请编写程序，从键盘输入三条边的边长，计算出△ABC 的面积。

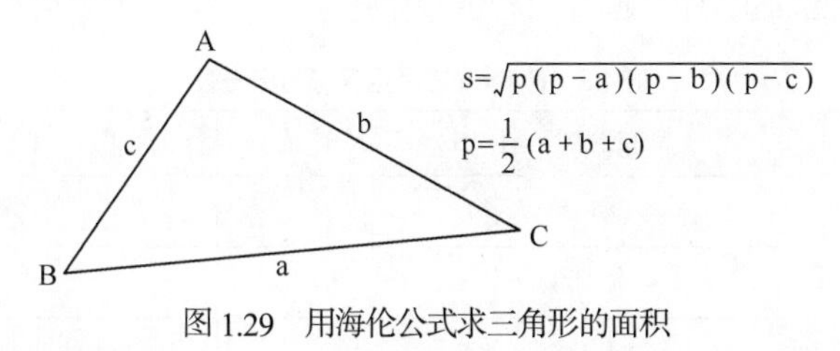

图 1.29　用海伦公式求三角形的面积

1. 理解题意

编写“用海伦公式求三角形的面积”程序，先要确定三角形三条边长的变量 a、b、c，将数学式转换为计算机能识别的表达式。使用海伦公式先要确定一个变量 p，p 是三角形周长的一半，再根据 p 与三角形三条边长的数学公式求出面积 s。

2. 问题思考

问题 1：

数学符号加、减、乘、除对应的 Python 运算符分别是什么？

问题 2：

怎样将代数式改为 Python 表达式？

3. 知识准备

（1）算术运算符

算术运算符也即数学运算符，用来对数字进行数学运算，比如加、减、乘、除。表 1.2 列出了 Python 支持的算术运算符。

表 1.2　算术运算符

运算符	说明	样例
+	加	125 + 24
–	减	125 – 24
*	乘	125 * 24
/	除法（和数学中的规则一样）	125 / 24
//	整除（只保留商的整数部分）	125 // 24
%	取余，即返回除法的余数	125% 24
**	幂运算/次方运算，即返回 x 的 y 次方	2 ** 10 即 2^{10}

（2）Python 常用运算符的优先级

Python 中的运算符主要有算术运算符、逻辑运算符、关系运算符、赋值运算符、位运算符五种。表 1.3 列出了这些运算符的优先级顺序，序号越小，优先级越高。

表 1.3　Python 常用运算符的优先级

顺序	运算符	说明
1	**	幂运算/次方运算
2	*、/、%、//	乘、除、取余、整除
3	+、–	加运算、减运算
4	>、>= <、<=	大于、大于等于 小于、小于等于
5	= = 、!=	等于、不等于
6	=、%=、/=、//=、–=、+=、*=、**=	赋值运算符
7	not	逻辑非运算
8	and	逻辑与运算
9	or	逻辑或运算

4. 算法分析

第一步：分别接收三角形的三条边长 a、b、c。

第二步：计算三角形周长的一半，p=(a+b+c)/2。

第三步：用海伦公式计算面积，s=(p* (p–a) * (p–b) * (p–c)) ** 0.5。

第四步：输出三角形的面积 s。

1. 编写程序

案例 5 的相关代码如文件“案例 5　用海伦公式求三角形的面积.py”所示。

案例 5　用海伦公式求三角形的面积 . py

```
1 a=float(input('请输入三角形的a边长：'))
2 b=float(input('请输入三角形的b边长：'))
3 c=float(input('请输入三角形的c边长：'))
4 p=(a+b+c)/2                          # 三角形周长的一半
5 s=(p*(p-a)*(p-b)*(p-c))**0.5         # **0.5 为平方根的表示
6 print('该三角形的面积为：',s)
```

2. 测试程序

查看程序运行的结果，如图 1.30 所示。

```
请输入三角形的a边长：3
请输入三角形的b边长：4
请输入三角形的c边长：5
该三角形面积为： 6.0                      ———— 第 1 次测试结果
>>>
请输入三角形的a边长：10.4
请输入三角形的b边长：12.5
请输入三角形的c边长：8.7
该三角形面积为： 44.71071012632206 ———— 第 2 次测试结果
>>>
```

图 1.30　“案例 5　用海伦公式求三角形的面积”程序运行结果

1. 关系运算符

判断数据大小关系的运算符称为关系运算符。关系运算符返回 1 表示真，返回 0 表示假，分别用 True 和 False 表示。设 x=5，y=8，表 1.4 列出了 Python 关系运算符应用的结果。

表 1.4　Python 关系运算符应用的结果

运算符	实例	说明	结果
==	x == y	等于：比较对象是否相等	False
!=	x != y	不等于：比较两个对象是否不相等	True
>	x > y	大于：返回 x 是否大于 y	False
<	x < y	小于：返回 x 是否小于 y	True
>=	x >= y	大于等于：返回 x 是否大于等于 y	False
<=	x <= y	小于等于：返回 x 是否小于等于 y	True

2. 逻辑运算符

逻辑运算符可以用来进行逻辑运算，比如“与”、“或”、“非”。设 x=1，y=0，表 1.5 列出了 Python 逻辑运算符应用的结果。

表 1.5　Python 逻辑运算符应用的结果

运算符	实例	说明	结果
and	x and y	布尔“与”：x 与 y 只有全为 1 或 True，返回结果为 True；否则返回结果为 False	>>>1 and 0 0 >>>True and False False
or	x or y	布尔“或”：x 与 y 只有全为 0 或 False，返回结果为 False；否则返回结果为 True	>>>1 or 0 1 >>>True or False True
not	not x	布尔“非”：如果 x 为 1 或 True，返回结果为 False；如果 x 为 0 或 False，返回结果为 True	>>>not 1 False >>>not True False

1. 完善“求球体的体积”程序，在下面程序空白处填写代码。

提示：球体体积的计算公式为 $V=\frac{4}{3}\pi R^3$。

```
Pi=3.14
r=float(input('请输入圆的半径：'))
V= ________________________
print('圆的体积是：',V)
```

2. 已知 x=3，y=6，请根据左侧的代码写出右侧的结果。

```
print(x+y)      ____________
print(x*y)      ____________
print(y/x)      ____________
print(y^x)      ____________
```

3. 编写程序，输入圆柱的半径与高，求柱形的体积。

1.3　编程算法

通过人输入的指令，计算机才可以完成各种任务。通常完成一个任务要许多条指令，这些指令按一定规则放在一起就构成了一个程序。算法对于程序设计至关重要，要编程，首先要确定算法。当了解什么是算法后，还要考虑如何准确地、具体地描述算法。

1.3.1　了解算法

在生活和学习中，经常会用算法去解决问题。如新生报到的流程、去银行自动取款机存/取款、去商场选购货物直至付款等。因此，从广义上讲，算法是为解决一类特定问题而采取的确定的、有限的步骤。

案例 6 认识扫地的算法

打扫地面卫生是一项基本生活技能，如何快速高效地扫干净地面也是一门学问。图 1.31 所示为人工扫地的流程，请通过人工扫地的流程，了解什么是算法，以及算法的特征，同时掌握算法的描述方法。

图 1.31 人工扫地流程

1. 理解题意

对许多人而言，扫地就是一项重复性的体力劳动。那么如何将人们从扫地劳动中解放出来呢？于是出现了扫地机器。扫地机器是如何扫地的呢？其实，扫地机器可以模拟人工扫地的过程，自动执行扫地的流程，这主要是因为具有识别程序指令的芯片能控制算法的执行。

2. 问题思考

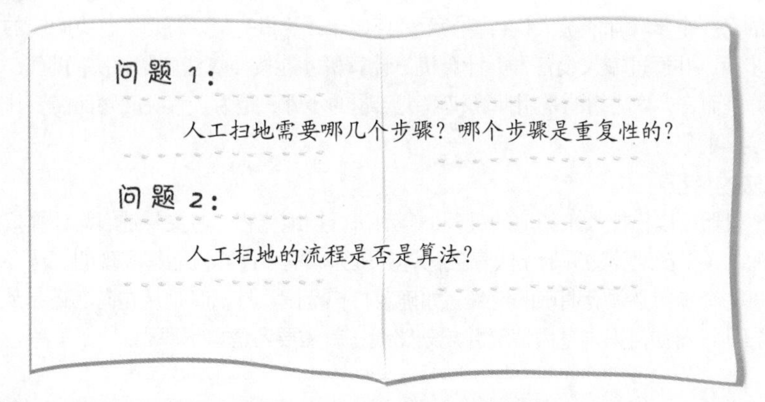

3. 知识准备

（1）算法

算法是指解决问题或完成任务的一系列步骤。解决的问题不仅仅指传统意义上的计算任务，也可以是各种事务的处理，如洗一件衣服、烧制一道菜等，完成这些事情的流程都可以看作算法。但这些算法的执行者往往是人，而不是计算机。设计算法是解决问题的核心，解决问题的过程也是实现算法的过程。

（2）扫地机器

扫地机器的机身为无线机器，以圆盘形为主。机器使用充电电池运作，操作方式以使用遥控器或机器上的操作面板为主。一般能设定时间预约打扫，自行充电。前方设置了感应器，可侦测障碍物，如碰到墙壁或其他障碍物，会自行转弯，可根据每个房间进行不同的设定，从而走不同的路线，并规划清扫范围。

如图 1.32 所示，扫地机器的机身有集尘盒的真空吸尘装置。用程序设定控制路径，扫地机器便可以在室内反复行走。再辅以其他方式加强打扫效果，扫地机器便可实现拟人化居家清洁效果。

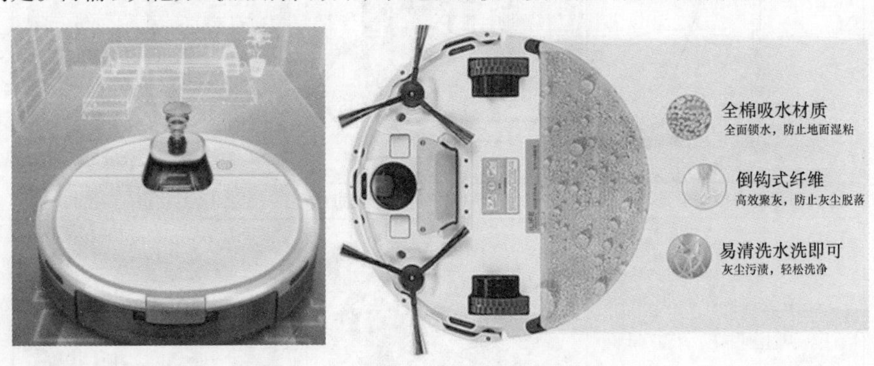

图 1.32　扫地机器

1. 从扫地流程认识算法

上面介绍的人工扫地流程是一个有序的、能够完成扫地任务的流程，因此可以称为“人工扫地算法”，其步骤如下。

第一步：找到合适的扫地工具。
第二步：确定需要打扫的房间与顺序。
第三步：确定需要打扫房间的打扫范围。
第四步：确定打扫房间的方式。
第五步：按确定的方式进行人工扫地。
第六步：处理扫出来的垃圾。

以上算法中的每一个步骤都能被人执行，但无法直接让计算机完成。需要将解决问题的方法细化为计算机能理解的各个步骤，并通过输入设备告诉计算机，计算机才能按照算法步骤解决问题。

因此，对计算机而言，算法指的是用计算机解决问题的步骤，是为了解决问题而需要让计算机有序执行的无歧义的有限步骤的集合。

2. 了解算法的特征

生活中，扫地机器可以模拟人工扫地的过程，自动执行扫地流程，这主要是因为计算机能控制算法的执行。但上述描述的“人工扫地算法”是无法直接让计算机完成的。计算机能够实现的算法必须具有一定的特征，如算法中的每一个步骤必须有明确的定义，如确定打扫范围、打扫时是从左向右还是从上向下、打扫的次数等。例如，扫地机器如何识别室内情况并规划路线，就需要考虑以下原则。

首先，打扫路径越简单越好。
其次，要能遍历所有开放的空间（打扫所有的地方）。
第三，重复率要低，一般情况下，同一地方不要多次打扫。
第四，对于比较脏的地方，应该适当多次打扫。
第五，完成打扫时间越少越好。

要实现这些，需要结合传感器和算法。算法设计得好，扫地机器的扫地效果自然又快又好。此外，算法是解决做什么和如何做的具体步骤描述。例如，扫地机器的“吸尘”操作是通过电动机的高速旋转在主机内形成真空，利用由此产生的高速气流从吸入口吸进垃圾。因此，“吸尘”算法可以用自然语言进一步描述。

> 第一步：电动机的高速旋转（每分钟旋转 20000～40000 转）。
> 第二步：在主机内形成真空。
> 第三步：产生的高速气流，从吸入口吸进垃圾。
> 第四步：停 2 ～ 5 秒。
> 第五步：移动到下一位置。

通过这样的设计，计算机才能够理解和正确执行扫地算法中的每一步，并且在有限时间内结束。

此外，一个算法除了具有确定性、有穷性和可行性等特征，还必须有零个或多个输入。所谓零个输入，是指算法本身设置了初始条件，如电机旋转速度、停顿时间、移动方式都属于初始条件，就不需要再输入。一个算法有一个或多个输出，输出是反映算法执行的结果。如出现垃圾舱满时，扫地机器发出的“鸣叫”就是一种输出，用于通知主人清理垃圾。又如打扫结束后，扫地机器会回到充电处自动充电，等待下一次扫地工作。

1. 算法的重要性

在智能时代，算法已经广泛应用于各个领域，专家通过分析行业的运行规律，界定问题，有针对性地建立模型、设计算法，并应用信息技术实现算法，从而创造出新的产品，催生出新的产业。如高层楼房电梯按照一定的算法响应用户请求，合理停靠到相应的楼层；铁路 12306 网络订票系统按照一定的算法设置订票模式，高效服务用户。还有目前的智慧交通、智慧医疗等都离不开算法。

学习一些算法知识，了解算法的基本设计方法，可以深入理解身边数字化工具的特征，能够利用算法思想解决实际问题，提高学习和生活效率，更好地融入信息社会。

2. 算法的特征

根据算法的定义，算法具有下列特征，如图 1.33 所示。

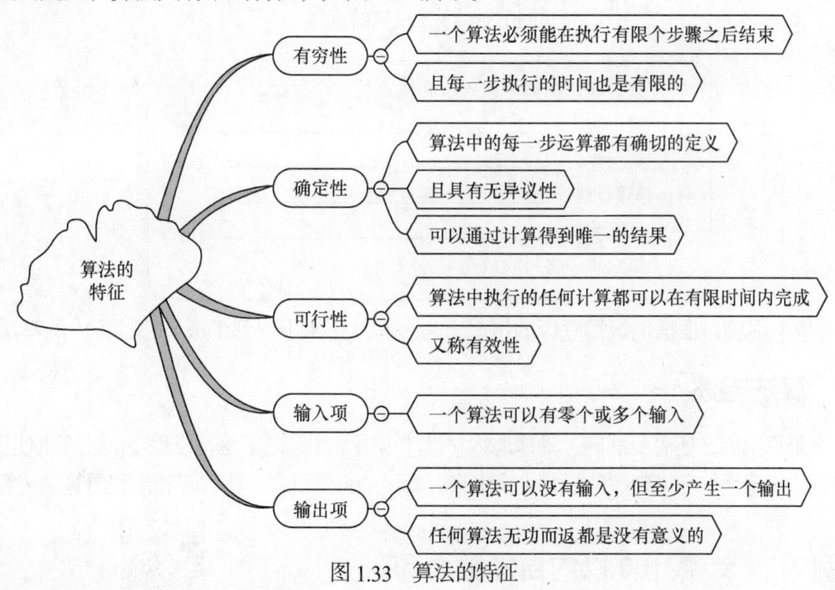

图 1.33 算法的特征

3. 算法的三要素

如图 1.34 所示，用计算机编程解决问题，本质上是以“数据运算”的方式来实现的。各种“运算”顺序的调控需要借助“控制转移”来实现。

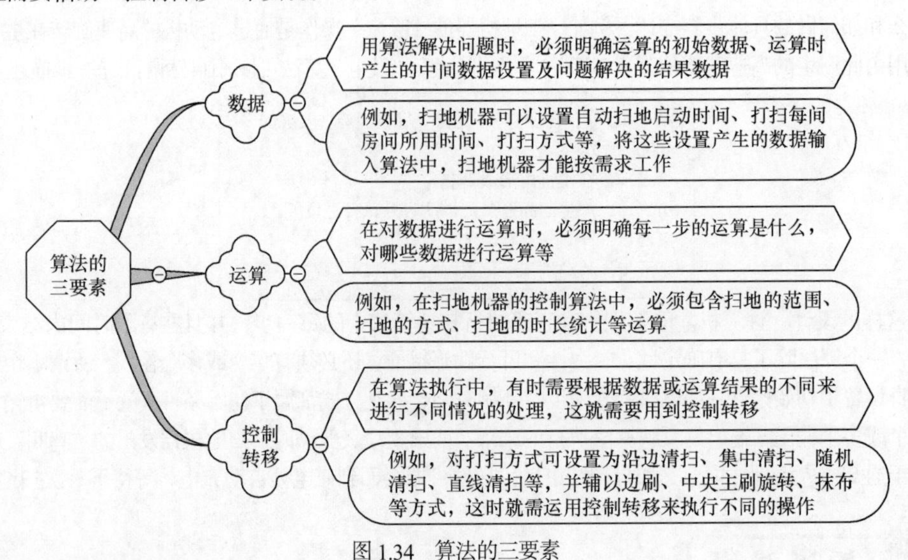

图 1.34　算法的三要素

1. 洗衣服、整理物品是基本生活技能。请根据图 1.35 所示的手工洗衣的流程，写出手工洗衣的算法。

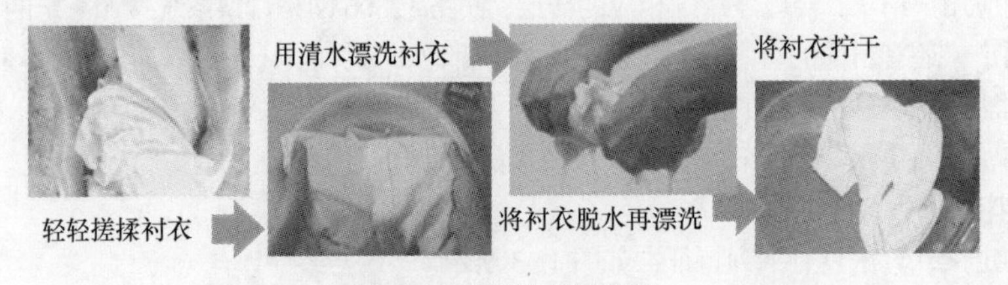

图 1.35　手工洗衣的流程

> 第一步：在盆中放入水和洗衣粉浸泡衬衣。
> 第二步：______________________
> 第三步：______________________
> 第四步：______________________
> 第五步：______________________
> 第六步：将衬衣放在室外晾晒。

2. 请参考以上案例，根据电饭锅煮饭的情况，写一写从生米下锅到米饭煮熟过程中的算法。

1.3.2 算法描述

在了解什么是算法后，还需要准确、具体地将它描述出来，才能便于编写成程序供计算机使用。算法描述就是将解决问题的步骤用一种可理解的形式表示出来。常用的自然语言、伪代码和流程图等描述算法。

案例 7　计算 100 以内自然数之和

用循环的方式编写“1+2+3+…+100 的和”程序。请分别用自然语言、伪代码、流程图描述其算法。

1. 理解题意

编写“1+2+3+…+100 的和”程序，其中用到循环变量 i 和求和变量 sum，循环初始值 i=1、sum=0。以后每循环 1 次，i=i+1，sum=sum+i，直到 i=100 结束循环。

2. 问题思考

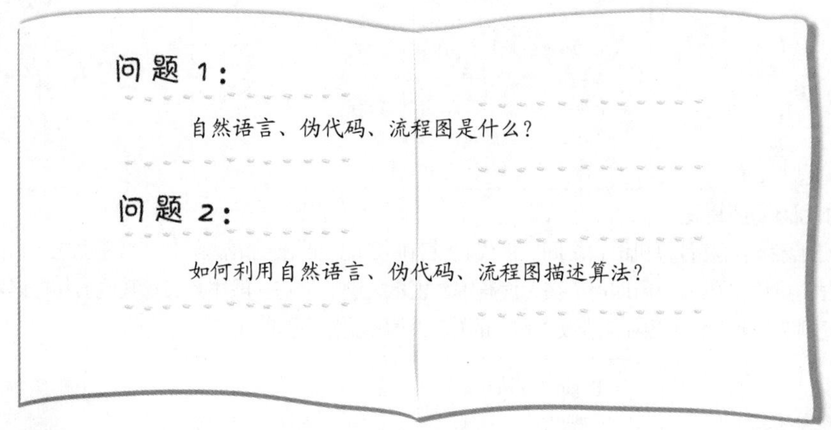

3. 知识准备

（1）算法的表述

了解用自然语言、伪代码、流程图描述算法的特点及方法。对于同一个问题，可以用多种方法描述，不同的方法也会有优劣之分。但如果要让计算机解决问题，不管用哪种方法，必须明确地告诉计算机要处理的具体对象和每一步准确的处理过程，否则计算机就无法处理。因此，算法描述要求尽可能精确、详尽。

（2）用自然语言与伪代码描述算法

自然语言是指人们日常使用的语言，可以是汉语、英语或其他语言。用自然语言描述算法的优点是通俗易懂，缺点是文字冗长，容易出现“歧义”。

（3）用流程图描述算法

流程图可以通过图示方式直观描述算法，如图 1.36 所示的顺序结构、选择结构和循环结构。

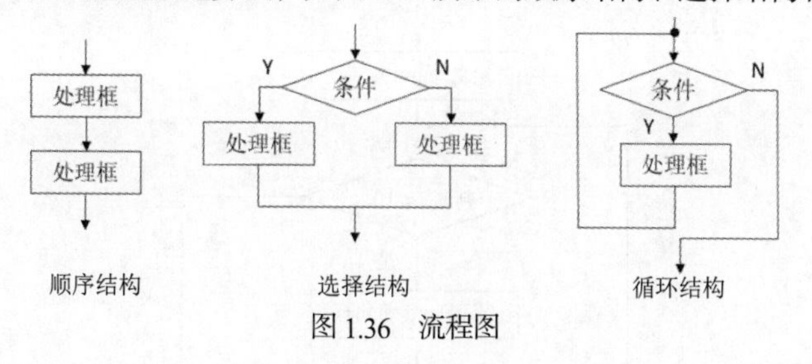

图 1.36 流程图

伪代码介于自然语言和计算机语言之间，用文字和符号（包括数学符号）来描述算法。

【例】输入 3 个数，打印输出其中最大的数。可用如下的伪代码表示。

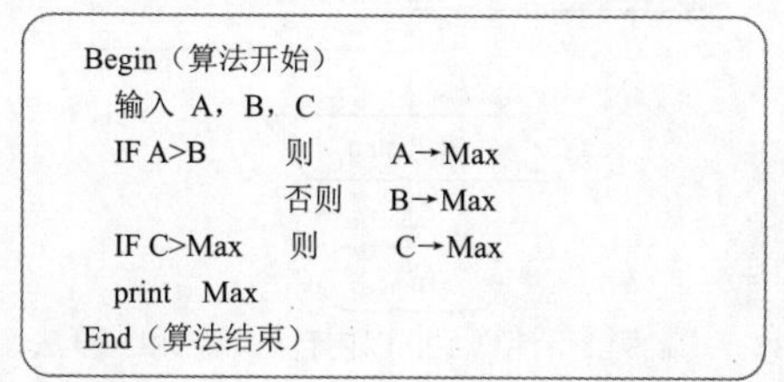

```
Begin（算法开始）
  输入 A，B，C
  IF A>B      则     A→Max
              否则   B→Max
  IF C>Max    则     C→Max
  print  Max
End（算法结束）
```

1. 用自然语言描述算法

自然语言是人们在日常生活中交流使用的语言，如汉语、英语等都是自然语言。用自然语言描述算法符合人们的表达习惯，通俗易懂。如用自然语言描述“案例 7 计算 100 以内自然数之和”的算法如下。

第一步：定义求和变量 sum=0，循环变量 i=1。
第二步：判断 i 是否小于 101，如小于 101，转第三步；如等于或大于 101 转第五步。
第三步：计算 sum=sum+i。
第四步：计算 i=i+1，并转第二步。
第五步：输出 sum。
第六步：结束程序。

2. 用伪代码描述算法

伪代码介于自然语言和计算机语言之间。伪代码没有固定的、严格的语法限制，书写也比较自由。只要定义合理，把意思表达清楚，没有矛盾即可。在伪代码中，表示关键的语句一般用英文；其他语句可以用英文，也可以用汉语。“案例 7 计算 100 以内自然数之和”的算法用伪代码描述如下。

```
Begin（算法开始）
  sum=0
  i=1
  For  i<100 则      sum+i→sum
                     i+1→i
  print  sum
End（算法结束）
```

3. 用流程图描述算法

流程图又称程序框图，它是一种常用的表示算法的图形化工具。与自然语言相比，用流程图描述算法形象、直观，更容易理解，问题解决的步骤更简洁，算法结构表达更明确。“案例 7 计算 100 以内自然数之和”的算法用流程图描述出来，如图 1.37 所示。

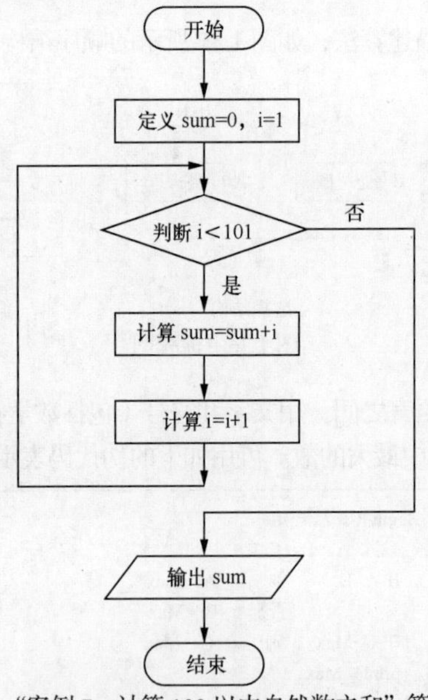

图 1.37 “案例 7 计算 100 以内自然数之和”算法流程图

1. 流程图

使用流程图描述算法形象、直观，更容易理解。在画流程图时，需要用特定的图形符号加上说明来表示程序的运行顺序。流程图的基本图形及其功能如表 1.6 所示。

表 1.6　流程图的基本图形及其功能

图形	名称	功能
	开始或结束	表示算法的开始或结束
	输入或输出	表示变量的输入或输出
	处理	表示变量的计算与赋值
	判断	表示算法中的条件判断
	流程线	表示算法中流程的走向
	连接点	表示算法中的转接

2. 算法描述的应用

某市的出租车收费标准：3 千米以内 10 元，超过 3 千米以后每千米收 2 元。若实际里程数有小数部分，取整数部分加 1 计为里程数，编写程序计算出租车的费用。现请分别用自然语言、伪代码、流程图描述其算法。

用自然语言描述“计算出租车费用”的算法。

> 第一步：输入里程数 km。
> 第二步：km 是否大于 3 千米，如等于或小于 3 千米，车费 price 为 10 元，转第四步；如大于 3 千米，转第三步。
> 第三步：计算车费，公式为 price＝10+(km-3)*2。
> 第四步：输出车费 price。
> 第五步：结束程序。

用伪代码描述“计算出租车费用”的算法。

```
Begin（算法开始）
  price=0
  输入 km
  IF km<= 3  则      10→price
                否则    10+(km-3)/2→price
  print  price
End（算法结束）
```

用流程图描述“计算出租车费用”的算法，如图 1.38 所示。

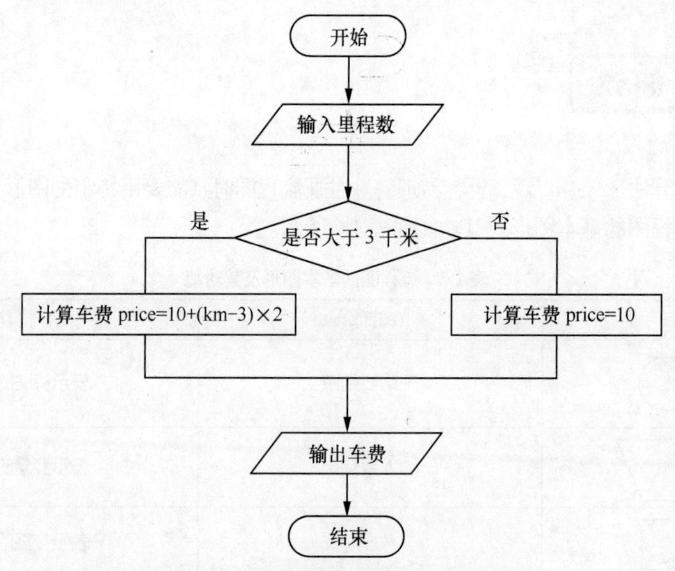

图 1.38 “计算出租车费用”算法流程图

1. 使用自然语言描述“案例 4 求圆环的面积”的算法。
2. 使用伪代码描述“案例 3 计算三角形的面积”的算法。
3. 使用流程图描述“案例 2 猜数字游戏”的算法。

第 2 章

基本数据类型

编写程序解决问题时，需要对不同类型的数据进行输入、存储、计算、输出等操作。例如，存储社团学员姓名、成绩、是否成年等数据，这些数据的类型不同，其操作也不相同。Python 的基本数据类型分为数字类型、字符串类型、布尔类型等。

本章系统介绍Python的基本数据类型，及不同类型数据的基本运算，包括常用的算术运算、关系运算、逻辑运算，以及数据的输出、数据类型间的转换等。

学习目标

★ 了解数字类型数据，掌握常用的数据类型数据计算
★ 掌握不同数据类型数据的转换方法
★ 了解布尔类型数据，掌握关系运算、逻辑运算
★ 了解字符串类型数据，掌握连接字符串的方法
★ 掌握字符串格式化输出方法
★ 了解常用的字符串函数，掌握字符串中大小写字母的转换方法

2.1 数字类型

在通过编写程序解决生活中的问题时，要处理各种数值，比如游戏的得分值、书店的图书销量、学校电子图书的阅读量等，这些数据都属于数字类型数据。Python 中常见的数字类型数据包括整数和浮点数，二者之间可以相互转换。

2.1.1 整数和浮点数

整数即没有小数部分的数值，如 20、89、–30 等。浮点数由整数部分和小数部分组成，即通常所说的小数，如 3.4、–5.8 等。

案例 1 计算李明的 BMI 值

BMI 是身体质量指数，是目前国际上常用的衡量人体是否健康的一个标准。已知李明的身高为 1.65 米，体重为 45 千克，请编写程序，根据 BMI 公式计算出李明的 BMI 值，并输出。

1. 理解题意

计算 BMI 值，先要知道身高和体重，然后根据公式进行计算。题目中，已知李明的身高为 1.65 米，体重为 45 千克。BMI 的计算公式：BMI=体重/身高^2。根据公式计算 BMI 值，输出时保留两位小数。

2. 问题思考

问题 1：

Python 中的算术运算式如何表示？有哪些常用的算术运算符？

问题 2：

BMI 值属于哪一种数据类型？如何计算 BMI 值，并在输出时保留两位小数？

3. 知识准备

（1）整数

Python 中的整数与数学中的整数概念一致，有四种进制表示法，分别为十进制、二进制、八进制和十六进制。不同进制之间的转换在编程中经常会用到。在默认情况下，Python 中的整数采用十进制，如 300、1008793、–98002322、0 等。整数取值范围在理论上没有限制，实际上受限于运行 Python 程序的计算机内存大小。输出整数时，可以直接输出，如 print (356001)、print(–40)。

（2）浮点数

浮点数由整数和小数两个部分组成，如 3.4、–4.1099、34.1022222 等。浮点数还可以使用科学记数法表示，如 2.7e2、–3.14e5、6.1e–3 等。

输出浮点数时，可以通过“%”格式化输出。方法如下。

print ('%f' % x)：输出 x，保留小数点后 6 位有效数字。

如 print ('%f' % 3.1415926535)，输出 3.141593。

print ('%.2f' % x)：输出 x，保留 2 位小数。

如 print ('%.2f' % 3.1415926535)，输出 3.14。

4. 算法分析

案例算法思路：身高和体重，分别用变量 height、weight 表示，再根据公式计算并输出 BMI 值。算法流程图如图 2.1 所示。

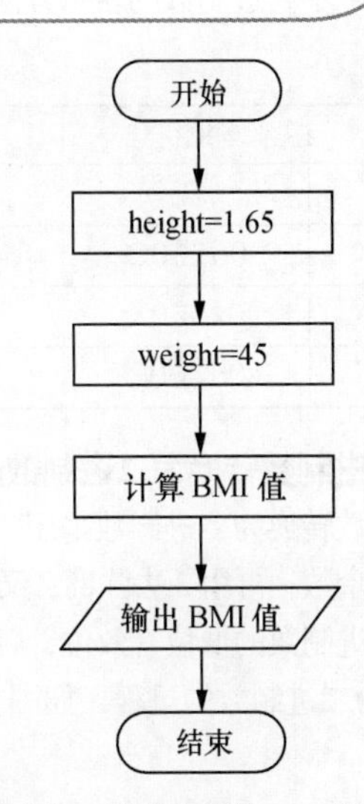

图 2.1　“案例 1　计算李明的 BMI 值”算法流程图

1. 编写程序

案例 1 的相关代码如文件“案例 1　计算李明的 BMI 值.py”所示。

案例 1 计算李明的 BMI 值.py

```
1 height=1.65                    # 身高值
2 weight=45                      # 体重值
3 BMI=weight/(height*height)     # 计算 BMI 值
4 print('%.2f'%BMI)              # 输出 BMI 值
```

2. 测试程序

运行程序，查看程序运行的结果，如图 2.2 所示。

```
16.53  —— 程序运行结果
>>>
```

图 2.2 “案例 1 计算李明的 BMI 值”程序运行结果

3. 优化程序

程序运行时只输出数值“16.53”，阅读者不容易理解，可以添加如下代码，对输出的内容进行说明。程序优化后再运行，并查看程序运行结果。

```
height=1.65
weight=45
BMI=weight/(height*height)
print('李明的 BMI 值：','%.2f'%BMI)
```

程序运行结果：李明的BMI值：16.53
>>>

1. 进制数的表示方法

Python 中不同进制数的表示方法不同，主要的区别是每种进制数的前缀符号不一样，如表 2.1 所示。

表 2.1 不同进制数的表示方法

进制种类	前缀符号	进制描述说明	样例
十进制	无	由 0~9 组成，进位规则是“逢十进一”	1010
八进制	0o 或 0O	由 0~7 组成，进位规则是“逢八进一”	0o1762
十六进制	0x 或 0X	由 0~9、A~F 组成，进位规则是“逢十六进一”	0x3f2
二进制	0b 或 0B	只有 0 和 1 两个基数，进位规则是“逢二进一”	0b1111110010

2. 十进制数转换为二进制数的算法

十进制数转换为二进制数采用“除 2 取余，逆序排列”的算法。具体的步骤：用 2 整除十进制整数，得到一个商和余数；再用 2 去除商，又得到一个商和余数，如此进行，直到商小于 1 时为止，然后把先得到的余数作为二进制数的低位有效位，后得到的余数作为二进制数的高位有效位，依次排列起来。例如，十进制数 59 转换为二进制数的过程，如图 2.3 所示。

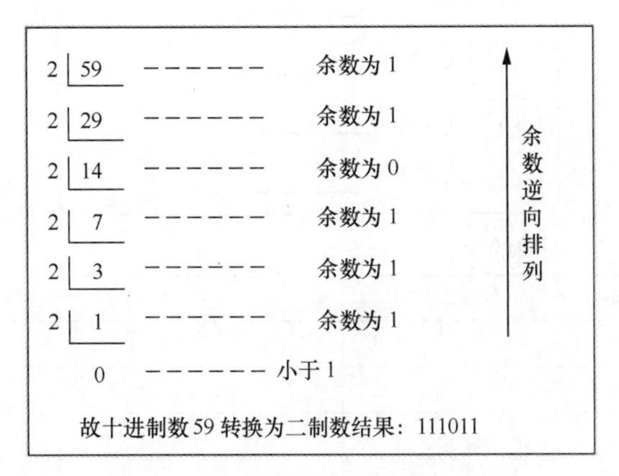

图 2.3　十进制数转换为二进制数的过程

3. 算术运算

对 Python 中的数字类型数据可以进行算术运算，如求和、求差、求积、求余等，具体运算符和算法描述如表 2.2 所示。

表 2.2　算术运算

运算符	描述	示 例	运算结果	说明
+	加	14+5	19	两个对象相加
–	减	14–5	9	一个数减去另一个数
*	乘	14*5	70	两个数相乘
/	除	14/5	2.8	一个数除以另一个数
%	取余	14%5	4	返回除法的余数
//	整除	14//5	2	返回商的整数部分
**	幂	2**3	8	返回 x 的 y 次幂

算术运算符的运算顺序有优先级之分，+、–的优先级最低，**的优先级最高，*、/、//、%的优先级介于加减运算和幂运算之间。计算时，对优先级不同的运算符先运算优先级高的运算符，对优先级相同的运算符从左至右运算，但可以增加括号调整运算的顺序，括号内的运算符先运算。

4. 科学记数法

浮点数可以采用科学记数法表示。书写时，使用字母 e 或 E 作为幂的符号，以 10 为基数，格式为<a>e<b>，表示 $a*10^b$。例如，4.3e–3 的值为 0.0043，9.6e6 的值为 9600000。

5. 浮点数格式化输出

（1）%f 表示法。%f 是指按指定要求精确格式化浮点数。一般格式为%a.bf，a 表示浮点数的长度，b 表示浮点数小数点后面的精度。例如，%.3f 表示保留三位小数。

（2）%e 表示法。%e 是指用科学记数法记数，以指数形式输出。

（3）%g 表示法。%g 是指根据数值的大小采用%e 或%f 表示法。

1. 根据浮点数的指数形式，写出其小数形式。

（1）3.1e3 ________

（2）-4.3e2 ________

（3）-5.7e-2 ________

（4）9.5e4 ________

2. 写出下表中数值转换后对应的值。

十进制数	二进制数
20	
255	
15	
	1001
	1010
	1110

3. 阅读程序，写出程序运行结果，并上机验证。

```
a=38                                     # 摄氏温度
F=a*9/5+32                               # 转换为华氏温度
print ('38 对应华氏温度为：','%.2f'%F)   # 输出华氏温度
```

程序运行结果：________

4. 编写程序，已知三角形的底边和高，如图 2.4 所示，计算三角形的面积，结果保留 2 位小数。

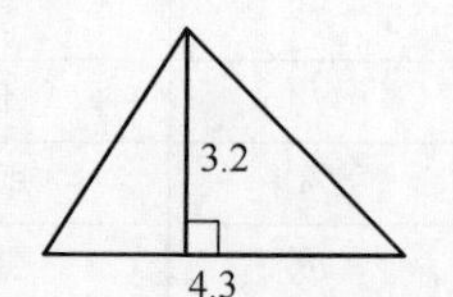

图 2.4　三角形的底边和高

2.1.2　数据类型转换

在 Python 中，不同数据类型所能进行的运算不同。所以，有时需要转换数据类型，比如在求两个数之和的实例中，先用 input()函数输入两个整数，然后计算出它们的和。但事与愿违，Python 只是将它们当成了字符串，“+”起到的作用是连接字符串，而不是求和，所以要将输入数据转换为数字类型数据。

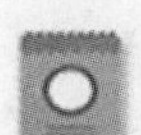

案例 2　汇率换算器

学校安排张强暑期到美国某大学参加学术活动。中美两国流通的货币是不同的，所以出发前他需要做好出行准备，了解货币间的换算情况。请帮张强编写一个“汇率换算器”程序，能计算出人民币金额可以兑换的美元金额（假设美元与人民币的汇率比为 1:6.77）。

1. 理解题意

已知的条件是美元和人民币的汇率比为 1:6.77。需要解决的问题：如何做到输入人民币金额，输出兑换的美元金额。

2. 问题思考

问题 1：

如何进行汇率换算？

问题 2：

怎样将 input() 函数输入的数据转换为数字类型数据？

3. 知识准备

（1）int ()函数的格式

格式：int(x,base)

举例：int(34.2)；int('12',8)

说明：int()函数将 x 转化为整型。其中，x 为字符串或数字；base 为进制数，默认为十进制。

（2）int()函数的用法

在 int()函数没有参数或参数空缺时，得到的结果为 0。若参数 x 为纯数字，则不能有参数 base，否则程序会报错。若 x 为字符串，不带参数 base 时，默认输出十进制数；带参数 base 时，则输出相应进制的数。具体参数说明如表 2.3 所示。

表 2.3　int( )函数的参数说明

参数 x	参数 base	说明	举例	值
无	无	值为 0	int( )	0
整数	无	值为整数 x	int(3)	3
浮点数	无	值为 x 取整	int(4.3)	4
字符串	无	默认 x 为十进制数，值为对应整数	int('23')	23
字符串	进制数 2、8、10、16 等	x 为 base 类型数据，其值为十进制数	int('12',16)	18
			int('10',8)	8

4. 算法分析

根据题意，解决此问题需要先输入要兑换的人民币金额，然后将金额转换为数值，再根据汇率进行计算，最后输出美元金额。其中，数据处理的核心是计算公式（美元金额=人民币金额/6.77）。算法流程图如图 2.5 所示。

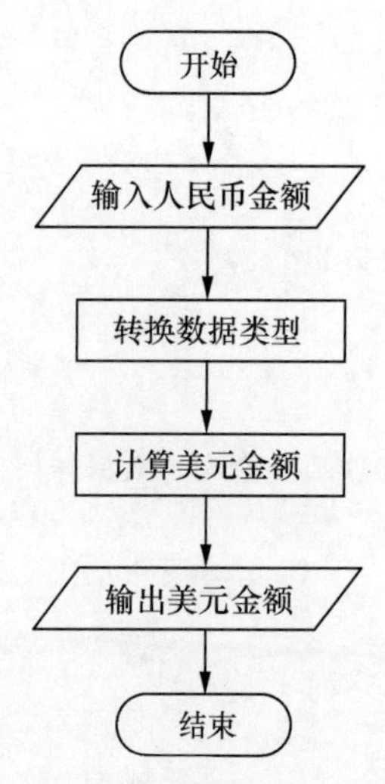

图 2.5　“案例 2　汇率换算器”算法流程图

1. 编写程序

案例 2 的相关代码如文件“案例 2　汇率换算器.py”所示。

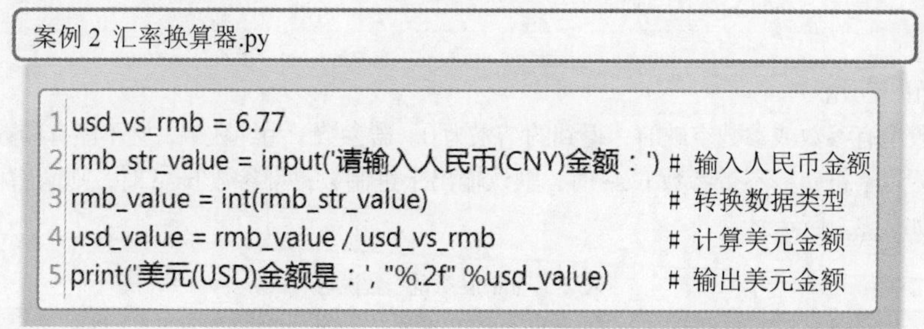

案例 2 汇率换算器.py

```
1 usd_vs_rmb = 6.77
2 rmb_str_value = input('请输入人民币(CNY)金额：') # 输入人民币金额
3 rmb_value = int(rmb_str_value)                   # 转换数据类型
4 usd_value = rmb_value / usd_vs_rmb               # 计算美元金额
5 print('美元(USD)金额是：', "%.2f" %usd_value)    # 输出美元金额
```

2. 测试程序

运行程序，第 1 次输入测试数据 100，第 2 次输入测试数据 50，查看程序运行的结果，如图 2.6 所示。

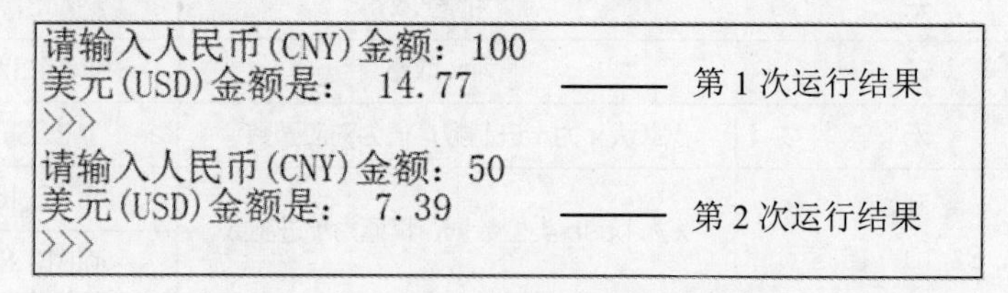

```
请输入人民币(CNY)金额：100
美元(USD)金额是： 14.77          ——— 第 1 次运行结果
>>>
请输入人民币(CNY)金额：50
美元(USD)金额是： 7.39           ——— 第 2 次运行结果
>>>
```

图 2.6　“案例 2　汇率换算器”程序运行结果

3. 优化程序

输出数据时，可以连续输出多个数据，数据间用逗号分隔。例如，添加如下代码，可以输出“人民币 100 元可以兑换美元$14.77”。

```
usd_vs_rmb = 6.77
rmb_str_value = input('请输入人民币(CNY)金额：')
rmb_value = int(rmb_str_value)
usd_value = rmb_value / usd_vs_rmb
print('人民币',rmb_value,'元可以兑换美元$'  "%.2f" %usd_value)
```

程序运行结果：

```
请输入人民币(CNY)金额：100
人民币 100 元可以兑换美元 $ 14.77
>>>
```

1. float( )函数

Python 提供了一些内置函数，运用内置函数可以对不同类型的数据进行转换，如 int( )函数、float( )函数等。float( )函数的功能是将整数和字符串转换成浮点数。以下实例为 float( )函数的使用方法。

```
>>> float(1)          —— 参数为整数
1.0
>>> float('123')      —— 参数为字符串
123.0
>>> float('-56.4')    —— 参数为字符串
-56.4
```

2. input( )函数

Python 中的 input( )函数用于输入数据，返回值为 string（字符串）类型数据。此函数的作用是获取用户输入的内容，返回输入内容，也可以用于暂停程序的运行。调用此函数时，程序会立即暂停，等待用户输入。如下代码可用于用户输入自己的用户名。

```
>>> username=input('请输入您的用户名：')
请输入您的用户名：|            —— 暂停程序，等待输入
```

3. 查看数据类型

编写程序时，可以用 type( )函数查看数据的类型。图 2.7 所示的代码可以用于查看变量 score 的数据类型，其中 str 表示字符类型，int 表示整数类型。第 2 段代码运用 int( )函数将 score 转换为整数类型数据。

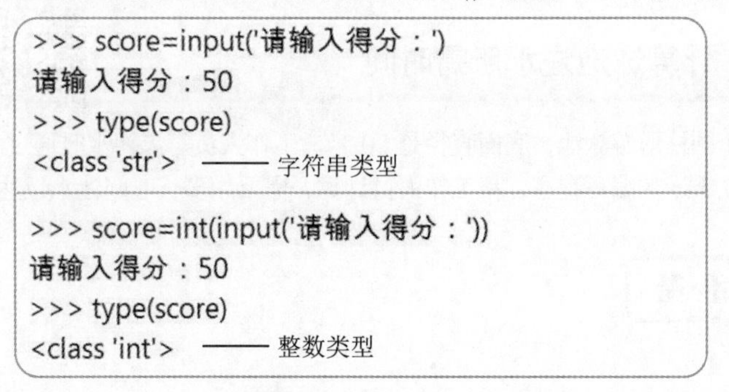

```
>>> score=input('请输入得分：')
请输入得分：50
>>> type(score)
<class 'str'>   —— 字符串类型

>>> score=int(input('请输入得分：'))
请输入得分：50
>>> type(score)
<class 'int'>   —— 整数类型
```

图 2.7　查看数据类型

1. 写出下列函数的值，并上机验证。

（1）int(-43.6) ____________

（2）int(27.1) ____________

（3）float('16.8') ____________

（4）float('124.3') ____________

（5）int('14', 12) ____________

2. 阅读程序，写出程序运行结果，并上机验证。

```
length=float(input('请输入长方形的长：'))
width=float(input('请输入长方形的宽：'))
area=length*width
perimeter=(length+width)*2
print ('长方形面积:','%.2f' %area)
print ('长方形周长:','%.2f' %perimeter)
```

输入测试数据：4，3

程序运行结果：____________

3. Python 中的 float(x)所表达的意思是（　　）。

A. 将变量 x 的值转换为浮点数

B. 将变量 x 的值转换为字符类型数据

C. 将变量 x 的值转换为整数

4. 编写程序，读入两个数，计算两个数的和，并输出。

2.1.3 数字类型数据计算

Python 中的数字类型数据除了可以进行加、减、乘、除等算术运算，还可以通过取整、绝对值等函数进行运算。运用内置函数，可以对一个或多个原始数据按照某一法则求得一个结果。

案例 3 计算泳池注水所需时间

学校体育馆有一个圆柱形游泳池，底面直径是 20 米。工作人员每天换水时通过注水口往泳池注水，注水速度为每小时 180 立方米。编写程序，帮工作人员计算，需要用多长时间让水位达到 1.2 米。

1. 理解题意

已知的条件是游泳池为圆柱体，底面直径为 20 米，注水的目标高度为 1.2 米，注水的速度为每小时 180 立方米。需要解决的问题：水位达到 1.2 米所需的注水时间是多少？

2. 问题思考

问题 1：

怎样用数学方法计算出注水的时间？

问题 2：

怎样对所求的时间值进行四舍五入？

3. 知识准备

（1）round ()函数的格式

格式：round(x,n)

举例：round(3.1456, 2)；round(−34.0023, 3)

说明：round() 函数返回 x 四舍五入的值。其中，x 为数值，需要四舍五入；n 表示保留小数的位数，可省略，默认为 0。

（2）round ()函数的用法

round(x,n)中 x 为数值表达式（值为浮点数），n 为整数，当 n 空缺时，默认为 0，x 四舍五入取整数。如果将 n 输入成浮点数，则显示错误信息“TypeError: 'float' object cannot be interpreted as an integer”。具体参数说明如表 2.4 所示。

表 2.4　round( )函数的参数说明

参数 x	参数 n	说明	举例	值
浮点数	空	n 默认为 0，四舍五入取整	round(3.1415)	3
浮点数	整数	四舍五入保留 n 位小数	round(−3.14156,2)	−3.14
			round(3.14156,3)	3.142

4. 算法分析

根据题意，解决此问题需要先计算泳池 1 米水位所需的注水量，然后根据注水的速度来计算注水的时间，最后对计算出的时间进行四舍五入，并输出。当水位达到为 1.2 米时，注水量为泳池底面积 × 1.2，所需注水时间为注水量 ÷ 注水速度。算法流程图如图 2.8 所示。

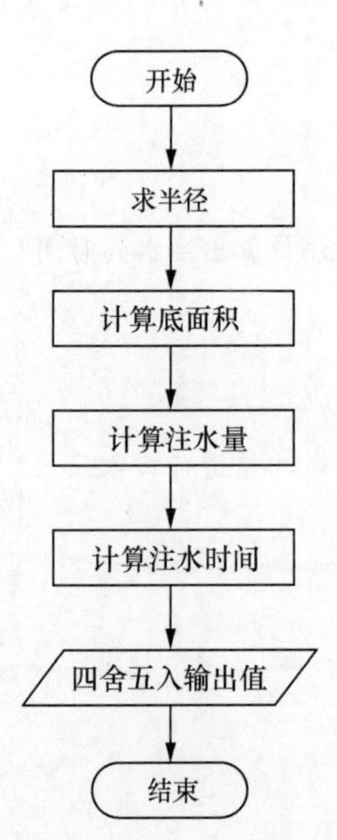

图 2.8 “案例 3 计算泳池注水所需时间”算法流程图

1. 编写程序

案例 3 的相关代码如文件“案例 3 计算泳池注水所需时间.py”所示。

案例 3 计算泳池注水所需时间.py

```
1 radius=20/2                                          # 求半径
2 area=3.14*radius*radius                              # 计算底面积
3 cylinder_volume=area*1.2                             # 计算注水量
4 duration=cylinder_volume/180                         # 计算注水时间
5 print('泳池注水所需时间约为：',round(duration,2),'小时')
                                                       # 四舍五入输出
```

2. 测试程序

运行程序，查看程序运行的结果，如图 2.9 所示。

```
泳池注水所需时间约为： 2.09 小时
>>>
```

图 2.9 “案例 3 计算泳池注水所需时间”程序运行结果

3. 优化程序

实际问题中，学校管理人员需要根据参加游泳训练的学员的身高、游泳技能等情况，适当调整水位的深度。添加如下代码，可以计算不同水位所需注水时间。

```
diameter=float(input('请输入圆柱泳池的直径：'))
height=float(input('请输入水位深度：'))
radius=diameter/2
area=3.14*radius*radius
cylinder_volume=area*height
duration=cylinder_volume/180
print('泳池注水所需时间约为：',round(duration,2),'小时')
```

程序运行结果：

```
请输入圆柱泳池的直径：20
请输入水位深度：1.2
泳池注水所需时间约为： 2.09 小时
>>>
```

1. 数学运算函数

Python 中常用的数学运算函数如表 2.5 所示。

表 2.5 常用的数学运算函数

函数	格式	说明	举例	值
abs( )	abs(x)	参数 x 为数值表达式，返回 x 的绝对值	abs(−30)	30
round( )	round(x,n)	x 四舍五入，保留 n 位小数	round(4.56,1)	4.6
divmod( )	divmod(x,y)	把除数和余数的运算结果结合起来，返回一个包含商和余数的元组	divmod(7,2)	(3，1)
max( )	max(x,y,z,...)	返回给定参数的最大值，参数可以为序列	max(4,6,2)	6
min( )	min(x,y,z,...)	返回给定参数的最小值，参数可以为序列	min(4,6,2)	2

2. 类型转换函数

Python 中用于转换数据类型的函数除 int( )、float( )以外，还包括 chr( )、ord( )等常用函数，常用的类型转换函数如表 2.6 所示。

表 2.6 常用的类型转换函数

函数	格式	说明	举例	值
chr( )	chr(x)	x 为 0~255 范围内的整数，将 x 转换成对应的字符	chr(97)	a
ord( )	ord(x)	x 是长度为 1 的字符串，将 x 转换成对应的 ASCII 码或者 Unicode 数值	ord('a')	97
oct( )	oct(x)	x 为整数，将 x 转换成八进制字符串	oct(15)	0o17

3. math 库函数

math 库是 Python 提供的内置数学类函数库，共包含 4 个数学常数和 44 个数学函数。44 个数学函数分为四类：16 个数值表示函数、8 个幂对数函数、16 个三角对数函数和 4 个高等特殊函数。常用的 math 库函数如表 2.7 所示。

表 2.7　常用的 math 库函数

函数	格式	说明	举例	值
pow( )	pow(x,y)	x 为底数，y 为幂。返回 x^y（x 的 y 次方）的值。通过内置的方法直接调用 pow( )函数，会把参数作为整数；而 math 库则会把参数转换为浮点数	pow(2,3) math.pow(2,3)	8 8.0
sqrt( )	sqrt(x)	计算 x 的平方根，返回值为浮点数	sqrt(9)	3.0
ceil( )	ceil(x)	向上取整操作，返回值为整数	ceil(3.2)	4
floor( )	floor(x)	向下取整操作，返回值为整数	floor(3.2)	3
fabs( )	fabs(x)	获取 x 的绝对值，返回值为浮点数	fabs(−4.3)	4.3

4. 引用 math 库中的函数

运用 Python 中 math 库中的函数，能解决更多数学运算问题。使用 math 库中的函数前，要导入 math 库，否则无法正常使用。导入 math 库的代码为“import math”；引用 math 库中的函数时，所有的函数都要以“math.”开头，表示调用 math 库中的函数。具体实例如下。

```
import math          # 导入 math 库
a=math.sqrt(9)       # a 赋值为 9 的平方根，调用 sqrt()函数
                     # sqrt()函数要以“math.” 开头
```

1. 写出下面函数的值。

（1）round(49.035,2) ________　　（6）chr(98) ________

（2）max(−30,100,40) ________　　（7）round(90.23) ________

（3）divmod(11,3) ________　　（8）divmod(−10,4) ________

（4）min(−50,90,200) ________　　（9）abs(−10) ________

（5）ord('c') ________　　（10）ord('d') ________

2. 阅读程序，写出程序运行结果，并上机验证。

```
import math
a=3*4
b=math.pow(3,4)
c=max(a,b)
print(a,'和',b,'较大的数是',c)
```

程序运行结果：________

3. 请将下面程序补充完整：读入一个浮点数，输出该实数的本身、整数部分及四舍五入取整后的值。

```
a=float(input('请输入一个数：'))
print(a)
print(a,'取整为',___)
print(a,'四舍五入值为',______ )
```

```
测试结果样例：
请输入一个数：6.8
6.8
6.8 取整为 6
6.8 四舍五入值为 7
>>>|
```

4. 编写程序，计算球的体积。对于半径为 r 的球，其体积的计算公式为 $V=\frac{4}{3}\pi r^3$（π取值 3.14），计算结果保留 2 位小数。

2.2 布尔类型

任何一种程序设计语言都离不开对数据的逻辑处理，即对数据进行条件判断，然后根据判断的结果执行相应代码段。例如，解决实际问题中，有时要判断是否为成年人，有时要判断是否为偶数等，这里就要用到判断真假的数据类型，即布尔类型。

2.2.1 布尔值

布尔类型数据的值比较特殊，不如其他类型数据的取值范围广。布尔类型数据有固定的值（布尔值），且只有两个：True、False。布尔值也可以转化为数字，其中 True 表示 1，False 表示 0。

案例 4 判断平台登录密码

登录学校图书管理平台时，一般需要输入用户账号和密码，然后判断输入的密码是否正确。若输入的密码正确，则可以登录平台。编写程序，模拟图书管理平台判断密码输入是否正确。假设用户的初始密码为“666666”，根据用户的输入值，输出相应布尔值 True 或 False。

1. 理解题意

本案例是根据用户输入进行逻辑判断，输出判断的结果，即布尔值 True 或 False。已知密码为“666666”，如果用户输入正确，则输出 True，否则输出 False。

2. 问题思考

问题 1：

布尔值有几个？如何输出布尔值？

问题 2：

如何通过比较数据关系来判断密码是否正确？

3. 知识准备

（1）布尔值

逻辑判断在编程中是非常重要的，很多复杂程序都是建立在“真”与“假”的基本逻辑上。布尔值只有两个：真或假，即 True 或 False，也就是 1 或 0。注意：True、False 的首字母为大写，其他为小写。这是固定写法，不能写错。

（2）布尔值的产生

※ **比较产生**：两个数据在比较时会产生布尔值，例如比较数值是否相等。注意 Python 中比较数据是否相等的运算符为“==”。

※ **默认数据**：Python 中默认数据本身可以作为条件，被判断真假，也可产生布尔值。

判断为假的情况	False，0，空字符串（''），空列表（[]），空字典（{}）
判断为真的情况	True，任意整数，任意浮点数，有数据的字符串，有数据的列表，有数据的字典

4. 算法分析

案例算法思路：变量 username、password 分别表示输入的用户名和密码。通过比较变量 password 是否等于 666666，生成布尔值，并输出结果。算法流程图如图 2.10 所示。

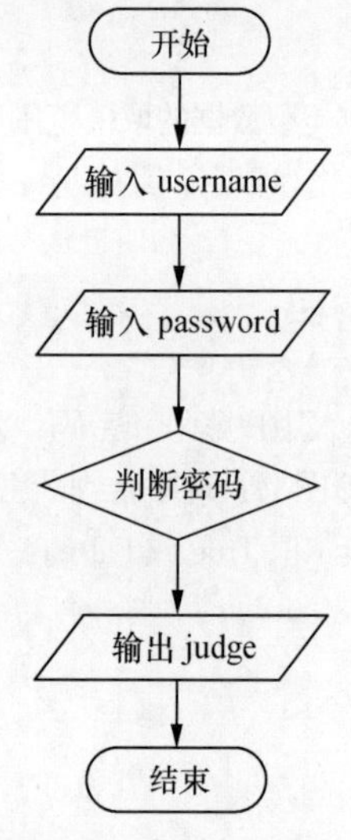

图 2.10 “案例 4 判断平台登录密码”算法流程图

1. 编写程序

案例 4 的相关代码如文件“案例 4 判断平台登录密码.py”所示。

案例 4 判断平台登录密码.py

```
1 username=input('请输入你的用户名：')          # 输入用户名
2 password=int(input('请输入登录密码：'))       # 输入密码
3 judge=password==666666                       # 判断密码是否正确
4 print(username,'你输入的密码为：',judge)      # 输出判断结果
```

2. 测试程序

运行程序，第一次输入测试数据“666666”，第二次输入测试数据“232323”，查看程序运行的结果，如图 2.11 所示。

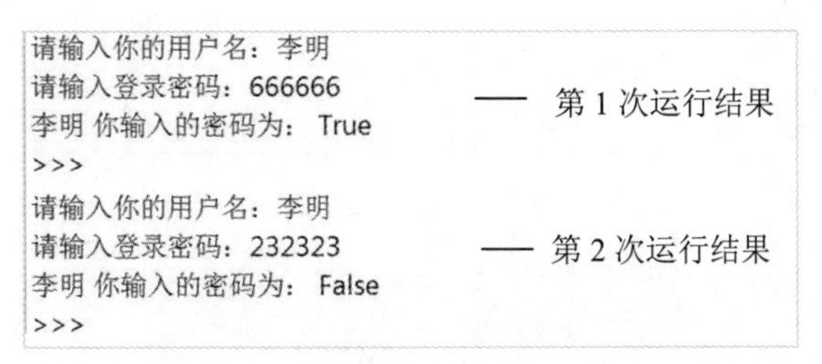

图 2.11　“案例 4　判断平台登录密码”程序运行结果

3. 解读程序

在本案例的程序中，第 3 行代码用于判断密码是否正确，生成布尔值（True 或 False），并将判断结果赋值给变量 judge，如下所示。

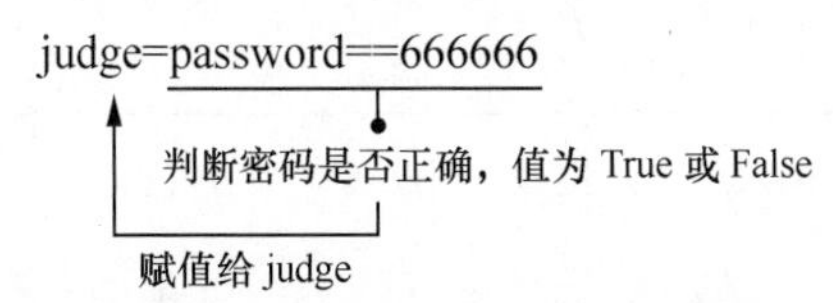

其中，判断密码是否正确，需要用到关系运算符，“==”不能写成“=”。

最后通过第 4 行代码用于输出判断结果 judge 值。

1. 赋值运算符

赋值运算符可以与其他运算符（算术运算符、位运算符等）结合，成为功能更强大的赋值运算符，如表 2.8 所示。

表 2.8　赋值运算符

运算符	描述	实例
=	简单的赋值运算符	x=y+z 将 y+z 的运算结果赋值给 x
+=	加法赋值运算符	x+=y 等效于 x=x+y
−=	减法赋值运算符	x−=y 等效于 x=x−y
*=	乘法赋值运算符	x*=y 等效于 x=x*y
/=	除法赋值运算符	x/=y 等效于 x=x/y
%=	取余赋值运算符	x%=y 等效于 x=x%y
//=	整除赋值运算符	x//=y 等效于 x=x//y
**=	幂赋值运算符	x**=y 等效于 x=x**y

2. bool( )函数的取值方法

bool()函数用于将给定参数转换为布尔值，返回值为 True 或者 False。bool(x)函数的取值方法如下。

（1）x 为数值。x 为 0，值为 False，其余值为 True。

（2）x 为字符串。x 为空字符串或 None，值为 False，其余值为 True。

（3）x 为列表、字典等。x 为空的列表、字典或元组，值为 False，其余值为 True。

（4）x 为布尔值。x 为布尔值，返回参数值，bool(True)值为 True，bool(False)值为 False。

案例练习

1. 写出下面的函数值。

（1）bool(0) ________

（2）bool('a') ________

（3）bool(32) ________

（4）bool('') ________

（5）bool(3==2)________

2. 阅读程序，写出程序运行结果，并上机验证。

（1）程序代码

```
x=int(input(' 请输入一个两位数：'))
y=15
judge=x==y
print (judge)
```

输入 x 值 10，输出的结果：________

（2）程序代码

```
x=int(input('请输入整数 1:'))
y=int(input('请输入整数 2:'))
judge=x==y
print('输入的两个数相等：', judge)
```

输入 x 值 10，y 值 15，输出的结果：________

3. 下面函数值为 False 的是（　　）。

A. bool(34)　　B. bool('c')　　C. bool('abc')　　D. bool('')

4. 编写程序，输入用户的年龄，判断其是否成年，并输出布尔值。

2.2.2 关系运算

关系运算也称比较运算，用于对常量、变量或表达式的结果进行大小比较。如果这种比较关系是成立的，则返回 True（真），否则返回 False（假）。

案例 5 家庭开支预算

3 月份，张丽的工资收入为 4500 元。她准备购买一款价格在 1500 元以内的手机，请帮她进行开支预算：扣除家庭水、电、燃气的月均费用，以及平均每日购买生活用品的费用，判断她本月工资余额能否购买手机。

1．理解题意

已知张丽月收入总额为 4500 元，输入家庭水、电、燃气的月均费用，以及平均每日购买生活用品的费用。计算花费总额，判断本月工资余额是否大于 1500 元。

2．问题思考

问题 1：

如何计算本月工资余额？

问题 2：

怎样判断余额是否能够买手机？条件是什么？

3．知识准备

（1）关系运算符

关系运算符也称比较运算符，用于对变量或表达式的结果进行大小、真假等比较，如果比较结果为真，则返回 True，否则返回 False。关系运算符通常用在条件语句中作为判断的依据。Python 中的关系运算符如表 2.9 所示。

表 2.9　关系运算符

运算符	描述	举例	结果
>	大于	34>20	True
<	小于	634<344	False
==	等于	'c'=='c'	True
!=	不等于	94.2!=93	True
>=	大于等于	389>=290	True
<=	小于等于	64.2<=43.2	False

（2）关系表达式

关系运算符的两边可以是变量，也可以是表达式，格式与功能如下。

格式：表达式 1　关系运算符 表达式 2

例：　1+4 > 6−3

功能：计算“表达式 1”和“表达式 2”的值，如果关系成立，关系表达式的值为 True，否则为 False。

4．算法分析

已知张丽 3 月份工资金额为 4500 元。先计算月花费金额：水电燃气缴费金额+月均生活费。再计算剩余金额，并判断剩余的金额是否大于 1500 元，如果大于 1500 元，则可以购买手机，反之，则不能购买手机。算法流程图如图 2.12 所示。

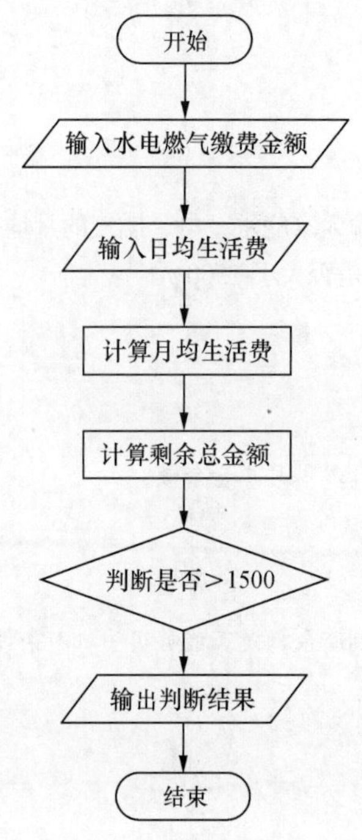

图 2.12 “案例 5 家庭开支预算”算法流程图

1. 编写程序

案例 5 的相关代码如文件“案例 5 家庭开支预算.py”所示。

案例 5 家庭开支预算.py

```
1 amount=float(input('请输入缴纳水电燃气费的金额：'))    # 输入缴费金额
2 D_expenses=float(input('请输入日均生活费：'))          # 输入日生活费
3 M_expenses=D_expenses*31                              # 计算月生活费
4 balance=4500-amount-M_expenses                        # 计算剩余金额
5 judge=balance>1500                                    # 判断余额条件
6 print('张丽工资余额能够买手机：',judge)                # 输出判断结果
```

2. 测试程序

运行程序，第 1 次输入测试数据 200、50，第 2 次输入测试数据 200、100，查看程序运行的结果，如图 2.13 所示。

```
请输入缴纳水电燃气费的金额：200
请输入日均生活费：50
张丽工资余额能够买手机： True        —— 第 1 次程序运行结果
>>>
请输入缴纳水电燃气费的金额：200
请输入日均生活费：100
张丽工资余额能够买手机： False       —— 第 2 次程序运行结果
>>>
```

图 2.13 “案例 5 家庭开支预算”程序运行结果

3. 优化程序

添加如下代码，运行程序，输出张丽本月的工资余额。

```
amount=float(input('请输入缴纳水电燃气费的金额：'))
D_expenses=float(input('请输入日均生活费：'))
M_expenses=D_expenses*31
balance=4500-amount-M_expenses
judge=balance>1500
print('张丽工资余额为：',balance)
print('张丽工资余额能够买手机：',judge)
```

程序运行结果：

```
请输入缴纳水电燃气费的金额：200
请输入日均生活费：50
张丽工资余额为： 2750.0
张丽工资余额能够买手机： True
>>>
```

1. ASCII 码

ASCII 码是通用的单字节编码系统，其中常用的字符有 128 个，编码从 0 到 127。控制字符有 33 个，包括 0~31 和 127；普通字符有 95 个，包括 10 个阿拉伯数字、52 个英文大小写字母和 33 个运算符。字符与编码对照如表 2.10 所示。

表 2.10 常用字符对照

编码范围	对应字符
45~57	阿拉伯数字 0 到 9
65~90	26 个大写英文字母
97~122	26 个小写英文字母

2. 常用字符对应的 ASCII 码大小比较

常用字符对应的 ASCII 码的大小比较规则为“0” ~ “9” < “A” ~ “Z” < “a” ~ “z”。具体来说，数字比字母要小，如“7” < “F”；数字“0”比“9”要小，并按从“0”到“9”顺序递增，如“3” < “8”；字母“A”比“Z”要小，并按从“A”到“Z”顺序递增，如“A” < “Z”；大写字母比小写字母要小，如“A” < “a”。

1. 写出下列表达式的结果。

（1）3+5>21-5 ____________

（2）int(4.2)==round(4.2) ____________

（3）3*3>3**3 ____________

（4）‘a’ > ‘c’ ____________

2. 阅读程序，找出下面程序中的错误。

```
number=input('请输入一个整数：')  # 此行有一处错误
judge= number%2=0                 # 此行有一处错误
print (number,'是偶数：',judge)
```

错误 1：____________ 错误 2：____________

3. 在 ASCII 码表中，ASCII 码从小到大的排列顺序是（　　）。

A. 数字、大写英文字母、小写英文字母

B. 大写英文字母、小写英文字母、数字

C. 数字、小写英文字母、大写英文字母

D. 小写英文字母、大写英文字母、数字

4. 编写程序，解决图 2.14 所示的数学问题。

张明家与学校之间的距离是 1200 米。一天，张明上学以后，发现物理课本忘在家里了，决定回家拿，但是离上课只有 10 分钟了，为了不耽误上课，他跟爸爸商量，让爸爸从家出发，送物理课本到学校。若张明和爸爸同时从学校和家出发，爸爸以 1.8 米/秒的速度步行，张明以 1.2 米/秒的速度步行。请编写程序帮张明判断他是否会迟到。

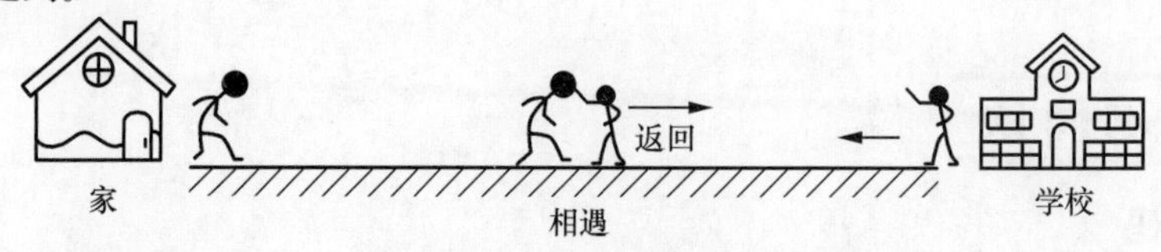

图 2.14　问题情境图

2.2.3　逻辑运算

假设电影院近期要进行促销折扣活动。享受折扣要同时满足两个条件，一是购票的数量“达到十张以上”，二是在时间上满足“周日的场次”。解决这一类的问题，要对多个条件进行判断，这里就要用到逻辑运算。

案例 6　判断年份是否为闰年

闰年是公历中的名词，分为普通闰年和世纪闰年。若公历年份是 4 的倍数，且不是 100 的倍数，则该年份是普通闰年；若公历年份是 400 的倍数，则该年份是世纪闰年。编写程序，判断输入的年份是否为闰年。

1. 理解题意

案例题意是先输入年份，然后判断该年份是否为闰年，并输出判断的结果。其中判断闰年的条件，一是能被 4 整除而不能被 100 整除的年份，二是能被 400 整除的年份，只要满足两个条件之一即可。

2. 问题思考

问题 1：

怎样判断两个数是否为倍数关系？

问题 2：

怎样用表达式表示同时满足“是 4 的倍数”“不是 100 的倍数”两个条件？满足两个条件之一，如何表示？

3. 知识准备

（1）逻辑运算符

Python 中的逻辑运算符主要包括 and（布尔“与”）、or（布尔“或”）及 not（布尔“非”），它们的具体格式和说明如表 2.11 所示。

表 2.11 逻辑运算符

运算符	格式	说 明
and	x and y	布尔“与”：如果 x 为 False，返回 False，否则返回 y 的计算值
or	x or y	布尔“或”：如果 x 为 True，返回 True，否则返回 y 的计算值
not	not x	布尔“非”：如果 x 为 False，返回 True；如果 x 为 True，返回 False

（2）逻辑运算法则

逻辑运算符可以和关系运算符结合使用。在没有()的情况下，关系运算优先于逻辑运算，先计算关系表达式的值，再进行逻辑运算，例如下面的代码实例。

```
逻辑表达式：14>6 and 45 > 90

运算过程：14>6              值为 True
          45>90             值为 False
          14>6 and 45> 90   值为 False
          True      False
```

4. 算法分析

案例算法思路：用变量 years 表示年份，用户输入年份。然后根据年份数值判断是否为闰年。年份符合两个条件之一，判断结果即为真，故两个条件之间用 or 逻辑运算符连接，写成“条件 1 or 条件 2”。其中条件 1 又要同时满足“是 4 的倍数”“不是 100 的倍数”两个条件，则用 and 逻辑运算符连接。算法流程图如图 2.15 所示。

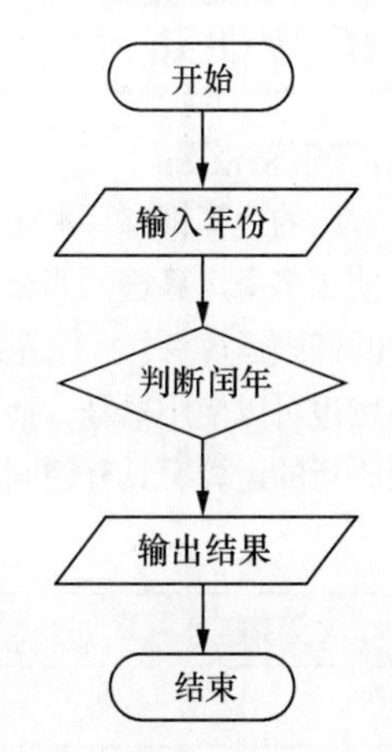

图 2.15 “案例 6 判断年份是否为闰年”算法流程图

1. 编写程序

案例 6 的相关代码如文件“案例 6 判断年份是否为闰年.py”所示。

案例 6 判断年份是否为闰年.py

```
1 years= int(input('请输入年份：'))  # 输入年份
2 judge=(years % 4 == 0 and years % 100 != 0 )or years%400==0
3 print (years,'是否为闰年：', judge)  # 输出结果
```

2. 测试程序

运行程序，第 1 次输入测试数据 2020，第 2 次输入测试数据 1998，查看程序运行的结果，如图 2.16 所示。

```
请输入年份：2020
2020 是否为闰年： True   —— 第 1 次程序运行结果
>>>
请输入年份：1998
1998 是否为闰年： False  —— 第 2 次程序运行结果
>>>
```

图 2.16 “案例 6 判断年份是否为闰年”程序运行结果

3. 解读程序

可用“求余法”判断两个数是否为倍数关系。先求两个数的余数，再判断余数是否为 0，如果余数为 0，则说明它们是倍数关系。所以判断年份是否为 4 的倍数、100 的倍数、400 的倍数，可以用关系表达式“years%4==0”“years%100!=0”“years%400==0”。

第 2 行代码用于判断年份是否满足闰年的条件。两个条件满足一个即可，故用 or 逻辑运算符连接；条件 1 中又要求同时满足两个条件，其间用 and 逻辑运算符连接，具体解读如下所示。

条件 1：（1）是 4 的倍数 years % 4 == 0
（2）不是 100 的倍数 years % 100 != 0
合并：years % 4 == 0 and years % 100 != 0
条件 2：是 400 的倍数 years%400==0

条件 1 成立 或 条件 2 成立
合并：(years % 4 == 0 and years % 100 != 0) or years%400==0

1. 运算符的优先级

表达式中常用的运算符有算术运算符、赋值运算符、关系运算符和逻辑运算符。解决问题时，有的表达式中需要同时使用多个运算符，那么必须考虑运算符的优先级。

同数学中的四则运算一样，优先级高的先执行，优先级低的后执行，同一优先级的操作按照从左到右的顺序进行。当然也可以使用括号，括号内的运算最先执行。表 2.12 中按从高到低的顺序列出了常用运算符的优先级。同一行的运算符具有相同优先级。

表 2.12 常用运算符的优先级

运算符号	说明	优先级
**	幂运算	高级 ↑ 低级
*、/、%、//	算术运算	
+、-	算术运算	
<、<=、>、>=、!=、==	关系运算	
not	逻辑运算	
and	逻辑运算	
or	逻辑运算	

2. 混合表达式的应用

表达式可以混合逻辑运算和关系运算，构造出多条件的判断表达式，帮助解决更多的问题。混合表达式可用“\”符号续行，也可以用括号分隔，让表达式更清晰。

例如，用变量a、b、c表示三角形的三个边长，再用关系运算符和逻辑运算符组成混合表达式，就可以构造三边关系成立的条件，如下所示。

```
>>> a > 0 and b > 0 and c > 0 and \
a + b > c and b + c > a and a + c > b
```

1. 写出下面逻辑表达式的值。

（1）False and True ________

（2）not (True and False) ________

（3）not (1 == 1 and 0 != 1) ________

（4）True and 0 == 1 ________

（5）1 == 1 or 2 != 1 ________

2. 请将下列程序补充完整。程序任务：输入一个两位数，判断该数是否为回文数（个位数字等于十位数字，则这个两位数为回文数，如22、66等）。

```
x=int(input('请输入一个两位数:'))
a= __________          # 个位数
b= __________          # 十位数
judge= ____________
print(x,'是回文数?',judge)
```

3. 阅读程序，写出程序运行结果，并上机验证。

```
number=int(input('请输入您想购电影票的数量：'))
strweek=int(input('请输入您买周几的电影票 1-7：'))
judge=number>10 and strweek==6
print ('您获得折扣活动参与资格：', judge)
```

测试数据：7，7 输出的结果：____________________

测试数据：11，7 输出的结果：____________________

测试数据：11，3 输出的结果：____________________

4. 某空军选拔高中生飞行学员，特制定了两项基本条件：一是年龄条件（16~19周岁）；二是身高条件（170~185厘米）。请编写程序，输入学生的年龄和身高值，判断其是否符合选拔基本条件。

2.3 字符串类型

Python中除数值和布尔类型数据，还有一种常用的数据是字符串。字符串是由单引号或双引号括起来的任意字母、数字和符号的组合。例如"我喜欢编程" "Hello Python" "123" "3+2="等。

2.3.1 字符串连接

用 Python 编写程序时，经常要对字符串进行各种运算处理，如字符串连接是较常见的字符串运算。例如，连接字符串"My name is"与"LiMing"，输出"My name is LiMing"英文句子；连接字符串"3+4="与"7"，输出数学算式等。

案例 7 输出喜欢的格言

人生格言能给我们带来启示。学校的外研社对在校学生进行问卷调查，收集学生喜欢的英文格言。编写程序，请学生输入自己喜欢的格言，并打印输出，案例输出样例如图 2.17 所示。

```
Please input your favorite motto: Be honest rather clever.    # 输入
What's your favorite motto?
My favorite motto:Be honest rather clever.                    # 输出两行
```

图 2.17 “案例 7 输出喜欢的格言”输出样例

1. 理解题意

根据题意，要求用户输入英文格言，输出内容分成 2 行，第 1 行是问句“What's your favorite motto?”，第 2 行是用户的回答“My favorite motto:”，后面连接用户输入的格言。

2. 问题思考

问题 1：

字符串如何表示？可以用print()函数输出吗？字符串中包含“,”，如何区分“,”的含义？

问题 2：

怎样将几个字符串连接起来并分行输出？

3. 知识准备

（1）字符串

字符串是连续的字符序列，可以是计算机所能表示的一切字符的集合。在 Python 中，字符串用单引号“''”、双引号“" "”或三单引号“''' '''”括起来。这三种引号形式在语义上没有差别，只有在形式上有些差别。其中，单引号和双引号中的字符序列在一行上；如果字符串的长度长，可以使用三单引号，中间的字符序列分几行书写，如下面的代码所示。

```
Str1='Hello Python!'
Str2="Hello Python! "
Str3='''hello
      Python'''
```

（2）输出换行

输出长度较长的字符串时，可以用分行符“\n”进行分行输出，举例如下。

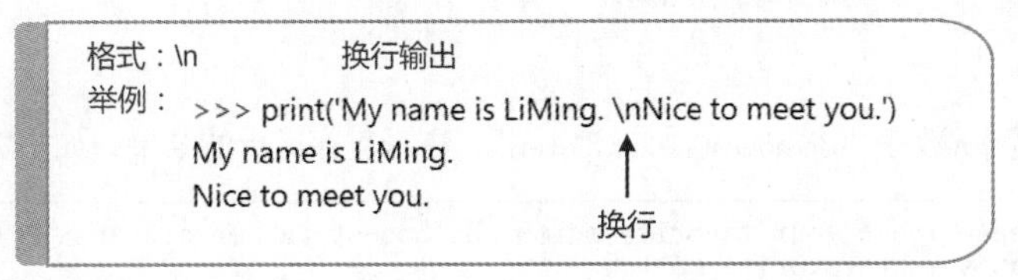
格式：\n　　　　换行输出
举例：　>>> print('My name is LiMing. \nNice to meet you.')
My name is LiMing.
Nice to meet you.
换行

（3）“+”运算符

Python 中字符串连接的方法有很多种，使用“+”运算符是其中的一种。使用“+”运算符可以轻松连接两个字符串，举例如下。

格式：s1+s2　　　　连接字符串 s1 和 s2
举例：s= 'Li'+'Ming'
　　　print(s)
输出的结果：LiMing

4．算法分析

案例算法思路：如图 2.18 所示，首先创建 str1、str2 两个变量，分别用于表示英语问句“What\'s your favorite motto?”和输入的英语格言“Be honest rather clever.”，str2 变量由键盘输入。然后，将几个字符串连接，生成新的字符串。最后打印生成的新字符串。

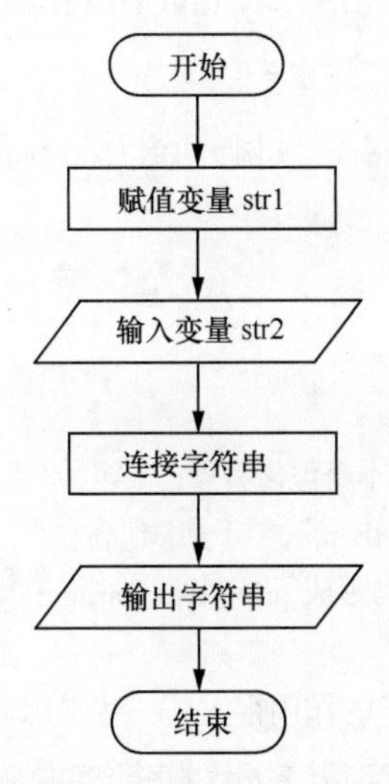

图 2.18　“案例 7　输出喜欢的格言”算法流程图

1．编写程序

案例 7 的相关代码如文件“案例 7　输出喜欢的格言.py”所示。

案例 7 输出喜欢的格言.py

```
1 str1='What\'s your favorite motto?'
2 str2=input('Please input your favorite motto：')# 输入格言
3 str=str1+'\n'+'My favorite motto : '+str2         # 连接字符串
4 print(str)                                        # 输出格言
```

2. 测试程序

运行程序，输入测试数据“Be honest rather clever.”，查看程序运行的结果，如图 2.19 所示。

```
Please input your favorite motto: Be honest rather clever.—— 输入
What's your favorite motto?
My favorite motto:Be honest rather clever.  —— 按格式输出结果
>>>
```

图 2.19 “案例 7 输出喜欢的格言”程序运行结果

3. 解读程序

本案例中有两个关键问题要解决。一是字符串本身包含引号，会产生歧义，可以用“\”对字符串中的引号进行转义，以区分单引号。二是用“+”运算符连接几个字符串，生成英文对话语句。字符串由两条英文语句组成，其长度较长，可以用“\n”进行换行。解读关键的程序，如图 2.20 所示。

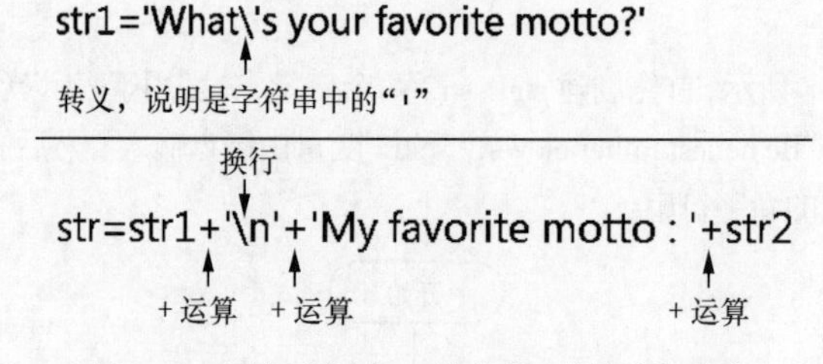

图 2.20 解读“案例 7 输出喜欢的格言”程序

1. 字符串转义

如果打印的字符串需要换行，或字符串本身包含引号，都容易产生歧义，可以使用转义字符进行转义说明。

例如，打印英文句子“I'm learning Python.”，句子中包含“'”，代码写成 print(' I'm learning Python. ')就会出现歧义。因此，用“\”进行转义，代码写成 print('I\'m learning Python.')。

2. 常用转义字符

在 Python 中表示字符串时，转义字符的作用很大。一些常用转义字符的功能描述如表 2.13 所示。

表 2.13 常用转义字符的功能描述

转义字符	描述	转义字符	描述
\（在行尾时）	续行符	\n	换行
\'	单引号	\r	回车
\"	双引号	\f	换页
\b	退格	\000	空

3. 字符串与数值连接

连接字符串与数值时，要先将数值转换为字符串。将数值转换为字符串需要用到 str( )函数。例如在下面的代码中，左边的代码运行时会报错，右边的代码为正确的代码。

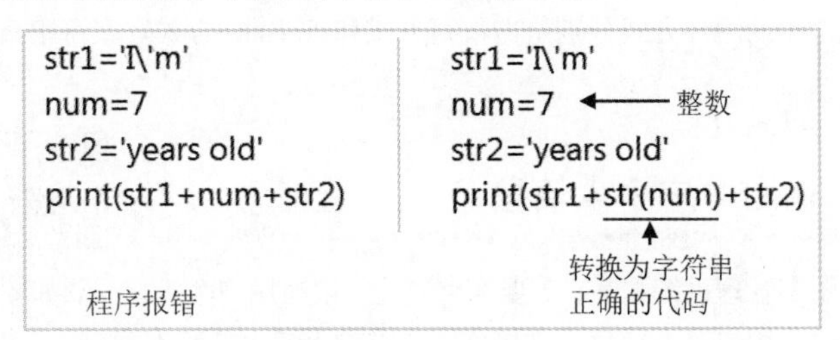

1. 写出下面语句的输出结果。

（1）>>>print('123') ____________

（2）>>>print('1\n2\n3') ____________

（3）>>>print('2+3=') ____________

（4）>>>print('a+b') ____________

（5）>>>print('a'+'b') ____________

（6）>>>print('c'*3) ____________

2. 阅读程序，写出程序运行结果，并上机验证。

```
a=6
b=4
print('a+b='+str(a+b))
```

输出的结果：____________

3. 将程序补充完整，实现样例输出效果。

程序代码：

```
str1=input('What colour do you like?___Please enter:')
print ('I like '___str1+'.')
```

样例输出：

```
What colour do you like?
Please enter:red        # 输入
I like red.             # 输出
```

4. 编写程序，打印图 2.21 所示的图形。

```
*******
 *****
  ***
   *
```

图 2.21 打印效果图

2.3.2 字符串格式化

编写程序，输出字符串时，往往会有一定的格式要求，如字符串左对齐、分行等，这里就要用到字符串格式化。字符串格式化常用的两种方式分别是占位符方式和 format()方式。字符串格式化让字符串数据输出更灵活、简单。

案例 8　输出用户个人信息

学生申请校园电子图书管理系统账号，需要实名登记，填写用户个人信息，如图 2.22 所示。试用 Python 编写一个程序，请学生输入用户个人信息，并按格式要求输出学生的基本情况。

```
----- 用户信息------
姓名：李明              —— 输出
班级：计算机系2班
--------------------
```

图 2.22　用户个人信息

1. 理解题意

通过题目可以了解到，学生申请校园电子图书管理系统账号，需要填写并显示用户信息，主要包括“姓名”“班级”等信息。本案例解决的问题是通过键盘输入相关用户信息，然后将用户信息以设定的格式输出。

2. 问题思考

问题 1：

本案例要求分多行输出数据，那么分行打印的方法有哪些？

问题 2：

有的数据先由用户读入，再打印输出。怎样按固定的格式输出这样的数据？

3. 知识准备

（1）占位符格式化

在 Python 中经常用占位符“%”表示格式化操作，将数据转换成对应类型的数据。比较常用的占位符有“%s”“%d”“%e”“%f”等，具体方法如下。

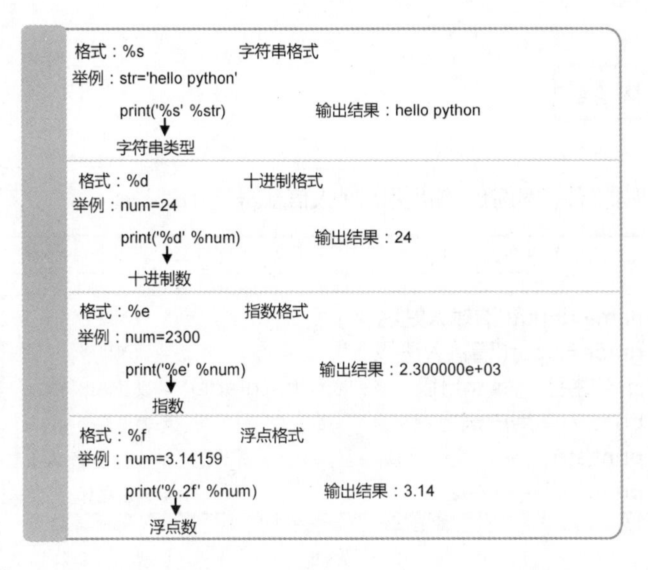

（2）format()格式化

Python 中的函数 format()用占位符“{}”替代原来的占位符“%”，功能上不受数据类型影响，不受顺序限制，输出更加灵活。

格式：<模板字符串>.format(<逗号分隔的参数>)

举例：'My favorite foods are {} and {}.'.format('noodles','cake')

输出结果：My favorite foods are noodles and cake.

4. 算法分析

案例算法思路：首先创建 name、grade、str 三个变量，name、grade 分别表示姓名、班级，其变量值通过键盘输入。str 为输出的用户信息字符串。输出时，首尾行分别是字符串“----用户信息-----”和“--------------------”，中间部分为用户个人信息，可以用 3 条 print 语句分别打印 3 行数据。第 2 行数据中的用户个人信息需要在用户输入后打印，可以先用占位符“%”替代用户输入的信息，再将字符串里的占位符与外部变量一一对应，即可按设定格式打印字符串。算法流程图如图 2.23 所示。

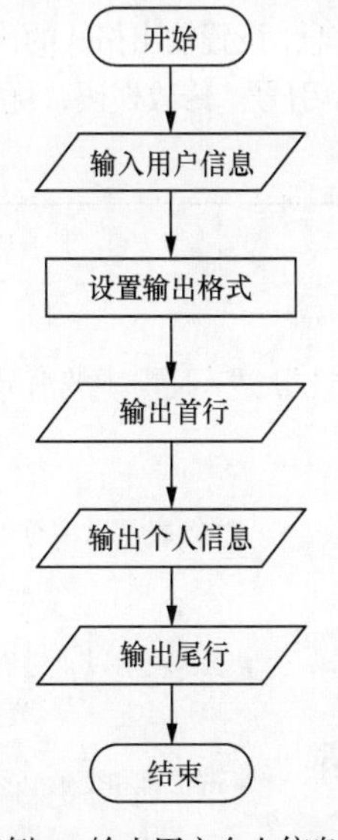

图 2.23 “案例 8 输出用户个人信息”算法流程图

1. 编写程序

案例 8 的相关代码如文件“案例 8　输出用户个人信息.py”所示。

案例 8　输出用户个人信息.py

```
1 name=input('请输入姓名：')                  # 输入姓名
2 grade=input('请输入班级：')                 # 输入班级
3 str='姓名：%s \n班级：%s'%(name,grade)      # 设置输出格式
4 print('---- 用户信息-----')                 # 输出首行
5 print(str)                                  # 输出用户个人信息
6 print('--------------------')               # 输出尾行
```

2. 测试程序

运行程序，输入测试数据姓名“李明”、班级“计算机系 2 班”，查看程序运行的结果，如图 2.24 所示。

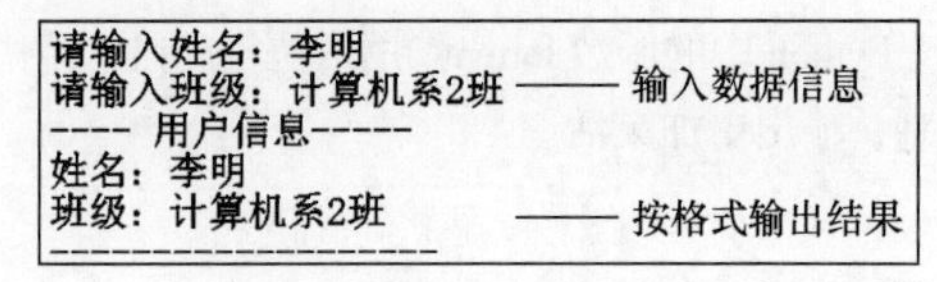

图 2.24　“案例 8　输出用户个人信息”程序运行结果

3. 解读程序

本案例的关键是设置用户个人信息的输出格式。姓名、班级信息是用户输入的，没办法预设，解决方法是插入“%”占位符，设定变量输出的位置和类型。

设置格式化输出时，要说明变量的类型，占位符和变量要一一对应，如图 2.25 所示。

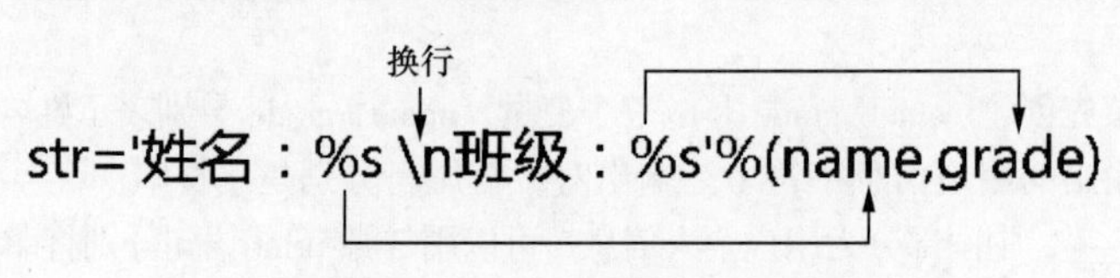

图 2.25　“%”占位符格式化输出

4. 优化程序

在本案例中，如果要填写更多的用户信息，设置输出格式的代码就较长。可以先将要输出的格式准备好，然后再打印输出。多行打印也可以用到三单引号。修改代码，优化程序，如下所示，其中第 6~12 行代码用于设置字符串的输出格式。

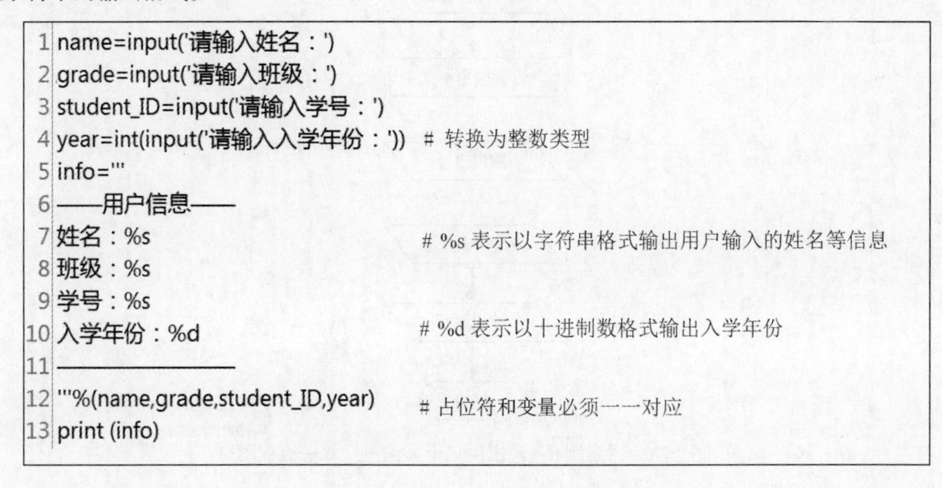

```
1  name=input('请输入姓名：')
2  grade=input('请输入班级：')
3  student_ID=input('请输入学号：')
4  year=int(input('请输入入学年份：'))  # 转换为整数类型
5  info='''
6  ——用户信息——
7  姓名：%s                        # %s 表示以字符串格式输出用户输入的姓名等信息
8  班级：%s
9  学号：%s
10 入学年份：%d                     # %d 表示以十进制数格式输出入学年份
11 ————————
12 '''%(name,grade,student_ID,year)  # 占位符和变量必须一一对应
13 print (info)
```

1. format( )格式化输出

在 Python 中，使用 format( )是另一种格式化输出数据的方法。用“%”占位符输出数据，需要考虑数据的类型。如在本案例中，用“%d”说明变量 year 的类型为数字类型；输出姓名等数据，用“%s”说明 name、grade 等变量的类型为字符串类型。而使用 format( )格式化则不需要理会数据的类型，直接用“{}”占位。

format( )格式化输出先设定字符串的格式，用“{}”占位，然后用 format( )对应的参数值替换占位符。print( )中的占位符默认顺序为 0、1、2……，format( )中参数值的顺序也是 0、1、2……，默认状态下，占位符引导 format( )的参数值按顺序依次填入“{}”，实现输出。占位符“{}”中也可以预先填入参数的顺序号，这样“{}”中将填入对应编号的参数值，如图 2.26 所示。

```
print('姓名：{} \n班级：{} '.format('李明','501'))
        0        1               0      1
      占位符默认顺序          format()中参数顺序
输出结果：姓名：李明
          班级：501

print('{0} {1}\n{0} {2} '.format('501','李明','张玲'))
输出结果：501 李明
          501 张玲
```

图 2.26 format( )格式化输出

2. 连接字符串的其他方法

在 Python 中除了用“+”操作符连接的方法，还可使用“*”“,”及 join()方法等连接，如表 2.14 所示。

表 2.14 字符串连接方法

连接方法	说明	举例	运行结果
s1*n	字符串 s1 复制 n 次	'a'*3	'aaa'
print(s1，s2)	逗号连接字符串 s1 和 s2	print('a','b')	'ab'
str1.join(str)	连接输出	'–'.join('Python')	'P-y-t-h-o-n'

1. 写出下面程序的运行结果。

（1）print('2*2=%d'%(2*2))

____

（2）print('I am %d years old.'%(14))

____

（3）print('I am in grade {},class{}'.format(5,2))

____

2. 阅读程序，写出程序运行结果，并上机验证。

```
s='I love {0},I study {0} {1} years.'.format('python',2)
print(s)
```

程序运行结果：______________

```
info = '''
姓名：%s
性别：%s
年龄：%d
'''%('李明','男',14)
print(info)
```

程序运行结果：______________

3. 编写程序，打印两位数加法算式，加数由键盘输入。样例输出如下。

```
请输入加数1: 40   —— 输入
请输入加数2: 34   —— 输入
40+34=74          —— 输出
```

2.3.3 字符串函数

处理字符串时，除了连接字符串、格式化输出字符串，还会面临很多问题，例如转换字符串中字母的大小写、提取注册邮箱的用户信息等。这里就需要掌握一些常用的字符串函数。常用的内置字符串函数包括字母大小写转换、获取字符串长度、截取字符串等。

案例 9 验证注册信息

在学校的小卖部会员注册模块中，要求会员名必须唯一，并且不区分字母的大小写，即 liming 和 LIMING 被认为是同一用户。编写程序，判断输入的会员是否已经存在。假设目前会员有“liming”“zhangxiang”“taohong”“liuyin”。

1. 理解题意

通过题目可以了解到，小卖部已经有会员账号“liming”“zhangxiang”“taohong”“liuyin”。学生注册会员时，先输入会员账号（不区分字母大小写，如果用户输入大写字母，则自动转换为小写字母），然后判断该会员账号是否已经注册。

2. 问题思考

问题 1：

怎样将字符串中的大写字母转换为小写字母？

问题 2：

怎样判断字符串 1 是否在字符串 2 中？

3. 知识准备

（1）lower()函数

lower()函数用于将字符串中的全部大写字母转换为小写字母。如果字符串中没有应该被转换的字符，则将原字符串返回；否则将返回一个新的字符串，将原字符串中每个大写字母都转换成对应的小写字母。转换后的字符串长度与原字符串的长度相同。

```
格式：str.lower()
举例：str1='LiMing'
      print(str1.lower())
      输出结果：liming
```

（2）in 的用法

可以用关系运算符对 Python 中的字符串进行比较，也可以用成员运算符。常用的关系运算符“==”“!=”可以判断两个字符串是否相等，成员运算符 in、not in 可以判断字符串 1 是否在字符串 2 中。

```
格式：str1 in str2 结果为布尔值
举例：'hello' in 'hello, liming.'
      输出结果：True
```

4. 算法分析

案例算法思路：先创建已有的会员名字符串，str1="liming|zhangxiang|taohong|liuyin",用“|”将会员名分开。然后用键盘输入 str2，创建新会员，将 str2 中的大写字母转换为小写字母。最后再判断 str2 是否在 str1 中，并输出结果。算法流程图如图 2.27 所示。

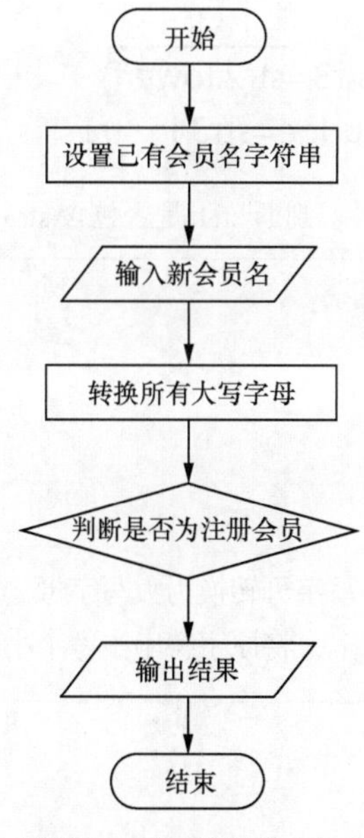

图 2.27 “案例 9 验证注册信息”算法流程图

1. 编写程序

案例 9 的相关代码如文件“案例 9 验证注册信息.py”所示。

案例 9　验证注册信息.py

```
1 str1='liming|zhangxiang|taohong|liuyin'          # 已有注册会员名
2 str2=input('请输入您的会员注册名：')              # 输入注册会员名
3 str3=str2.lower()                                 # 转换小写字母
4 judge=str3 in str1                                # 判断是否注册
5 print ('您输入的会员名是否已被注册：',judge)      # 输出结果
```

2. 测试程序

运行程序，输入测试数据“Liming”“zhangming”，查看程序运行的结果，如图 2.28 所示。

```
请输入您的会员注册名：Liming           ——第 1 次输入测试数据
您输入的会员名是否已被注册： True
>>>
请输入您的会员注册名：zhangming        ——第 2 次输入测试数据
您输入的会员名是否已被注册： False
>>>
```

图 2.28　“案例 9　验证注册信息”程序运行结果

3. 解读代码

在本案例中，程序中的关键代码有 2 行，第 3 行代码用于将 str2 中所有的大写字母转换为小写字母。第 4 行代码用 in 语句判断 str1 中是否存在 str3，即输入的注册名是否已经存在，代码如下。

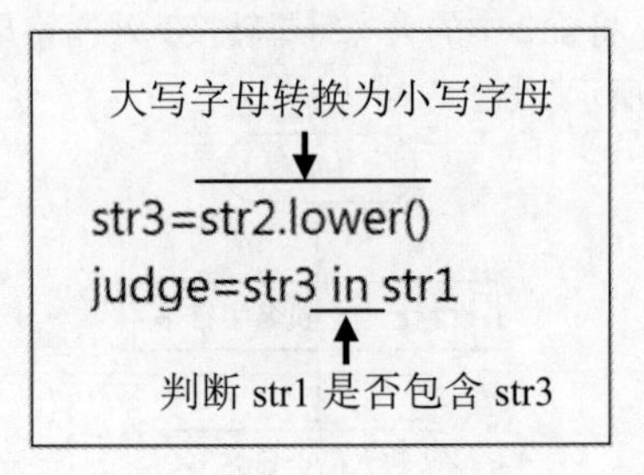

1. upper( )函数

upper( )函数用于将字符串中的全部小写字母转换为大写字母。如果字符串中没有应该被转换的字符，则将原字符串返回；否则返回一个新的字符串，将原字符串中每个小写字母都转换成对应的大写字母。

```
格式：str.upper()
举例：str1='liming'
      print(str1.upper())
      显示结果：LIMING
```

2. 成员运算符

Python 的成员运算符主要用于列表、集合、字符串中，用于判断一个值是否是另一个值的成员，返回的是布尔值。成员运算符的功能如表 2.15 所示。

表 2.15 成员运算符的功能

运算符	描述	举例
in	如果在右边的字符串、列表等中找到左边的值，则返回 True，否则返回 False	'a' in 'abc' 的值为 True
not in	如果在右边的字符串、列表等中没有找到左边的值，则返回 True，否则返回 False	'abc' not in 'apple' 值 True

3. 常用的字符串函数

常用的字符串函数如表 2.16 所示。

表 2.16 常用的字符串函数

函数	格式	描述	举例
len( )	len(string)	计算字符串 string 的长度	str='abc' len(str) 输出结果：3
split( )	str.split(sep,maxsplit)	分割字符串，str 表示要分割的字符串；sep 指定分隔符；maxsplit 指定分割次数	str='I am a girl!' print(str.split(' ')) 输出结果：['I', 'am', 'a', 'girl!']
count( )	str.count('chars',start,end)	检索指定字符串在另一个字符串中出现的次数，如果检索的字符串不存在，则返回 0，否则返回出现的次数	str='hello world' print(str.count('o')) 输出结果：2
find( )	str.find('chars',start,end)	检索是否包含指定的字符串，如果检索的字符串不存在，则返回–1，否则返回出现该字符串时的索引	str='hello world!' print (str.find('wo')) 输出结果：6
strip( )	str.strip('chars')	用于去除字符串头尾指定的字符或字符序列，默认为空格或换行符	str = "123abcruno" print(str.strip('12')) 输出结果：3abcruno

1. 写出下面程序的输出结果。

```
s='hello Python'
print(s.find('e'))        ________
print(s.count('o'))       ________
print(s.strip('h'))       ________
print(s.split(' '))       ________
print(s.upper())          ________
```

2. 下面的程序用于判断用户输入密码的位数是否正确（已知密码为 8 位数），请将程序补充完整。

```
password=input('请输入你的密码：')
judge= ________
print('你输入的密码长度是否正确:',judge)
```

3. 编写程序，输入一个字符串，判断该字符串中是否包含大写字母，如果包含，则返回 True，否则返回 False。

第3章 Python 程序控制

遇到问题要学会思考，根据情况选择正确、合适的方法。例如，行走时路过红绿灯，红灯停、绿灯行；学生从家到学校，有多种交通工具可供选择，如公交车、地铁、自行车等。生活中除了要做选择，有时也需要重复做某件事。例如，学生上学、放学、周末休息，日复一日，年复一年。

程序设计也一样，需要利用流程实现与用户的交流，并根据用户的需求来决定做什么、怎么做。程序控制对于任何一门编程语言来说都是至关重要的，它提供了程序如何运行的方法。本章主要讲述 Python 中的程序控制语句。

学习目标

★ 掌握选择语句的用法

★ 掌握 for 循环的用法

★ 掌握 while 循环的用法

★ 掌握循环嵌套的用法

★ 掌握 break、continue 语句的用法

★ 掌握 else 语句的用法

3.1 程序分支

在生活中，我们经常需要做出各种各样的选择。比如，网上预约商品，若成功则可以抢购；登录学校的网站，如果用户名和密码输入正确，会成功登录网站，否则提示登录失败；等等。这些生活实例中的判断，可以通过编写程序实现，程序中需要用到分支（选择）结构。Python 中常用的选择语句有三种，分别为 if 语句、if…else 语句和选择语句嵌套（如 if…elif…else 语句）。

3.1.1 if 语句

单分支 if 语句是最简单的条件判断语句，语句的保留字为 if，它在编程语言中用来判定所给的条件是否满足，根据判定的结果（真或假）来决定是否执行相应的语句块。

案例 1 判断偶数

什么是偶数？小学五年级时，数学课上学习过“能够被 2 整除的整数叫作偶数”。你能编写程序，判断一个数是不是偶数吗？

1. 理解题意

编写好程序后，用户输入整数，由计算机判断输入的整数是不是偶数，如果是，则显示“是偶数”，否则什么都不显示。

2. 问题思考

问题 1：

在 Python 中，怎样判断输入的整数是不是偶数？怎样书写表达式？

问题 2：

怎样根据表达式的结果进行判断？如果是偶数，该怎样做？如果不是偶数，又该怎样做？

3. 知识准备

Python 使用保留字 if 来组成选择语句，其语法格式如下。

```
if  表达式:
    语句块
```

if 语句的执行过程如图 3.1 所示，它相当于“如果……那么……”。如果条件成立，即表达式的值为 True，则执行语句块；如果表达式的值为 False，就跳过语句块，继续执行后面的语句。

4. 算法分析

案例问题是让用户输入整数，然后判断该整数是否是偶数，如果条件成立，则输出“是偶数”。解决问题的关键点一是用户输入整数，可借助 input()函数实现；关键点二是 if 语句中的条件可利用关系表达式来实现。算法流程图如图 3.2 所示。

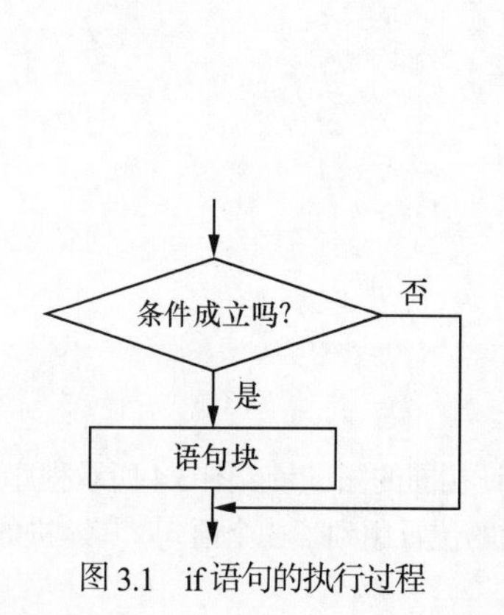

图 3.1　if 语句的执行过程

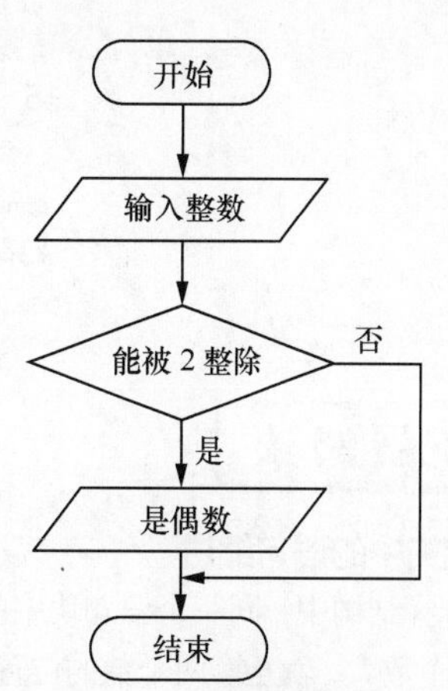

图 3.2　“案例 1　判断偶数”算法流程图

1. 编写程序

案例 1 的相关代码如文件“案例 1　判断偶数.py”所示。

案例 1　判断偶数.py

```
1 num = int(input("请输入一个数:"))    # 用户输入整数
2 if (num % 2) == 0:                   # 判断是不是偶数
3   print(num,"是偶数")                # 如果是，则显示“是偶数”
```

2. 测试程序

第 1 次输入整数“24”，第 2 次输入整数“11”，查看程序运行的结果，如图 3.3 所示。

```
请输入一个数:24
24 是偶数          —— 第 1 次程序运行结果
>>>
请输入一个数:11
>>>                —— 第 2 次程序运行结果
```

图 3.3　“案例 1　判断偶数”程序运行结果

3. 优化程序

想一想，利用程序设计能够判断一个整数是不是偶数，那么是否同样也能判断一个数是不是奇数呢？试试运行如下程序，看看能不能判断一个数是不是奇数。

```
num = int(input("请输入一个数:"))
if (num % 2) == 0:
    print(num,"是偶数")
if (num % 2) !=0:
    print(num,"是奇数")
```

程序运行结果：

```
请输入一个数:15
15 是奇数
>>>
请输入一个数:8
8 是偶数
>>>
```

1. 选择结构中的语句缩进

在 Python 选择结构中，同一个语句块中的语句必须保证相同的缩进量。图 3.4 所示程序的作用：输入两个数，如果前一个数大，就互换两个数的位置。互换两个数的位置用到了 3 个语句，其缩进的位置应该相同，如果缩进的位置不同，则程序运行结果将会不同。

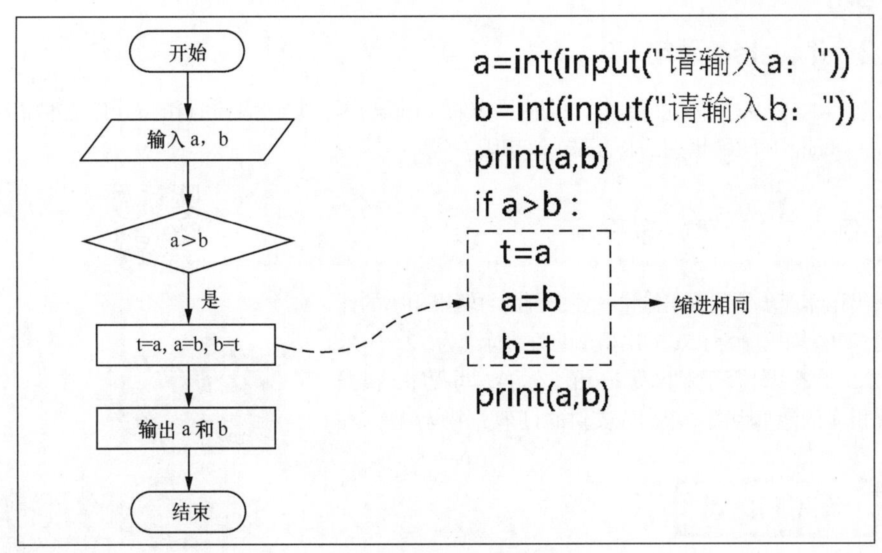

图 3.4 选择结构中的语句缩进

2. if 语句中的表达式

在 Python 的 if 语句中，通过表达式的值决定是否执行语句，如本案例中判断一个数是不是偶数，使用的表达式是“num%2==0”，除了这种写法，还可以写作“num/2==int(num/2)”“num/2 ==num//2”。

1. 计算下列关系表达式的值，并上机验证。

（1）4>0 ________

（2）3+4>2 ________

（3）4*2!=2**3 ________

（4）10%2==0 ________

（5）7//2==3 ________

2. 阅读程序，写出程序运行结果。

```
a = int (input("输入第一个数："))
b = int (input("输入第二个数："))
print(a,b)
if a > b:
    t=a;a=b;b=t
print(a,b)
```

输入数据：4，7　程序运行结果：________

3. 编写程序，输入一个数，输出它的绝对值（提示：用选择结构，如果这个数大于等于零，则直接输出这个数；如果这个数小于零，则输出这个数的相反数）。

3.1.2 if...else 语句

程序在运行时，先对条件进行判断，再根据条件的正确与否，决定程序执行的语句，这种情况称为双分支结构，在 Python 中可以利用 if...else 语句来实现。

案例 2 计算打车费用

方舟市出租车起步价与汽车排量有关，因此每辆出租车的计费方式不同，如一辆排量为 1.5T 的出租车的收费标准为，2.5 千米以内 8 元，2.5 千米以外每千米收费 1.5 元。你能编写程序，根据乘客乘坐出租车的乘车距离，求出应支付的打车费用吗？

案例准备

1. 理解题意

在本案例中，根据乘客乘坐出租车的乘车距离计算打车费用，分两种情况：当乘车距离不超过 2.5 千米时，打车费用为起步价 8 元；超过 2.5 千米时，打车费用在 8 元的基础上，加收超出部分的费用。

2. 问题思考

在Python 中，根据不同的情况计算打车费用，采用什么方法？

问题 2:

分两种情况计算打车费用，即乘车距离小于等于 2.5 千米与大于 2.5 千米，在判断时如何写表达式？

3. 知识准备

Python 使用保留字 if、else 来组成双分支语句，其语法格式如下。

```
if  表达式:
        语句块 1
else:
        语句块 2
```

if...else 语句的执行过程如图 3.5 所示。如果条件成立，则执行语句块 1，否则执行语句块 2；双分支语句执行完成后，继续执行分支后面的语句。

4. 算法分析

在程序中，首先输入乘客的乘车距离。然后根据乘车距离进行判断，当乘车距离小于等于 2.5 千米时，费用为 8 元；当乘车距离大于 2.5 千米时，在起步价 8 元的基础上，对超出的部分按每千米 1.5 元收费。最后输出打车费用。算法流程图如图 3.6 所示。

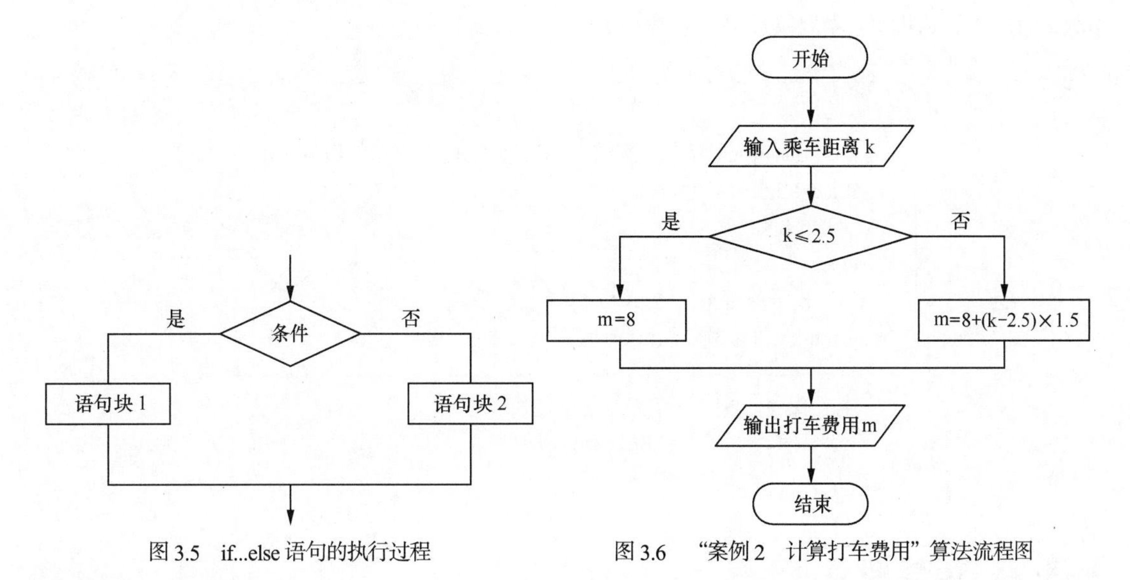

图 3.5　if...else 语句的执行过程

图 3.6　“案例 2　计算打车费用”算法流程图

1. 编写程序

案例 2 的相关代码如文件“案例 2 计算打车费用.py”所示。

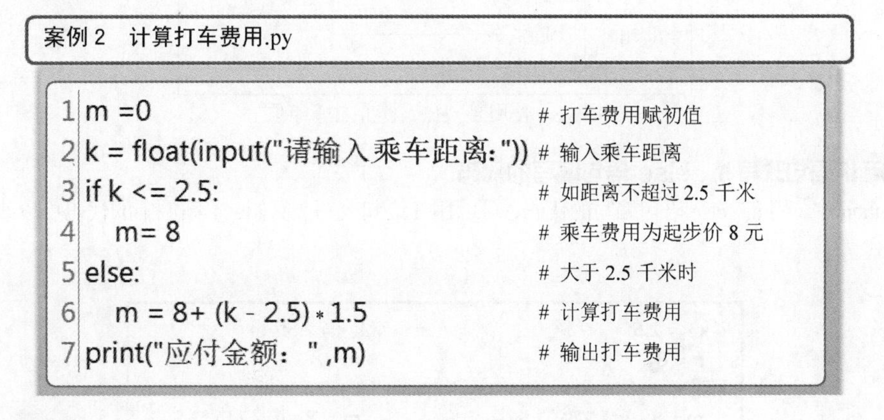

案例 2　计算打车费用.py

```
1 m =0                                  # 打车费用赋初值
2 k = float(input("请输入乘车距离:"))     # 输入乘车距离
3 if k <= 2.5:                          # 如距离不超过 2.5 千米
4     m= 8                              # 乘车费用为起步价 8 元
5 else:                                 # 大于 2.5 千米时
6     m = 8+ (k - 2.5) * 1.5            # 计算打车费用
7 print("应付金额： " ,m)                # 输出打车费用
```

2. 测试程序

第 1 次输入乘车距离为 2，第 2 次输入乘车距离为 6，查看程序运行结果，如图 3.7 所示。

```
请输入乘车距离：2
应付金额： 8          ——— 第1次程序运行结果
>>>
请输入乘车距离：6
应付金额： 13.25      ——— 第2次程序运行结果
>>>
```

图 3.7　“案例 2　计算打车费用”程序运行结果

3. 优化程序

程序输入的乘车距离应该是大于零的数据，可在输入乘车距离时进行提醒，同时生活中打车费用一般为整数，输出打车费用时仅保留整数，参考程序如下。

```
m =0
k = float(input("请输入乘车距离（必须是大于零的数）："))
if k <= 2.5:
    m= 8
else:
    m = 8+ int((k - 2.5) *1.5)
print("应付金额：" ,m)
```

程序运行结果：　请输入乘车距离：6
　　　　　　　　应付金额：13
　　　　　　　　>>>

1. 使用 if…else 语句的注意事项

在 Python 中使用 if…else 语句时，要注意缩进及冒号的使用，具体如图 3.8 所示。

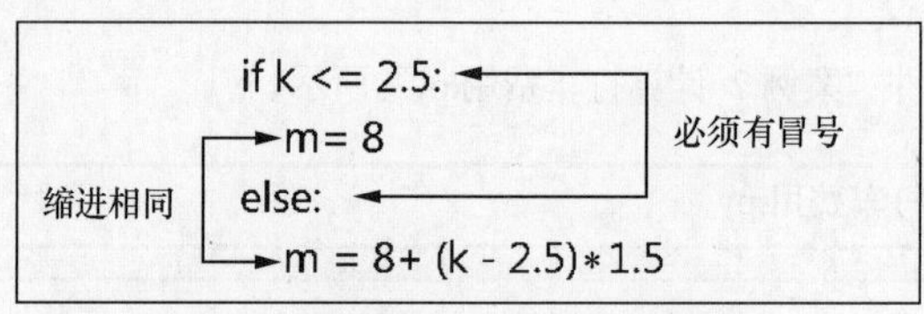

图 3.8　使用 if…else 语句的注意事项

2. 用 if 语句改写 if…else 语句编写的代码

在 Python 中，用 if…else 语句编写的代码，可以用 if 语句改写。例如，本案例中的代码可以改写为图 3.9 所示的形式。

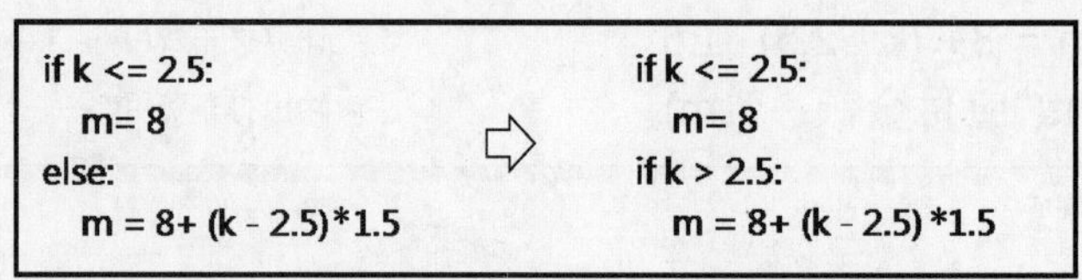

图 3.9　用 if 语句改写 if…else 语句编写的代码

1. 阅读程序，写出程序运行结果，并上机验证。

```
a=int(input("请输入 a:"))
b=int(input("请输入 b:"))
c=int(input("请输入 c:"))
if  b*b-4*a*c>=0 :
    print("有实根")
else:
    print("无实根")
```

输入数据 ：1，2，1　　程序运行结果：________________

2. 程序填空。

以下程序的功能是输入正确的用户名与口令即可显示“通过验证”，否则显示“验证失败”，请在横线处填写合适的语句。

```
name=input("请输入用户名：")
password= ____1____ (input("请输入口令："))
if name=="zhang" ____2____ password==1976 :
    print("通过验证")
else:
    print("验证失败")
```

填空 1：________________　　填空 2：________________

3. 编写程序，实现输入成绩时，如果大于等于 60 则显示“合格”，如果小于 60 则显示“不合格”。

3.1.3 选择语句嵌套

编写程序时，如果遇到需要从多个选项中选择一个的情况，则可以使用选择语句嵌套，该语句是单分支选择语句的拓展。

案例 3　书费计算

4 月 23 日是世界读书日，针对该节日方舟书店举行了优惠活动，200 元（不包括 200 元）以内九折，200~500 元（不包括 500 元）八折，500 元及以上七折。请你编写程序实现书店优惠打折的功能，当输入购买书的价格后，计算出应付费用。

1. 理解题意

输入购买书的价格，按优惠活动的规则，分三种情况计算购买这些书应付的费用，并输出。

2. 问题思考

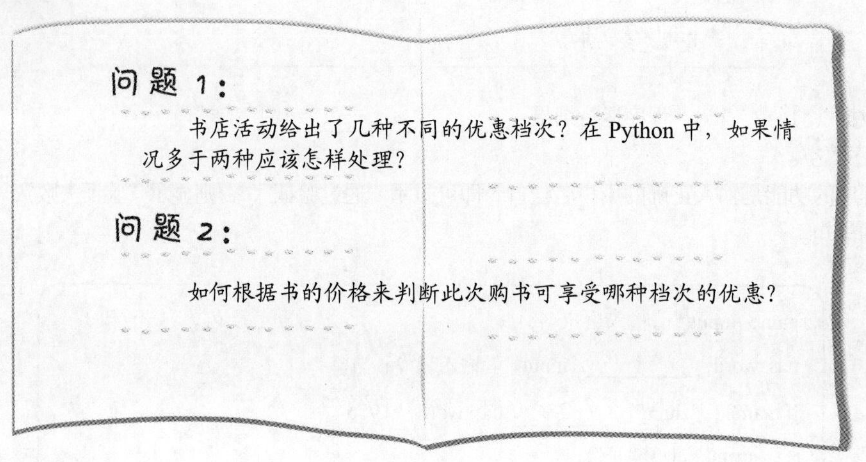

3. 知识准备

前面学过了双分支语句，但如果在遇到所要判断的情况不止两种时，可以使用选择语句嵌套，格式如下。

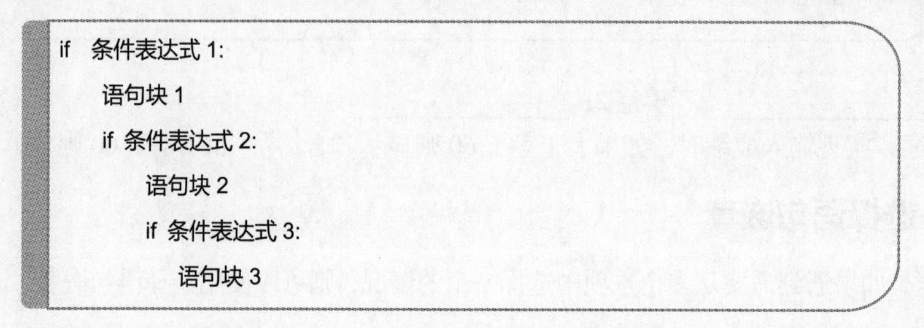

```
if  条件表达式 1:
    语句块 1
    if 条件表达式 2:
        语句块 2
        if 条件表达式 3:
            语句块 3
```

选择语句嵌套的执行过程如图 3.10 所示，相当于在一个单分支语句下嵌入两个单分支语句，构成选择嵌套结构。

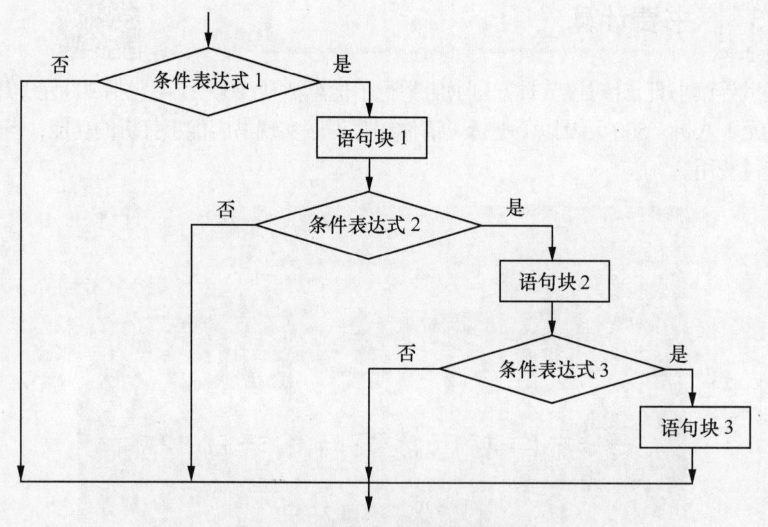

图 3.10　选择语句嵌套的执行过程

4．算法分析

第一种优惠价：当书的价格不到 200 元时，九折；第二种优惠价：当书的价格为 200~500 元时（不包括 500 元）时，八折；第三种优惠价：当书的价格为 500 元及以上时，七折。故该案例的算法流程图如图 3.11 所示。

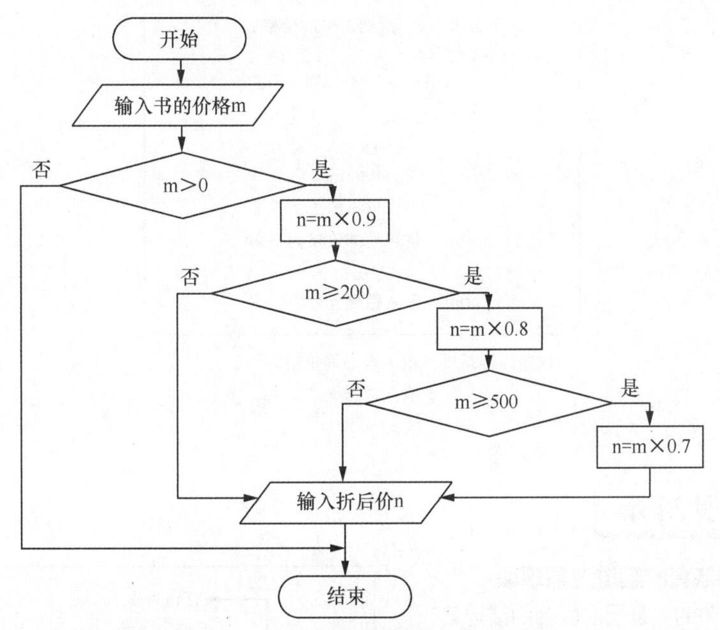

图 3.11　“案例 3　书费计算”算法流程图

1．编写程序

案例 3 的相关代码如文件“案例 3　书费计算.py”所示。

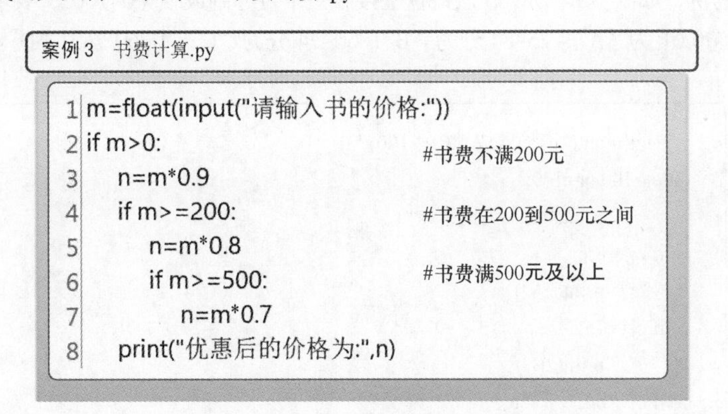

案例 3　书费计算.py

```
1 m=float(input("请输入书的价格:"))
2 if m>0:                          #书费不满200元
3     n=m*0.9
4     if m>=200:                   #书费在200到500元之间
5         n=m*0.8
6         if m>=500:               #书费满500元及以上
7             n=m*0.7
8     print("优惠后的价格为:",n)
```

2．测试程序

分别输入测试数据，190 与 300，所享受的优惠分别是九折与八折，按 F5 键运行程序，结果如图 3.12 所示。

```
请输入书的价格:190
优惠后的价格为:171.00      —— 第 1 次测试结果
>>>
请输入书的价格:300
优惠后的价格为:240.00      —— 第 2 次测试结果
>>>
```

图 3.12　“案例 3　书费计算”程序运行结果

3．优化程序

本案例考虑到了三种情况，并且给出了相应的输出结果，但还有一种情况是输入小于等于零的数据（输入数据无效）。对之前的代码进行优化，优化后的程序如下所示。运行程序并查看运行结果。

```
m=float(input("请输入书的价格:"))
if m>0:
    n=m*0.9
    if m>=200:
        n=m*0.8
        if m>=500:
            n=m*0.7
    print("优惠后的价格为:",n)
else:
    print("输入数据无效")
```

程序运行结果：请输入书的价格：-9
输入数据无效
>>>

1. 选择语句嵌套的缩进注意事项

选择语句嵌套中的 if 是层层嵌套的结构关系，因此在编写程序时要注意缩进，如图 3.13 所示。

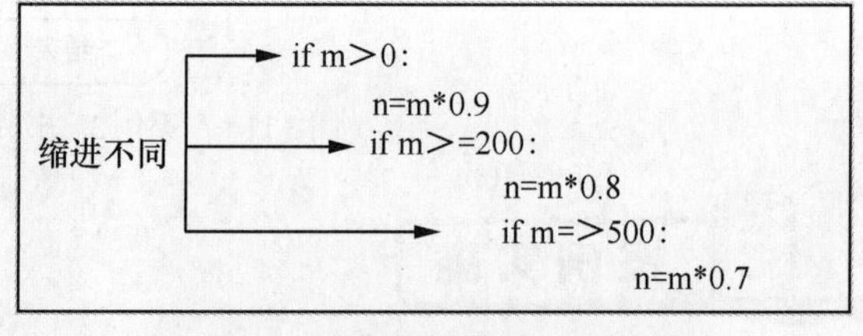

图 3.13　选择语句嵌套的缩进注意事项

2. if…else 语句

在 Python 中使用 if…else 语句，当选择条件为假时，程序会执行 else 语句下的语句块。以判断成绩的等级为例，如图 3.14 所示，从键盘上接收一个百分制成绩（0~100），要求输出相应的成绩等级 A~D，其中，85 分以上为“A”，75~84 分为“B”，60~74 分为“C”，0~60 分为“D”。

```
cj=int(input("请输入成绩(0～100):"))
if cj>100 or cj<0:
        print("输入数据错误")
elif cj>=85:
        print("A")
elif cj>=75:
        print("B")
elif cj>=60:
        print("C")
else:
        print("D")
```

图 3.14　if…else 语句

1. 查找错误。

下面是张小薇同学编写的计算书费的程序，其中有两处错误，请修改。

```
m=float(input(" 请输入书的价格 :"))
if m>=500:                         # 此行有一处错误
    n=m*0.7
    if m>=200:
        n=m*0.8
        if m>0:                    # 此行有一处错误
            n=m*0.9
    print(" 优惠后的价格为 :",n)
```

错误 1：________ 错误 2：________

2. 阅读程序，写出程序运行结果。

```
n=int(input('请输一个年份：'))
if n%4==0:
    print('平年')
elif n%100!=0 or n%400==0:
    print('闰年')
else:
    print('平年')
```

输入数据：2020 程序运行结果：________

3. 编写程序。

计算运输公司的运费，路程越远，每千米运费越低，折扣标准如下所示。编写程序，输入路程与没打折时的运费，根据给定的标准，输出打折后的费用。

运输路程	折扣
250 千米以内	无
250 千米（包括）到 500 千米	2%
500 千米（包括）到 1000 千米	5%
1000 千米（包括）到 2000 千米	8%
2000 千米（包括）到 3000 千米	10%
3000 千米及以上	15%

3.2 程序循环

在生活中，我们会重复做各种各样的事。比如，上学从周一到周五，再从周一到周五，直到放假；一年从 1 月开始，到 12 月，再从 1 月开始，等等。在 Python 中，重复做某件事，可以使用循环语句。Python 提供了两种循环语句，即 for 循环与 while 循环，还可以在循环中嵌套循环。

3.2.1 for 循环

使用 for 循环可以实现次数确定的循环，语句的保留字为 for，循环时会用计数器来计算循环的次数。

案例 4 计算 1 到 100 的整数和

相信你一定听说过《高斯求和》的故事。高斯上小学时，有一天，老师给他们班的同学出了一道数学题：1+2+3+4+5+…+100=？同学们都立即拿出纸和笔，认真地算起来，而高斯没有马上算，他仔细思考后写出了一个算式：（1+100）×50=5050。对于这种重复计算的问题，通过编写程序也能快速算出结果，你会使用循环结构编写程序，计算 1 到 100 的整数和吗？

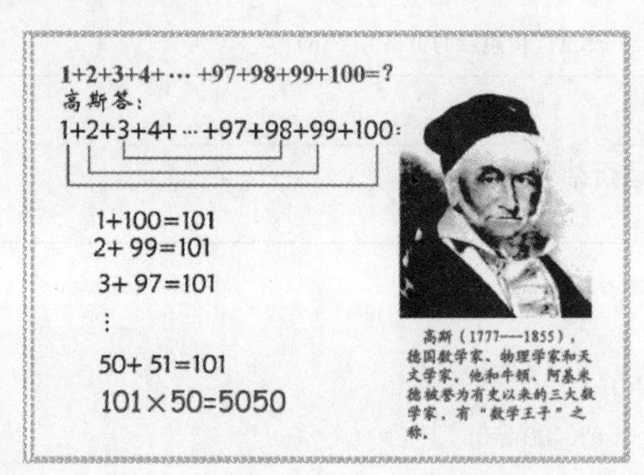

1. 理解题意

从 1 加到 100，重复进行加法操作，完成 100 个数的累加计算，指的是让用户从 1 开始加，一直加到 100，然后输出结果。

2. 问题思考

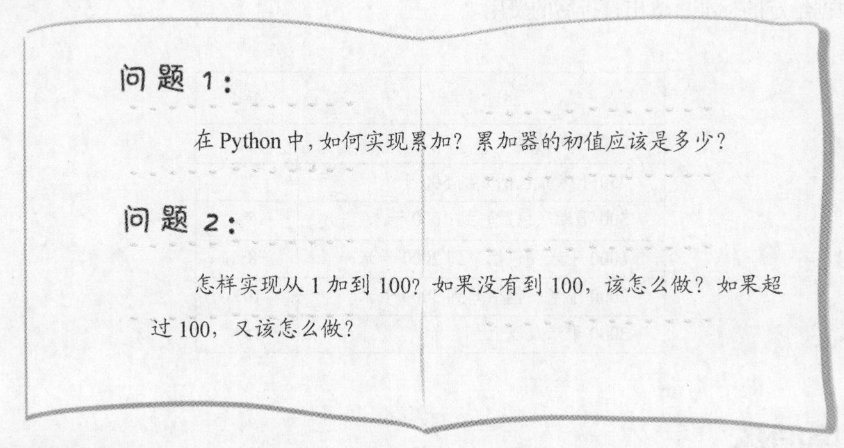

3. 知识准备

Python 使用 for 保留字来组成 for 循环，其语法格式如下。

```
for 变量 in range(n, m,i):
    语句块
```

for 循环与 range( )函数搭配，其中 n 是循环的初值，m 是循环的终值，i 为步长，如果没有指定步长，则默认为 1，for 循环的执行流程如图 3.15 所示。判断循环初值是否小于终值（不包括等于），如果为真，则执行循环中的语句块，同时修改循环变量，再重新回到上面去判断条件是否成立；如果为假，就退出循环，执行后面的语句。

4. 算法分析

累加问题是让用户从 1 开始加，然后判断循环变量有没有超过 100，如果超过 100，就停止循环，输出结果；如果没有超过 100，就继续累加。案例解决的关键点一是进行累加，关键点二是判断有没有超过 100。算法流程图如图 3.16 所示。

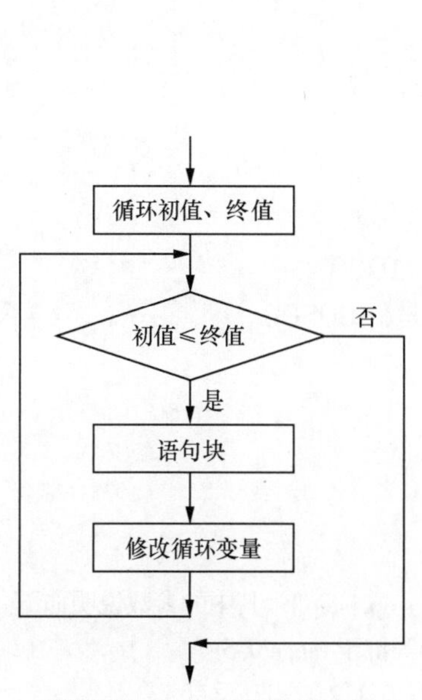

图 3.15 for 循环的执行流程

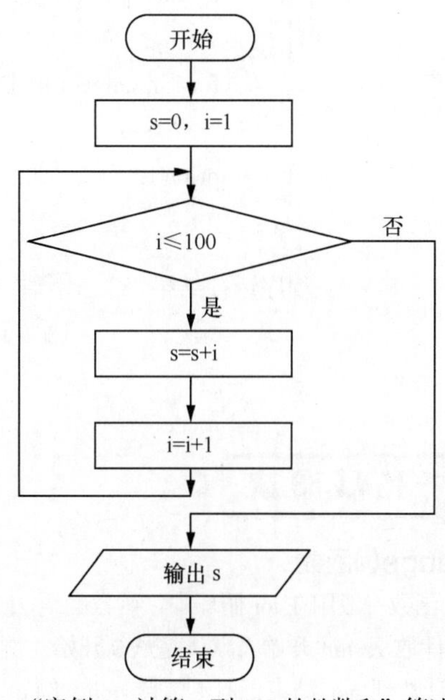

图 3.16 "案例 4 计算 1 到 100 的整数和"算法流程图

1. 编写程序

案例 4 的相关代码如文件"案例 4 计算 1 到 100 的整数和.py"所示。

案例 4 计算 1 到 100 的整数和.py

```
1 s=0                            # 累加器赋初值
2 for i in range(1,101):         # 循环(i 从 1 到 100)
3     s=s+i                      # 进行累加
4 print("1+2+......+99+100=",s)  # 输出累加结果
```

2. 测试程序

按 F5 键运行程序，因为程序是计算 1 到 100 的整数和，所以没有输入，只有输出。程序运行结果如图 3.17 所示。

```
1+2+ ··· +99+100= 5050    ——— 程序运行结果
>>>
```

图 3.17 “案例 4 计算 1 到 100 整数和”程序运行结果

3. 优化程序

想一想，如果不是计算 1 到 100 的整数和，而是从键盘上输入一个数，然后从 1 一直加到这个数，程序应该怎样写？添加下面所示代码，查看程序运行结果。

```
n=int(input("请输入一个数："))
s=0
for i in range(1,n+1):
    s=s+i
print(1,"到",n,"的和是:",s)
```

程序运行结果：

```
请输入一个数：1000
1到 1000 的和是: 500500
>>>
```

1. range( )函数

range( )函数一般用在 for 循环中，函数的语法为 range(start, stop, [step])，其中的参数说明如下。

start：计数从 start 开始，默认是从 0 开始。例如，range(5)等价于 range(0, 5)。

stop：计数到 stop 结束，但不包括 stop。例如，range(0, 5)是[0, 1, 2, 3, 4]，没有 5。

step：步长，默认为 1。例如，range(0,5)等价于 range(0, 5, 1)。

2. 在 for 循环中使用序列

在本案例中，将 for 循环与 range( )函数配合使用，其实是由 range( )函数产生一个序列，循环时依次执行，如果不用 range( )函数，可以直接使用序列，语法为“for 变量 in (序列):”，具体使用方法如图 3.18 所示。

```
s=0
for i in (2,4,6,8,10):
    s=s+i
print(s)
```

程序运行结果：

```
30
>>>
```

图 3.18 在 for 循环中使用序列

1. 阅读程序，写出程序运行结果。

```
s=0
for i in range(101):
    if i%2==0:
        s=s+i
print("s=",s)
```

程序运行结果：________________

2. 阅读程序，改错误。

下面是张小薇编写的计算从 1 加到 100 的程序，请找出错误并修改。

```
s=0
for i in range(1,100):
    s=s+i
print("1+2+…+99+100=",s)
```

答：

3. 编写程序。

（1）“今有士兵不知其数，三三数之剩二，五五数之剩三，七七数之剩二，问人几何？”这就是著名的“韩信点兵”，请通过编程计算士兵的人数。

（2）编写程序，求 1~100 之间所有奇数的和。

3.2.2 while 循环

while 循环会根据条件不断执行循环体中的语句块，直到条件不符合为止。与 for 循环相比，while 循环可以不知道循环的次数，在执行程序时，先对条件进行判断，如果满足条件就执行循环体中的语句块，如果不满足就退出循环。

案例 5 存款计划

方轻舟准备用兼职做平面设计赚的钱买一台配置较好的笔记本计算机，这台计算机价格是 10000 元。他打算第 1 个月存 100 元，以后每个月比前一月多存 100 元，请通过编程计算他多少个月后可以购买心仪的笔记本计算机。

主要硬件	相应参数
CPU	i7-10875H|RTX2070
内存	16G 内存
硬盘	128G 固态+1T 机械
显卡	GTX1060/6G 独显
显示器	17.3 英寸 IPS 高清大屏

1. 理解题意

本案例是关于存钱的，一直存钱，存到够数为止，不知道要存多少个月，但知道存钱的规律，第一个月存 100 元，第 2 个月存 200 元，第 3 个月存 300 元……到第 3 个月总存款数应该是 100+200+300=600 元，以此类推直到存够 10000 元。

2. 问题思考

问题 1：

在不知道循环次数的情况下实现存款计划，怎样判断循环结束？

问题 2：

第 1 个月存 100 元，第 2 个月比第1个月多存100元，在Python 中，如何表示？

3. 知识准备

Python 用 while 循环来实现根据情况执行循环，其语法格式如下。

```
while 条件表达式:
    语句块
```

while 循环的执行过程如图 3.19 所示。如果条件成立，则执行语句块；如果不成立，则退出循环；while 循环执行完成后，继续执行该循环后面的语句。

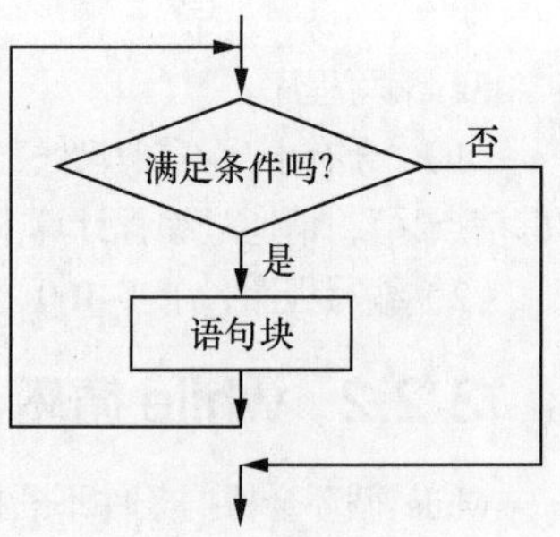

图 3.19　while 循环的执行过程

4. 算法分析

在程序运行后，将第 1 个月的 100 元放入累加器，并开始计数，将第 1 个月的存款数加 100 是第 2 个月的存款数，再将第 2 个月的存款数放入累加器，再次计数，以此类推，直到存款达到 10000 元。算法流程图如图 3.20 所示。

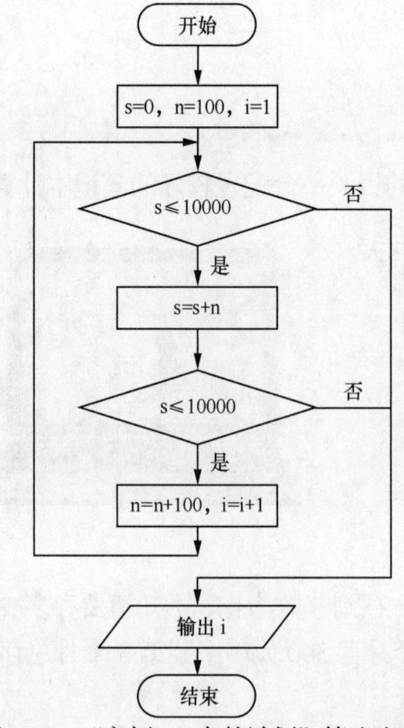

图 3.20　“案例 5　存款计划”算法流程图

1. 编写程序

案例 5 的相关代码如文件“案例 5　存款计划.py”所示。

案例 5　存款计划.py

```
1 s=0                                          # 累加器赋初值
2 i=1                                          # 计数器赋初值
3 n=100                                        # 第 1 个月存 100 元
4 while s<10000:                               # 小于 10000 循环
5     s=s+n                                    # 累加存款
6     if s<10000:                              # 判断存款是否足够
7         i=i+1                                # 计数器加 1
8         n=n+100                              # 存款数加 100
9 print("10000元钱，你需要存：",i,"个月")      # 输出存款时间
```

2. 测试程序

按 F5 键运行程序，不需要输入数据，得到的结果如图 3.21 所示。

```
10000元钱，你需要存： 14 个月
>>>
```

图 3.21　“案例 5　存款计划”程序运行结果

3. 优化程序

在本案例中，按算法编写的程序，通用性较差，如需要改变目标总存款数及每个月的存款数，可以将其调整为从键盘输入，参考程序如下。

```
m=int(input("请输入需要存的数额： "))
y=int(input("请输入每个月递增的数额： "))
s=0
i=1
n=100
while s<m:
    s=s+n
    if s<m:
        i=i+1
        n=n+y
print(m,"元钱，你需要存：",i,"个月")
```

程序运行结果：

```
请输入需要存的数额： 5000
请输入每个月递增的数额： 100
5000 元钱，你需要存： 10 个月
>>>
```

1. 使用 while 循环的注意事项

使用 while 循环编程通常会遇到两种情况：一种是循环次数确定；另一种是循环次数不确定。

while 循环是条件循环语句，即首先计算条件表达式，根据条件表达式值的真假来决定是否继续循环。

while 循环的语法与 if 语句类似，要使用缩进来标注满足条件时需执行的语句。

while 循环的条件表达式不需要用括号括起来，但条件表达式后面必须有冒号。

2. 无限循环

使用 while 循环时，如果条件设置不当，就会形成无限循环，只有强行中断程序才会停止循环。如图 3.26 左侧所示，i 的初值是 1，在循环中没有改变 i 的值，所以 while 后面的条件表达式一直成立，程序执行时会出现无限循环，不会停止。如果出现这种情况，可以按 Ctrl+C 组合键来停止程序的运行。要解决这个问题，可以在语句中添加终止循环的条件，如图 3.22 右侧所示，在语句 s=s+i 下加上语句 i=i+1。

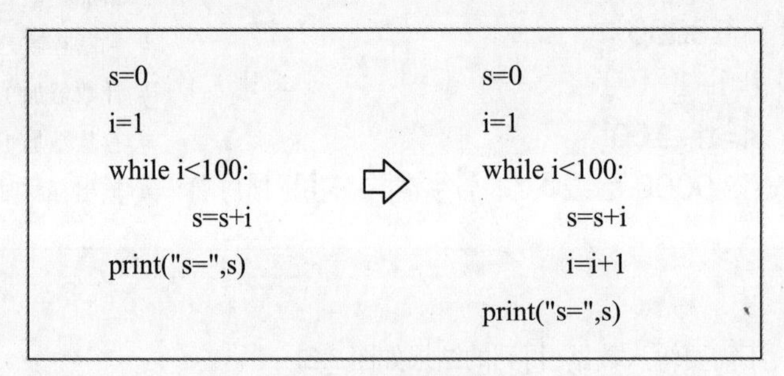

```
s=0
i=1
while i<100:
        s=s+i
print("s=",s)
```

```
s=0
i=1
while i<100:
        s=s+i
        i=i+1
print("s=",s)
```

图 3.22　无限循环举例

1. 阅读程序，写出程序运行结果。

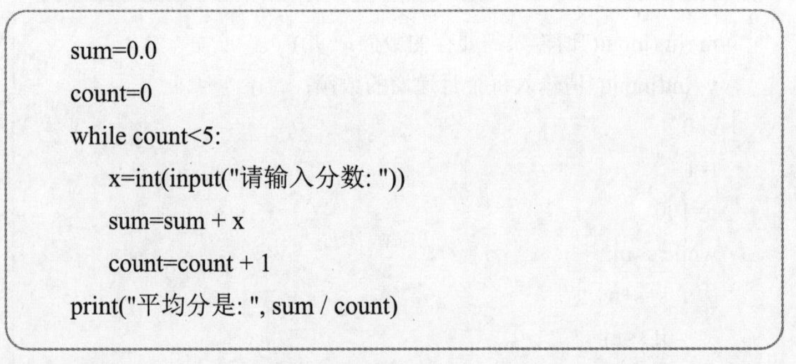

```
sum=0.0
count=0
while count<5:
    x=int(input("请输入分数: "))
    sum=sum + x
    count=count + 1
print("平均分是: ", sum / count)
```

输入数据：89，76，98，67，73　　程序运行结果：____________

2. 程序填空。

猴子到果园帮忙摘桃子，第 1 天摘下若干个桃子，收起来一半加一个。第 2 天早上又将剩下的桃子收起来一半加一个。以后每天收前一天剩下的一半加一个。到第 10 天时，只剩下一个桃子。以下程序用来计算第 1 天摘的桃子数，请在横线处填写适当的语句。

```
day=9
x=1
while ____1____:
    x=(x+1)*2
    day=____2____
print("桃子数=",x)
```

填空 1：______________　　填空 2：______________

3. 编写程序。假设一年期定期存款的利率为 3.25%，编写程序，计算需要多少年，1 万元的一年定期存款连本带息能翻番。

3.2.3 循环嵌套

在编写程序时，如果遇到循环里需要使用循环的情况，可以使用循环的嵌套，Python 允许在一个循环里面嵌入另一个循环。

案例 6　打印图案

在使用 QQ、微信聊天时，会看到用符号组成的各种表情，如“(@–@)”“→ ^ ←”等。使用 Python 中的 print( )函数，也可输出由各种符号组成的表情或者图案。你能编写程序，当输入 5 时，可以输出由符号“*”组成的 5 × 5 的矩形图案吗？

案例准备

1. 理解题意

案例题意为绘制由符号“*”组成的矩形图案。其中每行、每列的符号“*”个数由用户键盘输入。如输入 5，绘制 5 × 5 的矩形图案。

2. 问题思考

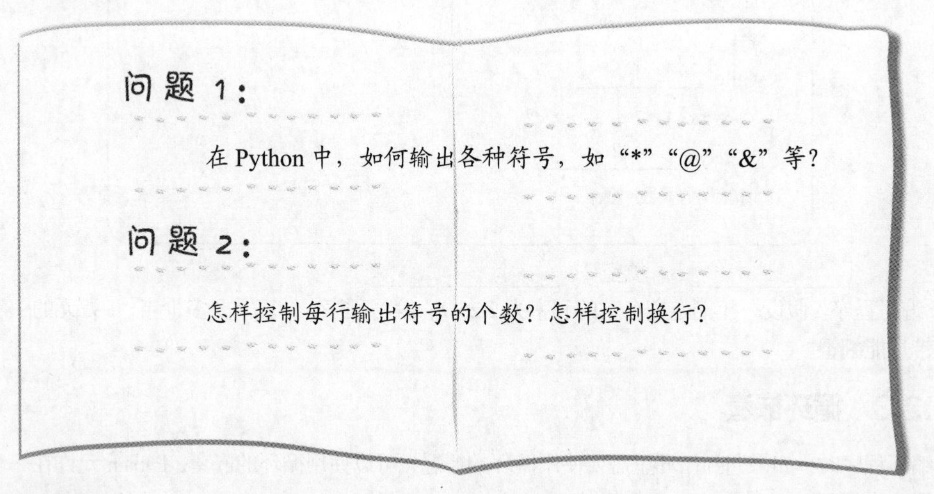

3. 知识准备

所谓循环嵌套，就是循环中包含循环。如果是嵌套 for 循环，则表示在 for 循环中嵌套 for 循环，格式如下。

```
for i in range(n,m):
    for j in range(n,m):
        语句块 1
    语句块 2
```

for 循环嵌套的执行过程如图 3.23 所示。外部循环执行一次，内部循环也要执行一次。

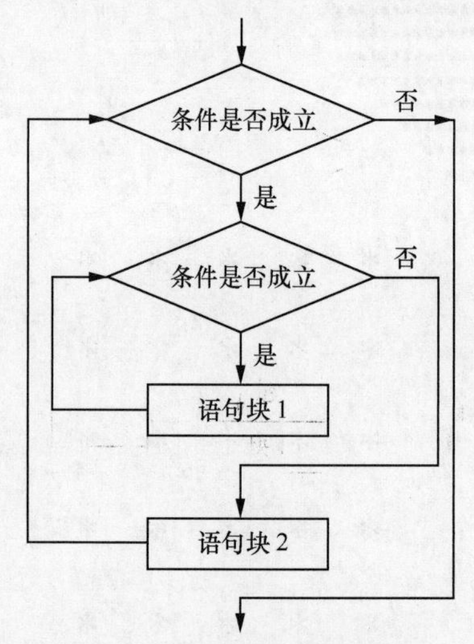

图 3.23　for 循环嵌套的执行过程

4. 算法分析

输出由符号“*”组成的 5×5 矩形图案，有多种方法，可以每次输出一个符号“*”，循环 5 次，输出第 1 行，将上面的操作再执行 4 次。其中，外层循环控制绘制几行符号“*”，内层循环绘制一行中的几个符号“*”，算法流程图如图 3.24 所示。

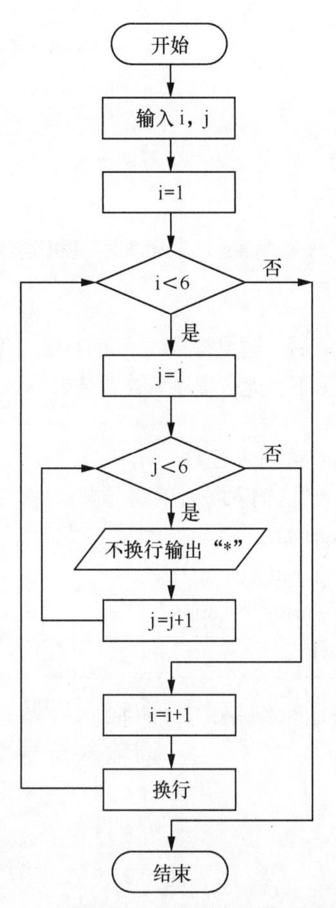

图 3.24 “案例 6 打印图案”算法流程图

1. 编写程序

案例 6 的相关代码如文件“案例 6 打印图案.py”所示。

案例 6 打印图案.py

```
1 for i in range(1,6):          # 外层循环
2     for j in range(1,6):      # 内层循环
3         print("*",end="  ")   # 输出符号“*”
4     print()                   # 换行
```

2. 测试程序

按 F5 键运行程序，不需要输入数据，程序的运行结果如图 3.25 所示。

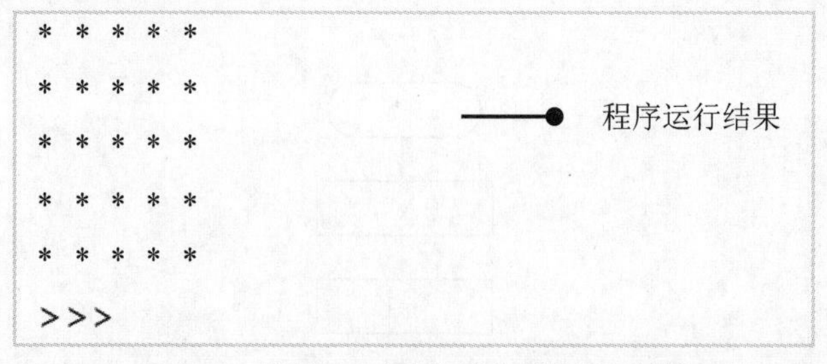

图 3.25 “案例 6 打印图案”程序运行结果

3. 优化程序

由程序的运行结果可知，输入数字后，输出符号“*”的行数与每行的符号数是固定的。在输入时也可指定行数与每行的符号数。参数程序如下，运行程序后查看结果。

```
n=int(input("请输入行数："))
m=int(input("请输入每行的符号数："))
for i in range(0,n):
    for j in range(0,m):
        print("*",end="    ")
    print()
```

程序运行结果：

```
请输入行数：3
请输入符号数：4
* * * *
* * * *
* * * *
>>>
```

1. 输出数据后不换行

在 Python 中，使用 print( )函数可以输出各种类型的数据，也可以对输出的数据进行格式设置，例如输出数据后换行还是不换行等。如图 3.26 所示，如果输出数据后不换行，在结束处添加 end=" "，其中双引号中的空格数可用来控制输出的每个数据间的距离。

```
a=12
b=12.3456789
c="python"
print("a=",a,end=" ")
print("b=",b,end=" ")
print("c=",c,end=" ")
```

程序运行结果：

```
a= 12 b= 12.3456789 c= python
>>>
```

图 3.26 输出多个数据不换行

2. while 循环嵌套

本案例中介绍的是 for 循环的嵌套，while 循环也可以嵌套使用，格式如图 3.27 所示。甚至 for 循环与 while 循环也可以在嵌套中混合使用。

```
i=1
while i<4:
  j=1
  while j<4:
     print("i=",i,",","j=",j,";",end="     ")
     j=j+1
  print()
  i=i+1
```

程序运行结果：

```
i= 1 , j= 1 ;   i= 1 , j= 2 ;   i= 1 , j= 3 ;
i= 2 , j= 1 ;   i= 2 , j= 2 ;   i= 2 , j= 3 ;
i= 3 , j= 1 ;   i= 3 , j= 2 ;   i= 3 , j= 3 ;
>>>
```

图 3.27　while 循环的嵌套

1. 查找错误。

下面是用 while 循环嵌套编写的程序，其功能是输出由符号“*”组成的 5×5 矩形图案。其中有两处错误，请修改。

```
i = 1                                  # 此行有一处错误
while i < 5 :
    j = 0
    while j < 5 :
        print("*")                     # 此行有一处错误
        j =j + 1
    print()
    i =i + 1
```

错误 1：______________　错误 2：______________

2. 阅读程序，写出程序运行结果。

```
i = 0
while i < 5 :
    j = 0
    while j < i + 1 :
        print('* ',end = '')
        j += 1
    print()
    i += 1
```

程序运行结果：________________

3. 试一试，编写程序，显示九九乘法口诀表，效果如下所示。

```
1*1=1
1*2=2 2*2=4
1*3=3 2*3=6 3*3=9
1*4=4 2*4=8 3*4=12 4*4=16
1*5=5 2*5=10 3*5=15 4*5=20 5*5=25
1*6=6 2*6=12 3*6=18 4*6=24 5*6=30 6*6=36
1*7=7 2*7=14 3*7=21 4*7=28 5*7=35 6*7=42 7*7=49
1*8=8 2*8=16 3*8=24 4*8=32 5*8=40 6*8=48 7*8=56 8*8=64
1*9=9 2*9=18 3*9=27 4*9=36 5*9=45 6*9=54 7*9=63 8*9=72 9*9=81
```

3.3 程序跳转

在 Python 语言中，有时循环没有执行完就已经达成目的，此时可以使用语句退出循环，常用的语句有 break 和 continue 语句；有时不是以正常方式退出循环，可以在 else 语句中列出退出循环后要执行的语句。

3.3.1 break 语句

break 语句可用在循环结构中，遇到该语句即退出循环，继续执行循环语句后面的语句。break 语句可以用在 for 循环中，也可以用在 while 循环中。

案例 7　计算折纸次数

不要小看小小的沙粒，聚沙也能成塔！同样，一张薄薄的纸，如果足够大，不断对折也能超过珠穆朗玛峰的高度（假设一张纸的厚度是 0.0001 米，珠穆朗玛峰的高度是 8848 米）。你能编写程序，计算这张大大的“纸”要对折多少次才能超过珠穆朗玛峰的高度吗？

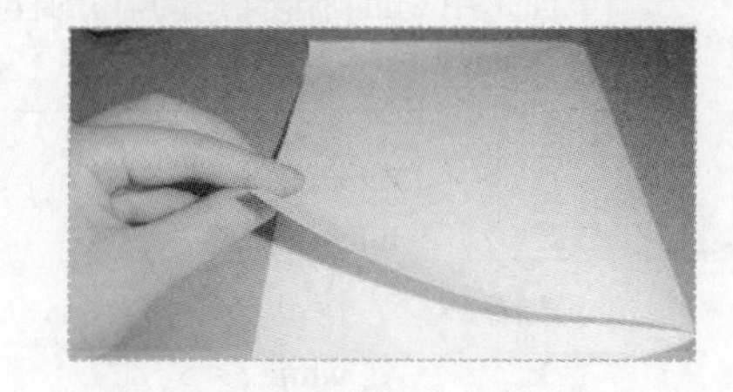

1. 理解题意

虽然一张纸的厚度很有限，但对折后厚度以倍数递增，如一张纸的厚度是 0.0001 米，第 1 次对折后是 0.0002 米，第 2 次对折后是 0.0004 米，不停地对折，当对折后的厚度超过 8848 米时退出循环，输出对折的次数。

2. 问题思考

问题 1：

在 Python 中，用什么表达式计算每次对折后的厚度？

问题 2：

循环结束的条件是什么？怎样进行判断？如果循环结束，该怎样处理？循环不结束，又该怎样处理？

3. 知识准备

在 Python 中，可以使用 break 语句来退出循环，其语法格式如下。

```
while  条件表达式:
    语句块 1
    if 条件表达式:
        break
    语句块 2
```

break 语句一般与 if 语句结合使用，用 if 语句判断是否满足退出循环的条件，如果满足，则使用 break 语句退出循环，执行过程如图 3.28 所示。

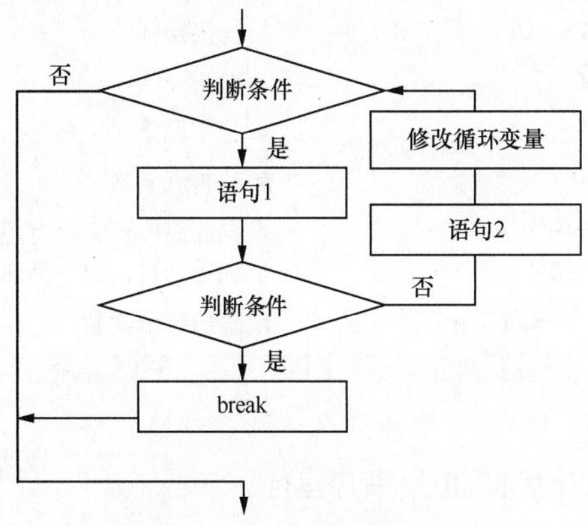

图 3.28　break 语句的执行过程

4. 算法分析

本案例的问题是，纸张没有对折时厚度是 0.0001 米，每对折一次要判断厚度是不是达到 8848 米，并且对折次数加 1，一直对折，直到厚度超过 8848 米时退出循环，输出折纸次数，此时退出循环使用的是 break 语句。算法流程图如图 3.29 所示。

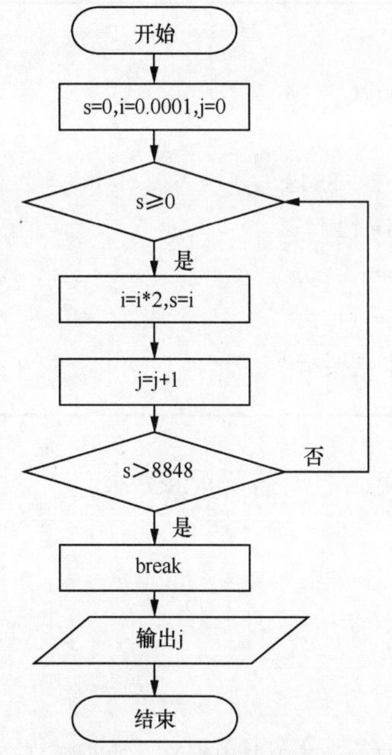

图 3.29　“案例 7　计算折纸次数”算法流程图

1. 编写程序

案例 7 的相关代码如文件“案例 7　计算折纸次数.py”所示。

案例 7　计算折纸次数.py

```
1  s=0                      # 厚度计数变量赋初值
2  i=0.0001                 # 一张纸的厚度
3  j=0                      # 计数器赋初值
4  while s>=0:              # 无限循环
5      i=i*2                # 对折一次
6      s=i                  # 记下厚度
7      j=j+1                # 计折纸一次
8      if s>8848:           # 判断厚度值有没有超过 8848
9          break            # 如果超过，退出循环
10 print("需要折:",j,"次")    # 输出折纸次数
```

2. 测试程序

本案例没有输入，执行完程序后有输出，程序运行结果如图 3.30 所示。

```
需要折: 27 次
>>>
```

图 3.30　“案例 7　计算折纸次数”程序运行结果

3. 优化程序

本案例解决问题的方法是，一直对折纸张，直到厚度超过 8848 米时退出循环。也可以修改算法，当厚度没超过 8848 米时就一直折叠，一旦超过就停止循环，输出折纸次数。参考程序如下，运行程序并查看结果。

```
s=0
i=0.0001
j=0
while s<=8848:
    i=i*2
    s=i
    j=j+1
print("需要折:",j,"次")
```

程序运行结果：

```
需要折: 27 次
>>>
```

1. break 语句的执行方式

在 Python 中，如果遇到 break 语句，就直接退出循环，执行循环语句后面的语句。如图 3.31 所示，while

循环的条件表达式永远成立，是无限循环，此时循环体中要有退出循环的条件，否则会出现“死循环”。程序中 i 的初值是 0，每执行一次循环，i 增加 2，输出变量的值分别是 2、4、6、8，当 i 超过 8 时，满足条件，执行 break 语句退出循环。

```
i = 0
j = 1
while True:
  i =i+2
  if i > 8:        #退出循环的条件
    break
  print("循环执行","第",j,"次，变量i值是:",i)
  j =j+1
```

程序运行结果：
```
循环执行第 1 次，变量 i 值是：2
循环执行第 2 次，变量 i 值是：4
循环执行第 3 次，变量 i 值是：6
循环执行第 4 次，变量 i 值是：8
>>>
```

图 3.31 break 语句的执行方式

2. 在 for 循环中使用 break 语句

在 Python 的 for 循环中可以使用 break 语句，作用是遇到这条语句时退出循环，执行循环后面的语句。如图 3.32 所示，循环从 1 开始到 10，执行循环，当 i 等于 1、2、3 时，不满足条件，不换行输出变量 i，不执行 break 语句；当 i 等于 4 时，满足条件，退出循环。

```
for i in range(1,11):
  if i ==4:
    break
  print(i,end="  ")
```

程序运行结果：
```
1 2 3
>>>
```

图 3.32 for 循环中使用 break 语句

1. 阅读程序，写出程序运行结果。

```
s=0
n=0
for i in range(1,6):
    n=int(input("输入两位数："))
    if  n == 0:
    break
    s=s+n
print(i-1,"个数的和是：",s)
```

输入数据：34，15，43，24，0　程序运行结果：________________

2. 编写程序，输出100~200之间所有的素数（素数是指在大于1的自然数中，除了1和它本身，不再有其他因数的自然数）。

3.3.2 continue语句

程序在执行时，如果遇到continue语句，则退出本次循环，然后判断循环条件是否成立，再决定是否开始下一次循环。

案例8　输出1～1000之间所有偶数

数字是个奇妙的大家族，可以根据不同的特点进行不同的划分，形成不同的数字集合，如正数、负数，奇数、偶数，实数、自然数，有理数、无理数，等等。根据条件就可以找出符合条件的数，你能编写程序，输出1~1000之间所有的偶数吗？

1. 理解题意

根据案例情况，从1开始判断，如果能被2整除就输出这个数，如果不能被2整除就跳过，继续判断后一个数。

2. 问题思考

问题1：

在Python中，如何列举出1到1000之间所有的数？

问题2：

列举出的所有数中，如何做到输出能被2整除的数，不能被2整除的数不输出？

3. 知识准备

Python 使用 continue 语句来实现退出本次循环，其语法格式如下。

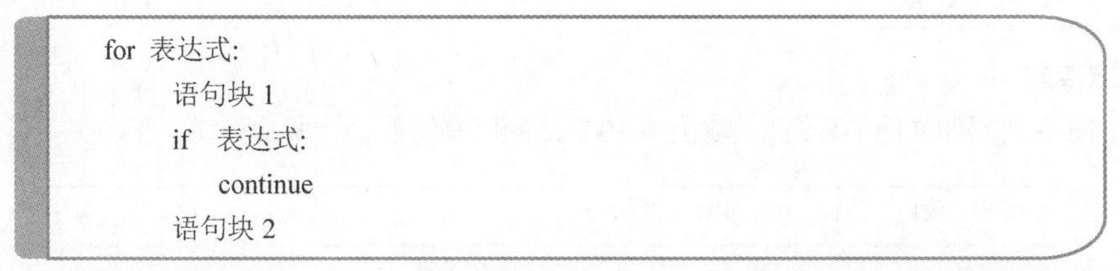

```
for 表达式:
    语句块 1
    if  表达式:
        continue
    语句块 2
```

continue 语句出现在循环语句中，可以与 if 语句进行组合，根据条件判断是否退出本次循环，如果符合条件，执行 continue 语句后回到循环开始处，判断是否执行循环，运行过程如图 3.33 所示。

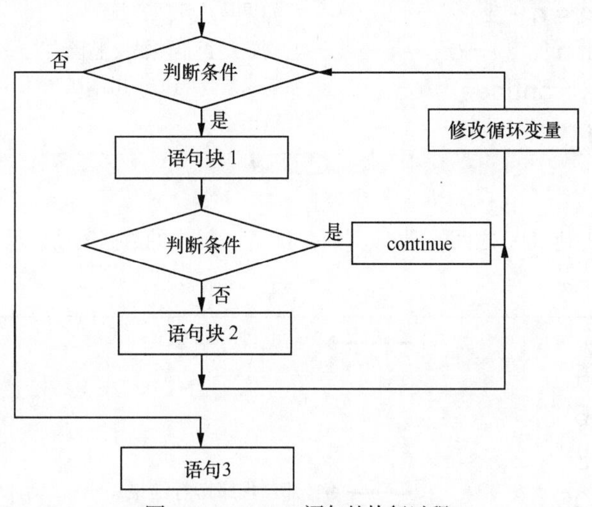

图 3.33　continue 语句的执行过程

4. 算法分析

程序首先从 1 开始判断，如果不能被 2 整除就退出循环，执行下一个语句；如果能被 2 整除，就输出这个数。算法流程图如图 3.34 所示。

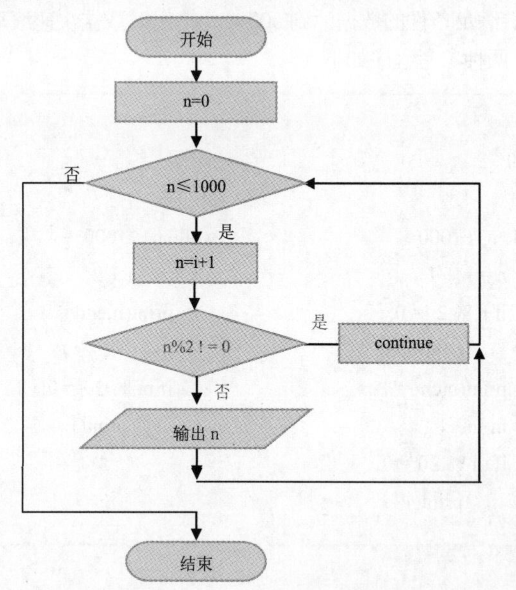

图 3.34　“案例 8　输出 1~1000 之间所有偶数”算法流程图

1. 编写程序

案例 8 的相关代码如文件“案例 8　输出 1~1000 之间所有偶数.py”所示。

案例 8　输出 1～1000 之间所有偶数. py

```
1 n = 0                      # 计数器赋初值
2 while n < 1000:            # 判断是否小于 1000
3     n = n + 1              # 如果是，计数器加 1
4     if n % 2 != 0:         # 判断是否不能被 2 整除
5         continue           # 如果条件满足退出本次循环
6     print(n)               # 输出数
```

2. 测试程序

按 F5 键运行程序，1 到 1000 之间的偶数总共有 500 个，输出的数据滚动显示，最后只显示几个数据，如图 3.35 所示。

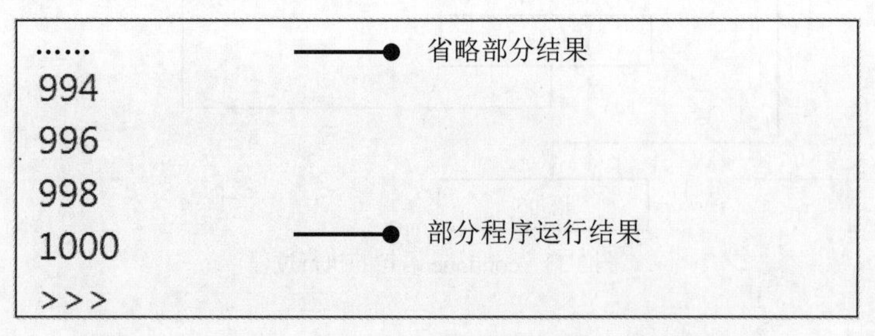

图 3.35　“案例 8　输出 1~1000 之间所有偶数”程序运行结果

3. 优化程序

根据程序运行结果可知，满足条件的数据达到 500 个，输出时数据快速滚动显示，无法仔细看清楚，可以考虑每行输出 20 个数据，两种参考程序如下。

```
n = 0
m=0
while n < 1000:
    n = n + 1
    if n % 2 != 0:
        continue
    print(n,end=' ')
    m=m+1
    if m % 20==0:
        print()
```

```
n =0
m=0
while n < 1000:
    n = n + 2
    print(n,end=' ')
    m=m+1
    if m % 20==0:
        print()
```

程序运行结果：……　　　　　　　　　　　　　　　　　　#省略部分结果

```
902 904 906 908 910 912 914 916 918 920
922 924 926 928 930 932 934 936 938 940
942 944 946 948 950 952 954 956 958 960
962 964 966 968 970 972 974 976 978 980
982 984 986 988 990 992 994 996 998 1000
>>>
```

1. 在 for 循环中使用 continue 语句

在 Python 的 while 循环中可以使用 continue 语句，在 for 循环中也可以使用 continue 语句，格式如图 3.36 所示。

```
n=0
for i in range(1,31):
    if i %3!=0 or i%5!=0:
        continue
    n=n+1
print("30 以内,有",n,"个","能被 3 和 5 同时整除的数")
```

程序运行结果：30 以内，有 2 个能被 3 和 5 同时整除的数

\>>>

图 3.36　在 for 循环中使用 continue 语句

2. continue 语句和 break 语句的区别

在 for 循环与 while 循环中，均可以使用 continue 语句和 break 语句。它们的区别是，break 语句结束整个循环，然后执行循环语句后面的语句，不再判断执行循环的条件是否成立；而 continue 语句只结束本次循环，需要向上再次判断循环条件是否成立，决定循环是否执行。

1. 阅读程序，写出程序运行结果。

```
while True:
    b = int(input("输入数（1～5）："))
    if b >5 or b< 1:
        print("不在取值范围内，重新输入")
        continue
    else:
        pass
    print("在取值范围内！")
```

输入数据：3，7　　程序运行结果：________

2. 程序改错。

以下代码的作用是“输出 1 到 10，遇到 11 时退出”，代码中有两处错误，请找出错误并修改。

```
i=0
while True:
    if(i==10):                    # 此行有一处错误
      break
    i=i+1
print(i)                          # 此行有一处错误
```

错误 1：________　　错误 2：________

3. 编写程序，实现：按要求输入 10 个员工的工资，输入一个显示一个，若工资小于 0 则需要重新输入。最后输出员工的平均工资。

3.3.3 else 语句

在 Python 中，当需要对循环的条件进行判断时，就要用到条件表达式。条件表达式可以与 else 语句搭配使用，当条件不满足时，执行 else 后的语句。

案例 9　10 以内加法计算

使用纸质的加法练习测试本，计算完毕后还需要对答案、改题，而计算机上的“加法测试”程序，不但可以随机出题，还可以自动改题。你能编写程序，实现这样的功能吗？

1. 理解题意

案例的效果：运行程序，随机出 3 道一位数加法运算题，等待用户输入答案，如果答案正确，显示“回答正确”；如果答案不正确，则显示“回答错误，正确的是……”。

2. 问题思考

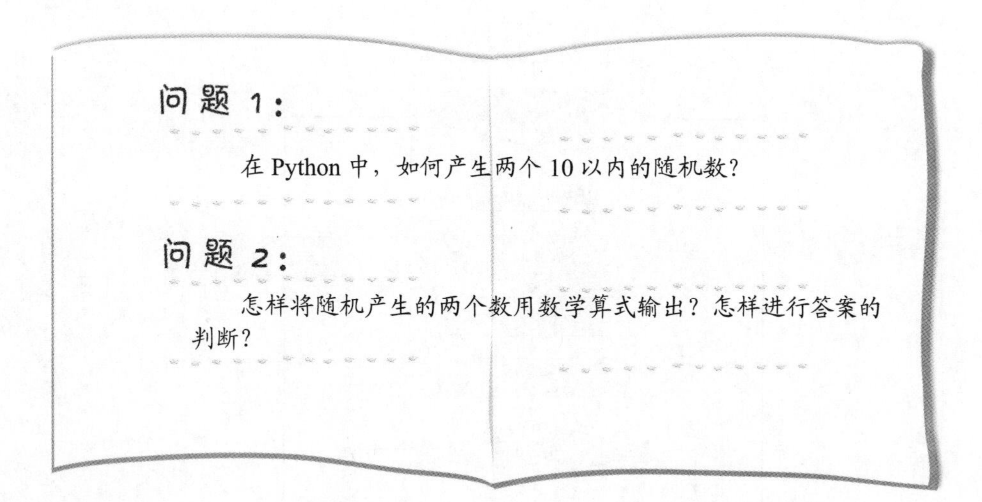

3. 知识准备

在 Python 中，一般符合条件时执行循环，不符合条件时不执行。如果在循环中配以 else 语句，也可以考虑不符合条件的情况。具体方法：判断循环语句的条件表达式，如果成立则执行语句块 1，如果不成立则执行 else 后面的语句块 2，格式如下。

```
while 条件表达式:
      语句块 1
else:
      语句块 2
```

在 Python 中，while 循环与 else 语句搭配使用。如图 3.37 所示，在满足 while 循环中的条件时执行语句块 1，不满足则执行 else 后的语句块 2。

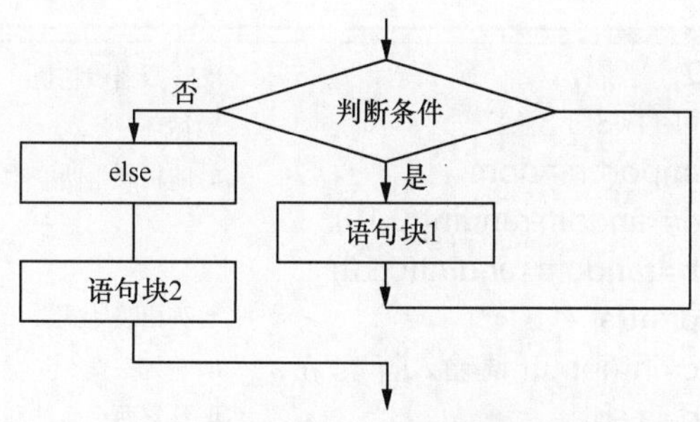

图 3.37　循环中用 else 语句的执行过程

4. 算法分析

判断答题数量有没有达到 3 题，如果达到，则显示“答题完成”；如果没有达到，随机产生两个 10 以内的数并以算式的方式列出，等待用户输入答案。如果输入的答案是正确的，则显示“回答正确”；如果输入的答案是错误的，则显示“回答错误，正确的是……”。算法流程图如图 3.38 所示。

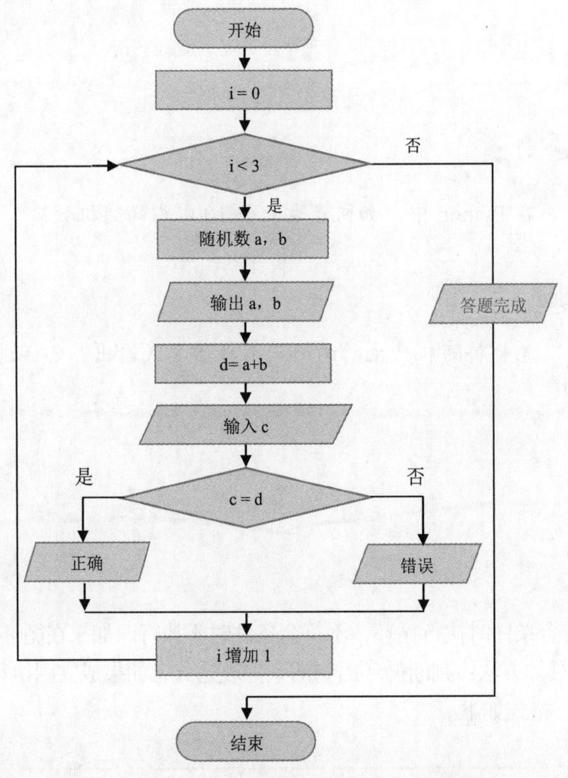

图 3.38 “案例 9 10 以内加法计算”算法流程图

1. 编写程序

案例 9 的相关代码如文件“案例 9 10 以内加法计算.py”所示。

案例 9 10 以内加法计算.py

```
1  i=0                                    # 计数器赋初值
2  while i<3:                             # 循环
3      import random                      # 随机产生两个数
4      a=random.randint(0,10)
5      b=random.randint(0,10)
6      print(a,'+',b,'=')                 # 列出表达式
7      c=int(input('请输入答案:'))         # 输入答案
8      d=a+b                              # 计算两个数的和
9      if d==c:                           # 判断答题是否正确，并
10         print('回答正确')               # 给出相应提示
11     else:
12         print('回答错误,正确的是:',d)
13     i=i+1                              # 题数加 1
14 else:
15     print('答题完成！ ')                # 回答完3题，输出提示
```

2. 测试程序

按 F5 键运行程序，根据随机产生的 10 以内的加法题，输入答案，进行判断。为了测试程序，可故意答错一题。程序运行结果如图 3.39 所示。

```
8 + 7 =
请输入答案:13
回答错误,正确的是: 15
8 + 0 =
请输入答案:8
回答正确
7 + 8 =
请输入答案:15
回答正确
答题完成!
>>>
```

图 3.39 “案例 9 10 以内加法计算”程序运行结果

3. 优化程序

在本案例中，只能随机产生 3 道题，输入答案后判断对错。可以对程序进行优化，如题目的数量可以让用户自己输入，每答对一道题可以计 10 分，在答完所有的题目后给出得分。参考程序如下。

```
import random
n=int(input('请输入题数：'))
j=0
i=0
while i < n:
    a=random.randint(0,10)
    b=random.randint(0,10)
    print(a,'+',b,'=')
    c=int(input('请输入答案:'))
    d=a+b
    if d==c:
        print('答题正确')
        j=j+10
    else:
        print('答题错误')
    i=i+1
print('一共答题数为:', i)
print('答题得分为:' ,j)
```

程序运行结果：

```
请输入题数：2
6 + 2 =
请输入答案:8
答题正确
7 + 10 =
请输入答案:17
答题正确
一共答题数为: 2
答题得分为: 20
>>>
```

1. for 循环与 else 语句配合

与 while 循环一样，在 for 循环中也可以使用 else 语句。如图 3.40 所示，for 循环从 i=1 开始到 10 结束，然后执行 else 后的语句块，因此程序的运行结果为“2 4 6 8 10 循环结束”。

```
for i in range(1,11):
  if i % 2==0:
    print(i,end=" ")
else:
  print("循环结束")
```

程序运行结果：

```
2 4 6 8 10 循环结束
>>>
```

图 3.40 for 循环与 else 语句配合

2. 产生随机数

Python 标准库中的 random( )函数可以生成随机浮点数、整数、字符串，甚至可以帮助我们随机选择列表序列中的一个元素，打乱一组数据等，让程序设计更有趣。random( )函数与 math( )函数一样，先要导入库，再引用函数。例如图 3.41 所示的代码，可以生成 1~20（包括 1 和 20）的随机数。

```
import random
a=random.uniform(1,20)
print(a)
```

程序运行结果：

```
16.04165328268715
>>>
```

图 3.41 产生随机数

1. 阅读程序，写出程序运行结果。

```
for n in range(2,10):
    for x in range(2,n):
        if n % x ==0:
            print (n,end=" ")
            break
    else:
        print(n,end=" ")
```

程序运行结果：____________________

2. 调试程序。

下面程序的功能：根据输入的年龄判断孩子上什么班，如果是 3 岁或 4 岁，则输出“上小班”；如果是 5 岁，则输出“上中班”；如果是 6 岁，则输出“上大班”；如果是其他年龄，则输出“不能上幼儿园”；当输入年龄次数超过 5 时，提示“5 个小朋友年龄输入完毕!”。以下程序有错误，请运行调试，找出错误，并修改。

```
i=0
while i<5:                                  # 此行有一处错误
    age=int(input("请输入年龄："))
    if age==3 or age==4:
        print("上小班")
    elif age==5:
        print("上中班")
    elif age==6:
        print("上大班")
    elif:                                   # 此行有一处错误
        print("不能上幼儿园")
    i=i+1
else:
    print("5 个小朋友年龄输入完毕!")
```

错误 1：____________________　　错误 2：____________________

3. 试一试，修改本案例，使其能实现 10 以内的减法运算，每次出 5 道题，每道题 20 分，答题结束后，显示答对的题数与得分。

4. 编写一个猜数游戏程序。随机产生一个在 10~20 范围内的整数，让用户猜，并输入所猜的数，如果大于随机数，则显示“大了”；如果小于随机数，则显示“小了”。如此一直猜，直到猜中这个数，显示“恭喜！猜中了!”。

第 4 章

Python 数据结构

在生活中，我们常常把一系列相关的数据存储在一起，比如一个人的姓名、性别、身高、体重等。在处理这类数据时，往往把数据集中在一起，利用数据结构进行存储，从而方便对数据进行管理，提高数据的处理和存储效率。

Python 中常见的数据结构有列表、元组、集合、字典等。通过本章的学习，你将认识 Python 中常见数据结构的形式，能够针对不同的数据，选用合适的数据结构；掌握数据结构的使用方法，综合处理一系列数据，从而获取有用的信息。

学习目标

★ 认识 Python 中的数据结构
★ 掌握 Python 中列表的用法
★ 掌握 Python 中元组的用法
★ 掌握 Python 中字典的用法
★ 掌握 Python 中集合的用法

4.1 列表

列表（list）是 Python 中最基本的数据结构，列表的所有元素都存放在一对中括号“[]”中，每相邻两个元素中间用逗号“,”隔开。列表的元素可以是数字、字符串、列表、元组等任何类型。

4.1.1 列表的创建与删除

创建列表的方式有多种，都是为了把数据组织在一起更好地进行处理。创建列表最直接的方式是通过赋值语句创建，当然也可以通过 list()、range()函数进行创建。如果不再需要列表中的部分元素，可以删除列表的部分元素，当然也可以把列表整体删除。

案例 1 诗词填空

《中国诗词大会》是一个深受广大诗词爱好者喜爱的节目。其中的诗词填空环节，给出诗词的上句，请你说出诗词的下一句；或者给出诗词的下句，请你说出诗词的上一句。请你编写程序，模拟出题的过程，随机显示一首诗词中的某一句，要求回答出相应的上一句或下一句。

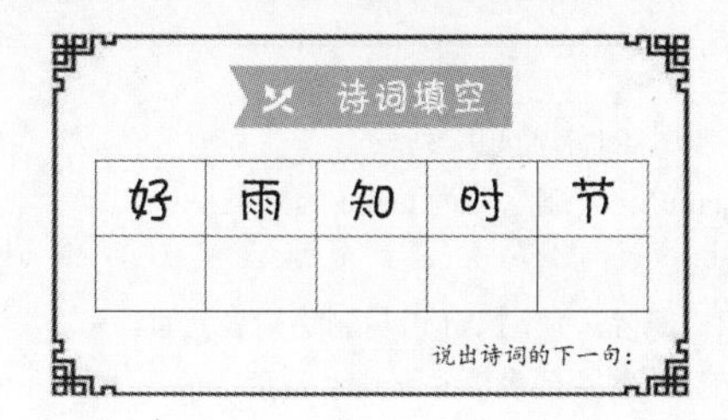

1. 理解题意

从一首诗词里任意选取一句，如果选取的是诗词的上句，则要求说出诗词的下一句；如果选取的是诗词的下句，则要求说出诗词的上一句。

2. 问题思考

问题 1：

如何从诗词中随机抽取一句？

问题 2：

怎样判断随机抽取的诗句是诗词的上句还是下句，并生成诗词填空的试题呢？

3. 知识准备

（1）认识列表

❖ 列表格式：listname=[元素 1,元素 2,元素 3 …… 元素 n]

◆ 示例：jieshao=['Python',1991，'发行'，'中文名：蟒蛇']

◆ 提醒：元素没有个数限制，元素可以是Python中任何数据类型的数据。

❖ 列表索引：列表中的每一个元素都有编号，称为索引。正向用 0～n-1 表示，反向用-1～-n 表示。例如，listname[0] 代表列表的第一个元素。

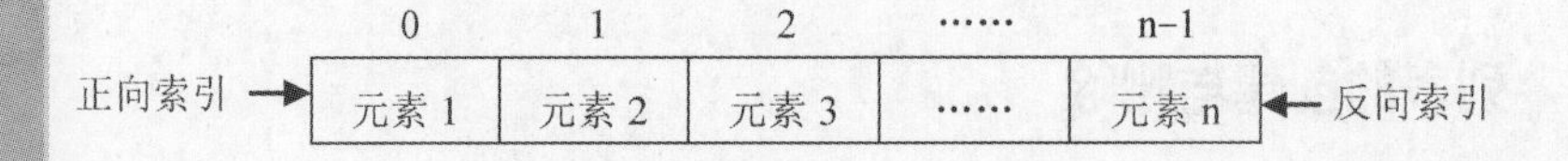

（2）创建列表

❖ 使用赋值语句直接创建列表。

示例：name=["李明","王伟","张丽","王芳"]，num=[1,2,3,4,5]

❖ 创建空列表。

示例：num=[]

❖ 创建数值列表：通过 list()函数创建。

示例：list(range(2,10,2))→[2,4,6,8]

（3）删除列表

❖ 删除列表：使用 del 语句删除列表。

示例：del name　　# 删除名为 name 的列表

❖ 删除列表元素。

◆ 根据索引删除：使用 del 语句删除列表元素。

del s[0]　# 删除列表 s 的第一个元素

◆ 根据索引删除：使用 pop()方法实现。

s.pop(-1)　# 删除列表 s 中最后一个元素

◆ 根据元素值删除：使用 remove()方法实现。

s.remove("元素值")　# 删除列表 s 中指定元素的第一个匹配项

4. 算法分析

本案例首先创建一个列表，列表的元素对应整首诗词的每一句。利用随机函数随机生成一个代表是第几句诗词的整数。判断该整数是奇数还是偶数，若是偶数，则要求说出诗词的下一句；若是奇数，则要求说出诗词的上一句。算法流程图如图 4.1 所示。

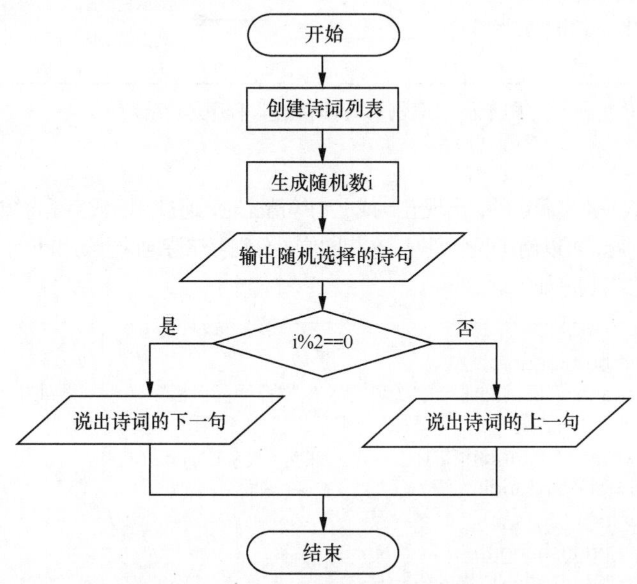

图 4.1　“案例 1　诗词填空”算法流程图

1. 编写程序

案例 1 的相关代码如文件“案例 1　诗词填空.py”所示。

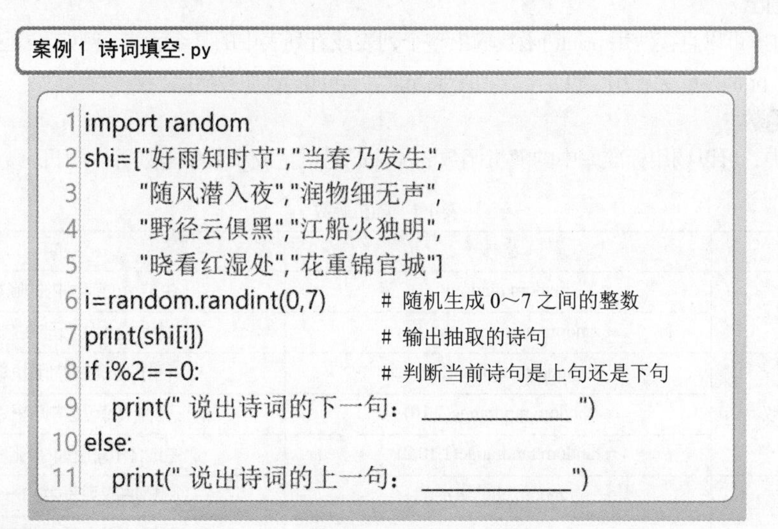

案例 1 诗词填空. py

```
1  import random
2  shi=["好雨知时节","当春乃发生",
3       "随风潜入夜","润物细无声",
4       "野径云俱黑","江船火独明",
5       "晓看红湿处","花重锦官城"]
6  i=random.randint(0,7)          # 随机生成 0～7 之间的整数
7  print(shi[i])                  # 输出抽取的诗句
8  if i%2==0:                     # 判断当前诗句是上句还是下句
9      print(" 说出诗词的下一句：  ________________ ")
10 else:
11     print(" 说出诗词的上一句：  ________________")
```

2. 测试程序

运行程序，查看程序运行的结果，如图 4.2 所示。

```
江船火独明
说出诗词的上一句：________          显示诗句
>>>                                  说出诗词的上一句

野径云俱黑
说出诗词的下一句：________          显示诗句
>>>                                  说出诗词的下一句
```

图 4.2 “案例 1 诗词填空”程序运行结果

3. 优化程序

由于每首诗词的句数并不是固定的，出现五句或七句等情况时，通过判断数字是奇数还是偶数确定上下句比较困难。为了解决这个问题，可以创建两个列表，在相同位置分别存储诗词的上句和下句，根据随机抽取的情况，显示诗词填空的试题。参考程序如下。

```
import random
shang=["好雨知时节","随风潜入夜","野径云俱黑","晓看红湿处"]
xia=["当春乃发生","润物细无声", "江船火独明","花重锦官城"]
k=random.randint(0,1)          #  k 为 0 代表上句，为 1 代表下句
i=random.randint(0,3)          #  任意抽取一句诗词
if k==0:
    print(shang[i])
    print(" 说出诗词的下一句：  ____________ ")
else:
    print(xia[i])
    print(" 说出诗词的上一句：  ____________")
```

1. 列表输出

在 Python 中，可以直接使用 print( )函数输出整个列表或者列表中的某个元素。例如，当已知 listp= ['P', 'y', 't', 'h', 'o', 'n']时，print(listp)会输出“['P', 'y', 't', 'h', 'o', 'n']”，print(listp[1])会输出“y”。

2. 随机函数

在 Python 中，可以调用标准库中的随机函数 random( )随机生成小数、整数等。随机函数如表 4.1 所示。

表 4.1 随机函数

功能	举例	说明
生成随机小数	random.random( )	生成(0,1)范围内的随机小数
	random.uniform(1.1,10.1)	生成[1.1,10.1]范围内的随机小数
生成随机整数	random.randint(1,10)	在[1,10]范围内随机取整数
	random.randrange(1,10)	在[1,10)范围内随机取整数
	random.randrange(1,10,2)	生成[1,10)范围内的随机奇数
随机抽取	random.choice(list)	随机抽取列表中的一个元素
	random.choice(list,n)	随机抽取列表中的 n 个元素

1. 阅读程序，写出程序运行结果。

```
riqi=["第一天","第二天","第三天","第四天","第五天"]
anpai=["天安门、故宫","长城、奥林匹克公园",
      "颐和园、圆明园","恭王府、天坛公园","前门、南锣鼓巷"]
print(riqi[1],anpai[1])
print(riqi[-1],anpai[-1])
```

第 1 行输出：__________________

第 2 行输出：__________________

2. 程序填空。

五虎上将是跟随刘备建立蜀汉政权的五位将军。通过下面的程序对错误名单进行修改，并输出五虎上将之首。程序没有填写完整，请你补充完整，实现修改和输出的功能。

```
name=["关羽","张飞","马超","黄忠","zhaoyun","刘备"]
print("修改前五虎上将：",name)
____1____                    # 删除刘备
____2____ ="赵云"             # 修改 zhaoyun
print("修改后五虎上将：",name)
print("五虎上将首位是：",____3____)
```

填空 1：______________　　填空 2：______________　　填空 3：______________

4.1.2 列表访问

由于列表是有序序列，在访问列表元素的时候，只需引用该元素的位置或索引即可。如果要访问列表中的多个元素，可以采用切片的方式访问列表中一定范围内的元素。

案例 2　制作歌单

生活中很多人把自己喜欢的歌曲收集在一起，制作成歌单，方便自己随时听歌。在制作歌单时，可以添加新的歌曲，也可以删除不想听的歌曲。在歌单中可以选择某首歌曲进行播放，或者选择部分歌曲进行播放。

1. 理解题意

通过在歌曲列表中添加歌曲和删除歌曲的方式制作歌单，也就是对歌曲列表进行添加和删除操作。通过访问歌单，可以播放某一首歌曲，或通过切片的形式播放多首歌曲。

2. 问题思考

问题 1：

怎样对列表进行添加和删除操作？

问题 2：

如何访问列表元素？

3. 知识准备

（1）添加列表元素

❖ 可以通过“+”将两个列表连接，两个列表中相同的元素不会被删除，也可以使用“*”让列表重复一定次数。

❖ listname.append(元素)：在列表末尾添加一个元素。

❖ listname.extend(列表)：在列表末尾添加另一个列表的元素。

示例：list1=[1,2,3]，list2=[4,5]　list1.extend(list2)→[1,2,3,4,5]

❖ listname.insert(列表索引,元素)：在列表的指定位置添加一个元素。

（2）访问列表元素

❖ 索引访问：利用列表的索引访问列表中的某一个元素。

形式：listname[索引]

示例：s[0]　#访问列表 s 中的第一个元素

❖ 切片访问：访问列表中一定范围内的元素。注意：需要在列表范围内访问，否则程序报错。

形式：listname[start:end:step]

◆ start：开始位置。

◆ end：结束位置（访问时不包含结束位置）。

◆ step：步长，默认为 1。

示例：list1= [1,2,3,4,5,6,7,8]

print(list1[1:3])

结果：[2, 3]

4. 算法分析

本案例要求创建一个歌曲列表，然后通过在歌曲列表中添加或删除歌曲的方式制作歌单。在制作歌单后，访问歌单中的某首歌曲或者部分歌曲。算法流程图如图 4.3 所示。

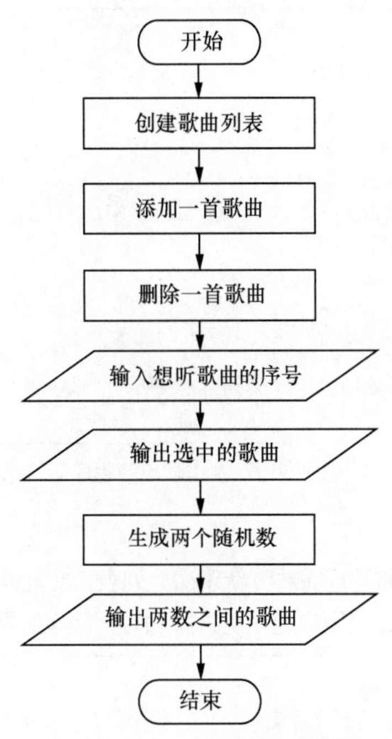

图 4.3 “案例 2 制作歌单”算法流程图

1. 编写程序

案例 2 的相关代码如文件“案例 2 制作歌单.py”所示。

案例 2 制作歌单. py

```
1 import random
2 gequ=["《我的未来不是梦》","《我相信》","《相信自己》",
3      "《从头再来》","《飞得更高》","《爱拼才会赢》"]
4 gequ.append("《超越梦想》")        # 在列表末尾添加一首歌曲
5 gequ.pop(1)                       # 删除第 2 首歌曲
6 print("——显示全部歌单——")
7 for j in gequ:
8     print("第",gequ.index(j)+1,"首：",j)     # 输出歌单
9 n=int(input("输入你想听的歌曲（输入序号）："))
10 print("播放第",n,"首歌曲：",gequ[n-1])
11 print("——随机播放部分连续歌曲——")
12 l=len(gequ)
13 i=random.randint(0,l-1)
14 j=random.randint(0,l-1)
15 if i>j:
16     i,j=j,i
17 print("播放第",i+1,"首到第",j+1,"首歌曲：",gequ[i:j+1])
```

2. 测试程序

运行程序，查看程序运行的结果，如图 4.4 所示。

```
——显示全部歌单——
第 1 首：《我的未来不是梦》
第 2 首：《相信自己》
第 3 首：《从头再来》                      ——— 输出歌单
第 4 首：《飞得更高》
第 5 首：《爱拼才会赢》
第 6 首：《超越梦想》
输入你想听的歌曲（输入序号）：2           ——— 选择你喜欢的歌曲播放
播放第 2 首歌曲：《相信自己》
——随机播放部分连续歌曲——                ——— 随机播放连续歌曲
播放第 5 首到第 6 首歌曲：['《爱拼才会赢》','《超越梦想》']
>>>
```

图 4.4 “案例 2 制作歌单”程序运行结果

3. 优化程序

想一想，能不能任意选择几首歌曲进行播放？新建播放列表，反复询问用户是否继续选择歌曲，用户选择“是”，则选择歌曲并添加到播放列表；当用户选择不再添加时，结束选择，播放选中的歌曲。参考程序如下。

```
import random
gequ=["《我的未来不是梦》","《我相信》","《相信自己》",
    "《从头再来》","《飞得更高》","《爱拼才会赢》"]
gequ.append("《超越梦想》")
gequ.pop(1)
print("——显示全部歌单——")
for j in gequ:
    print("第",gequ.index(j)+1,"首：",j)
p="y"
bofang=[]
while p=="y":
    n=int(input("输入你想听的歌曲（输入序号）："))
    bofang.append(gequ[n-1])
    p=input("你想继续选择歌曲吗？（y：继续，n：结束）：")
print(bofang)
```

拓展阅读

1. 列表的查找方式

在 Python 中，列表的查找方式有四种，包括 in、not in、count、index，如表 4.2 所示。

表 4.2 列表的查找方式

方式	功能	举例及返回值
in	判断元素是否在列表中	"P" in listm→True
not in	判断元素是否不在列表中	"P" not in listm→False
count	统计指定元素在列表中出现的次数	listm.count("P")→1
index	查找指定元素在列表中的位置	listm.index("P")→0
示例列表：listm=["P","y","t","h","o","n"]		

2. 访问列表中所有元素

利用 for 循环可以把列表中的所有元素都访问一遍。列表的遍历如表 4.3 所示。

表 4.3　列表的遍历

说明	语句	结果
访问列表中所有元素	for value in renwu: print(value)	唐僧 孙悟空 猪八戒 沙悟净
访问列表中所有元素索引和列表元素	for k,value in enumerate(renwu): print(k,value)	0 唐僧 1 孙悟空 2 猪八戒 3 沙悟净
示例列表：renwu=["唐僧","孙悟空","猪八戒","沙悟净"]		

1. 程序填空。

唐宋八大家是我国唐宋时期有名的八位散文大家。下面列表的名单有误，需要将第 1 个元素“李白”修改为“柳宗元”，并在列表末尾添加“曾巩”。请你将程序补充完整，将列表元素修改为正确的唐宋八大家。

```
name=["李白","韩愈","欧阳修","苏洵","苏轼","苏辙","王安石"]
print(name)              # 输出修改之前列表名单
___1___="柳宗元"
name.___2___("曾巩")
print(___3___)           # 输出修改之后列表名单
```

填空 1：______________　填空 2：______________　填空 3：______________

2. 编写程序。

新建列表 list1，该列表存储 1~100 之间所有的数字，输出列表中所有 3 的倍数。

4.1.3 列表运算

对于列表，除了可以添加和删除元素，还可以求列表元素的个数，以及对列表元素进行排序、求最大值、求最小值、求和等操作。Python 提供了丰富的列表操作方法，能有效地对列表元素进行加工和处理。

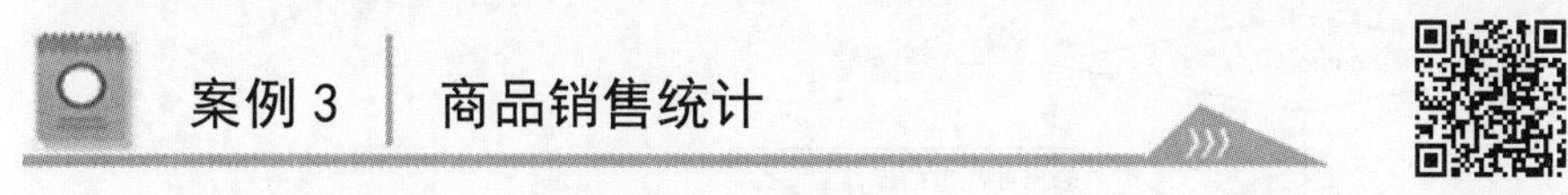

某家电卖场需要对本月部分商品销售情况进行统计，求出本月销量最高和最低的商品，以便调整销售策略，同时根据本月销售情况对下月销售情况进行预估，判断是否要补充商品库存。你能帮助卖场统计商品销售的情况吗？

1. 理解题意

已知的条件是某家电卖场的本月商品销售情况和月初商品库存量，需要统计出本月销量最高和最低的商品，同时根据商品本月的销量和剩余库存，判断是否需要补充库存。

2. 问题思考

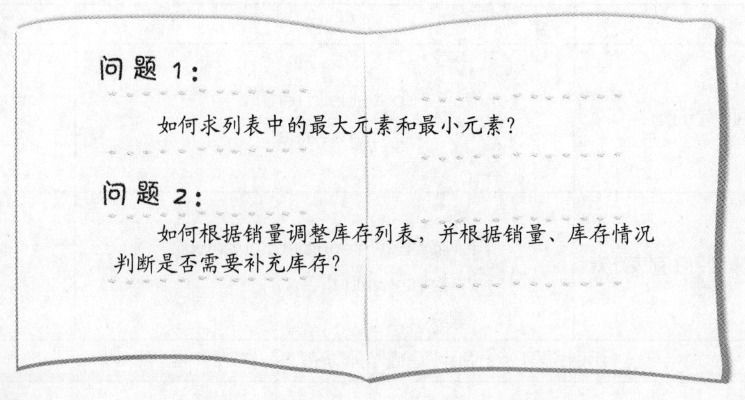

3. 知识准备

- ❖ len(listname)：列表中元素的个数。
- ❖ max(listname)：列表中的最大元素。
- ❖ min(listname)：列表中的最小元素。
- ❖ sum(listname)：统计列表中所有元素的和。

4．算法分析

根据题意，对商品销售情况进行统计，需要建立商品、库存、销量列表，在每个列表相同的索引位置对应同一商品的数据信息。根据销量列表，计算本月销量最高、最低的商品，并修改库存列表。根据本月销量，对比库存数量，判断是否需要对商品进行库存补充。算法流程图如图 4.5 所示。

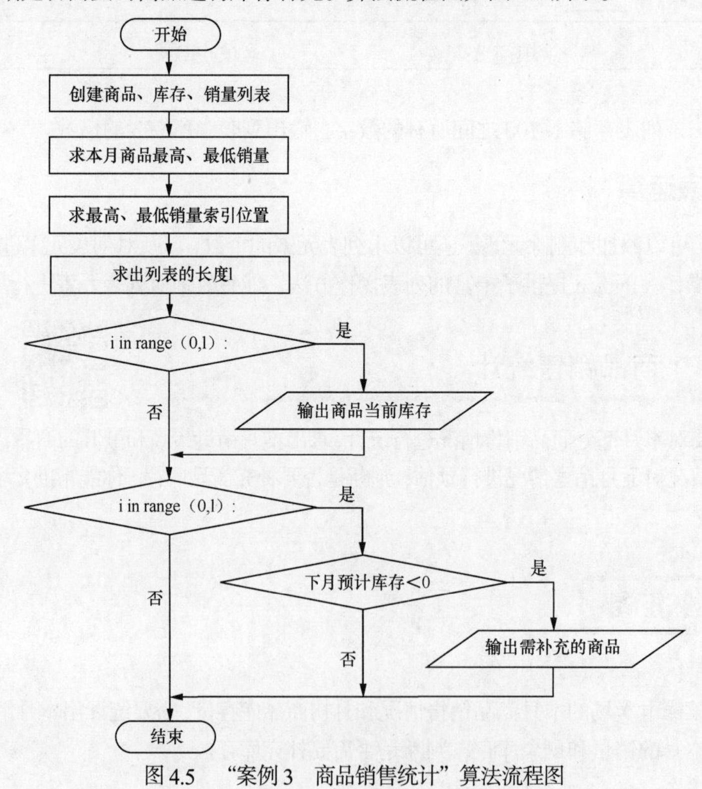

图 4.5　“案例 3　商品销售统计”算法流程图

案例实施

1. 编写程序

案例 3 的相关代码如文件“案例 3　商品销售统计.py”所示。

案例 3　商品销售统计.py

```
1 goods=["电视机","洗衣机","冰箱","空调","热水器"]
2 kucun=[100,100,100,100,100]        # 库存列表
3 sale=[42,20,75,85,36]              # 销量列表
4 maxn=max(sale)                     # 计算最高销量
5 minn=min(sale)                     # 计算最低销量
6 i=sale.index(maxn)                 # 最高销量索引位置
7 j=sale.index(minn)                 # 最低销量索引位置
8 print("本月销量最高的是：",goods[i]," 销量为：",sale[i])
9 print("本月销量最低的是：",goods[j]," 销量为：",sale[j])
10 l=len(kucun)
11 print("当前库存为：")
12 for i in range(0,l):
13     kucun[i]-=sale[i]                  # 改变库存
14     print(" "*4,goods[i],kucun[i])
15 for i in range(0,l):
16     if kucun[i]-sale[i]<0:             # 按本月销量判断库存是否
17         print(goods[i],"需要补充库存")  # 能够满足下月销售
```

2. 测试程序

运行程序，查看程序运行的结果，如图 4.6 所示。

```
本月销量最高的是： 空调  销量为： 85
本月销量最低的是： 洗衣机  销量为： 20
当前库存为：
    电视机 58
    洗衣机 80
    冰箱 25
    空调 15
    热水器 64
冰箱需要补充库存
空调需要补充库存
```

图 4.6　“案例 3　商品销售统计”程序运行结果

3. 优化程序

由于商品销量可能存在数值相同的情况，而 index( )函数是求指定值在列表中的首个匹配位置，如果有多个相同最高销量或最低销量，则除首个匹配商品外，没有输出其他商品。可以使用循环语句，把最高销量、最低销量和销量列表中的每个元素进行对比，确保所有销量最高、最低的商品都能输出。参考程序如下。

```
......
l=len(kucun)
for k in range(0,l):
    if (sale[k]==maxn):
        print("本月销量最高的是：",goods[i],"销量为：",sale[i],sep="")
for k in range(0,l):
    if (sale[k]==minn):
        print("本月销量最低的是：",goods[k],"销量为：",sale[k],sep="")
......
```

1. sort( )函数排序

使用 sort( )函数对列表进行排序，列表元素顺序按照排序结果改变。默认情况下使用 sort( )函数对列表进行升序排列，使用方式为 listname.sort( )，排序之后 listname[0]为列表中最小元素，listnmae[−1]为列表中最大元素；使用 listname.sort(reverse=True)可以对列表进行降序排列。

2. sorted( )函数排序

使用 sorted( )函数对列表进行排序，列表元素顺序不变，需要把排序好的列表赋值给一个新的列表。例如，对 list1 进行升序排列，使用方式为 list2=sorted(list1)，进行降序排列的使用方式为 list2=sorted(list1, reverse=True)。

1. 阅读程序，写出程序运行结果，并上机验证。

```
list1=[10,30,40,20,60,0]
a=max(list1)
b=min(list1)
c=sum(list1)
print(a,b,c)
```

程序运行结果：________________

2. 编写程序，创建一个列表，存储 10 个同学某项技能比赛的成绩，计算并输出该项技能比赛前三名的成绩及平均成绩。

4.2 元组

元组（tuple）与列表类似，不同之处在于：列表是可变的有序序列，而元组是不可变的有序序列。元组中的元素不可修改，可以把元组看成不可变的列表。在 Python 语言中，元组中的元素放在一对小括号“()”中，每两个元素间用逗号“,”隔开，元组中的元素可以是任意数据类型的数据。

4.2.1 创建元组

元组可以直接使用赋值语句创建，也可以使用 tuple( )函数将列表转化为元组。元组一旦赋值，元组中的元素将无法修改，但可以删除整个元组。

案例 4　随机点名程序

在课堂上经常有老师采用随机点名的方式提问，使用这种提问方式既能做到公平和公正，也能让每个学生都做好回答问题的准备，使学生都能积极参与到课堂活动中，同时也增加了课堂趣味性。请你使用 Python 编写随机点名程序，从班级学生中随机抽取一个学生，并显示该学生姓名。

案例准备

1. 理解题意

已知的条件是班级学生的姓名已给定，从班级学生中随机抽取一个学生，并显示该学生的姓名。

2. 问题思考

问题 1：

如何存储班级学生姓名？

问题 2：

怎样随机抽取任意一个学生，并显示在屏幕上？

3. 知识准备

（1）认识元组

- 元组格式：元组名=(元素 1,元素 2,元素 3,……,元素 n)
  - 示例：week=('星期一', '星期二', '星期三', '星期四', '星期五', '星期六', '星期天')
  - 提醒：元素可以是 Python 中任何数据类型的数据。
- 元组中的元素只有一个时，在元素后增加逗号，否则小括号会被当作运算符使用。示例：a=(10,)
- 元组索引的使用与列表索引的使用一致。元组中的元素无法修改和删除，适合保存固定元素的序列，例如保存生肖、星座等。

（2）创建元组

- 使用赋值语句直接创建元组。
  示例：shengxiao=('鼠','牛','虎','兔','龙','蛇','马','羊','猴','鸡','狗','猪')
- 创建空元组：a=()
- 创建数值元组：通过 tuple()函数创建。
  示例：tuple(range(1,10,2))→(1,3,5,7,9)

4. 算法分析

根据题意，解决此问题需要创建学生姓名元组，根据学生人数生成随机数，输出对应学生姓名。算法流程图如图 4.7 所示。

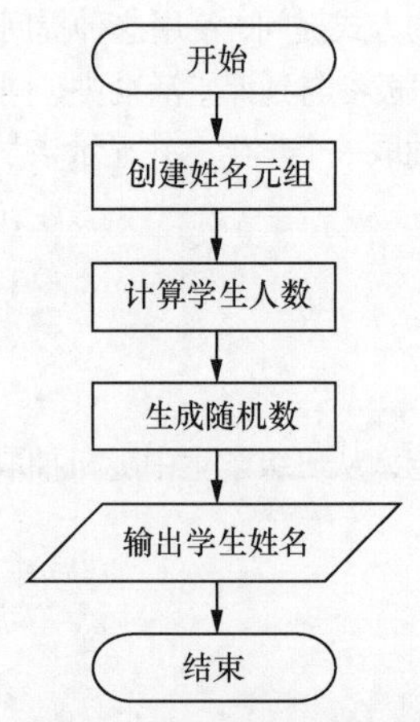

图 4.7 “案例 4 随机点名程序”算法流程图

1. 编写程序

案例 4 的相关代码如文件“案例 4 随机点名程序.py”所示。

案例 4 随机点名程序.py

```
1 import random
2 renyuan=("方轻舟","孙灿","张华","林伟",        # 创建姓名元组
3          "张丽","刘晓青","周子豪","宣雨晴")
4 l=len(renyuan)                              # 计算元素个数
5 i=random.randint(0,l-1)                     # 生成随机数
6 print(renyuan[i])                           # 输出学生姓名
```

2. 测试程序

运行两次程序，查看程序运行的结果，如图 4.8 所示。

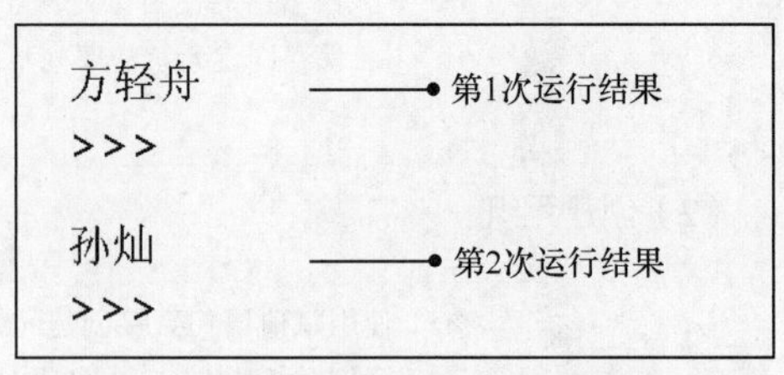

图 4.8 “案例 4 随机点名程序”程序运行结果

1. 删除元组

使用 del 命令可以删除整个元组。使用方式：del 元组名。

2. 求元组中元素的个数

使用 len()函数可以求元组中元素的个数。例如，a=(1,2,3,4,5)，len(a)的返回值为 5。

3. 合并、重复元组

使用“+”可以将两个元组组合到一起，成为一个新元组。使用“*”可以使元组重复一定的次数。

```
1 a1=(1,2,3)
2 a2=(4,5,6)
3 b=a1+a2
4 c=a1*2
5 print(b)
6 print(c)
```

```
(1, 2, 3, 4, 5, 6)
(1, 2, 3, 1, 2, 3)
```

4.2.2 访问元组

元组也是有序序列，访问元组中元素的方法和列表类似，都是通过索引位置进行访问的。可以访问指定位置的元组元素，也可以通过切片的方式访问一定范围内的元组元素。元组中的元素可以通过 print( )函数输出。

案例 5 计算生肖

生肖又称属相，是中华民族悠久的民俗文化，每个中华儿女在出生时都会确定自己的生肖。对于自己的生肖你可能记得很清楚，但是任意给定一个人的出生年份，你能很快算出他的生肖吗?

1. 理解题意

已知的条件是出生年份已给定，根据输入的出生年份计算对应的生肖。

2. 问题思考

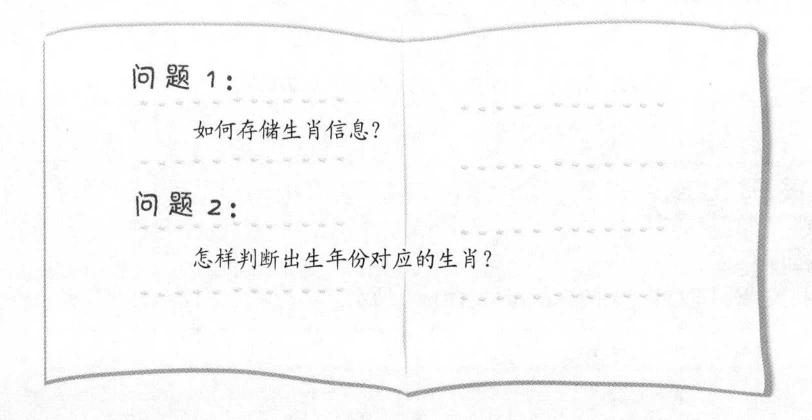

3. 知识准备

（1）访问元组元素

元组是有序序列，可以根据索引访问元组中的元素。设元组长度为 n，则正向索引从 0 到 n–1，反向索引从–1 到–n。

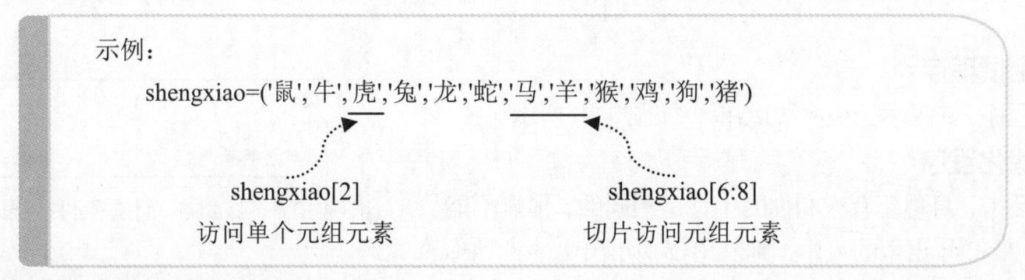

（2）使用 for 循环遍历元组元素

使用 for 循环可以访问全部元组元素。

示例：

```
shengxiao=('鼠','牛','虎','兔','龙','蛇','马','羊','猴','鸡','狗','猪')
 for value in shengxiao:
     print(value ,end="")
```

- ◆ 程序运行结果：鼠牛虎兔龙蛇马羊猴鸡狗猪
- ◆ in（运算符）：判断元素是否属于元组

4. 算法分析

根据题意，解决此问题需要先创建生肖元组，输入出生年份，求出生年份对 12 的余数。余数正好对应元组中生肖的索引，输出该年份对应的生肖。算法流程图如图 4.9 所示。

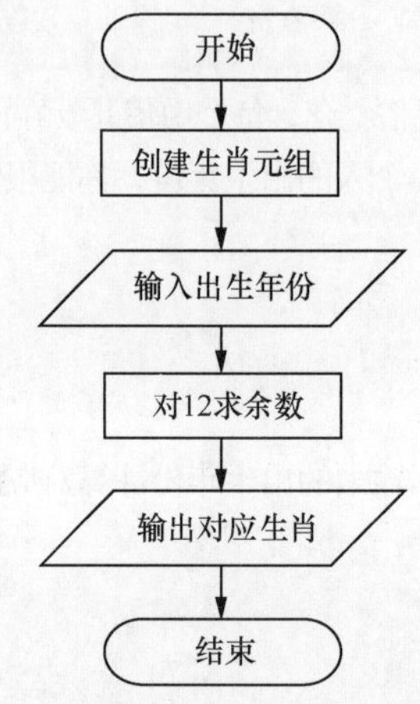

图 4.9 “案例 5 计算生肖”算法流程图

1. 编写程序

案例 5 的相关代码如文件“案例 5 计算生肖.py”所示。

案例 5 计算生肖.py

```
1 shengxiao=("猴","鸡","狗","猪","鼠","牛",            # 创建生肖元组
2            "虎","兔","龙","蛇","马","羊")
3 year=int(input("输入你的出生年份："))            # 输入出生年份
4 k=year%12                                      # 对 12 求余数
5 print("你的生肖是：",shengxiao[k])               # 输出生肖
```

2. 测试程序

运行程序，查看程序运行的结果，如图 4.10 所示。

```
输入你的出生年份：1990
你的生肖是： 马
>>>
```

图 4.10 “案例 5 计算生肖”程序运行结果

3. 优化程序

在生活中，身边总有人和你的生肖是相同的，你能不能从 1949 年到 2050 年出生的人中，判断出哪些年出生的人和你的生肖相同？在程序中增加循环语句，从 1949 年到 2050 年，逐一对 12 求余数，如果等于你出生年份对 12 的余数，则生肖相同，输出该年份。参考程序如下。

```
shengxiao=("猴","鸡","狗","猪","鼠","牛","虎","兔","龙","蛇",
"马","羊")
year=int(input("输入你的出生年份："))
k=year%12
print("你的生肖是：",shengxiao[k])
print("1949 年到 2050 年中，和你生肖相同的年份是：")
for i in range(1949,2051):
    j=i%12
    if j==k:
        print(i,end=" ")
```

程序运行结果：

```
输入你的出生年份：2000
你的生肖是：龙
1949年到2050年中，和你生肖相同的年份是：
1952 1964 1976 1988 2000 2012 2024 2036 2048
>>>
```

1. 元组函数

在 Python 中，利用元组函数可以求元组中的最大元素、最小元素，也可以将列表转化为元组，如表 4.4 所示。

表 4.4 Python 元组函数

函数	说明	举例及返回的值
max( )	求元组中最大元素	max(tuple1) → 50
min( )	求元组中最小元素	min(tuple1) → 0
tuple( )	将列表转化成元组	tuple([1,2,3,4]) → (1,2,3,4)
示例元组：tuple1=(10,20,30,40,0,50)		

2. 元组与列表的区别

元组和列表的区别：元组的元素不能修改，不能对元组进行添加、删除等改变元素的操作。如果需要可变的有序序列，可以使用列表存储元素。如果需要创建不可修改的有序序列，则可以使用元组存储元素。

1. 阅读程序，写出程序运行结果，并上机验证。

```
sx=('鼠', '牛', '虎', '兔', '龙', '蛇', '马', '羊', '猴', '鸡', '狗', '猪')
print(sx[1])
print(sx[3:6])
```

程序第 1 行输出：________________

程序第 2 行输出：________________

2. 程序填空。

以下程序的功能是将列表转化为元组，并输出元组中的第 1 个元素，请在横线处填写合适的语句。

```
lista=["星期一","星期二","星期三","星期四","星期五","星期六","星期天"]
tupa=____1____(lista)
print(____2____)
```

填空1：______________ 填空2：______________

4.3 字典

字典（dictionary）是一组无序的可变序列，每个元素由键和值组成，通过键找到对应的值，是一系列键值对的集合。字典中的元素是无序的，通过键访问与之相关联的值，类似于使用新华字典。字典中的键是唯一的、不可变的，值可以有多个，也是可变的，值可以是Python中任意数据类型的数据。

4.3.1 字典的创建与访问

字典的所有元素都放在“{}”中，字典的每个元素都是“键值对”，键和值之间用冒号“:”隔开，每两个元素之间用逗号“,”隔开。可以直接使用赋值语句创建字典，也可以通过dict()函数或zip()函数创建字典。访问字典是通过键访问对应的值。

案例6 密码本

在谍战影视剧中，经常能看到破解密码的情节，往往需要通过密码本破译密码。下面请你来设计一个密码本，输入密文，根据密码本破解密文，生成原文。

1. 理解题意

根据题意，本案例是创建一个密码本，输入密文，通过密码本对密文进行破译，并输出破译后的原文。

2. 问题思考

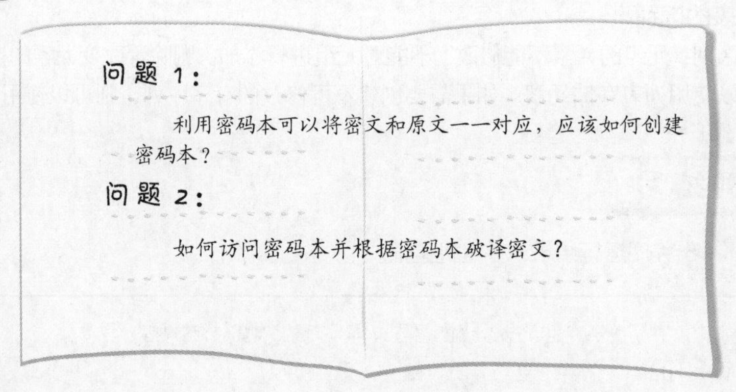

3. 知识准备

（1）字典格式

字典名={键key1:值value1, 键key2:值value2, ……, 键keyn:值valuen}

示例：dict1={'姓名':'方舟','年龄':20,'身高':180,'体重':75}

（2）创建字典

❖ 创建空字典：dict1={}

❖ 直接使用赋值语句创建字典。

示例：dict2={'北京'：'010'，'上海'：'021'，'广州'：'020'}

❖ 使用 dict()函数、zip()函数把两个列表创建为字典。

示例：city=['北京'，'上海'，'天津'，'重庆']

quhao=['010'，'021'，'022'，'023']

dict3=dict(zip(city,quhao))

（3）访问字典

访问字典就是根据键获得与键对应的值。由于字典是无序序列，推荐使用 get()函数获得指定键对应的值，如果字典中不存在，可返回 None 或者指定的内容。

示例：yuwen={'林华'：92，'张晴'：90，'李小明'：85，'刘丽'：89}

◆ yuwen['林华']→92

◆ yuwen['王明']→字典无此键，程序报错

◆ yuwen.get('刘丽')→89

◆ yuwen.get('张晓薇'，93)→字典无此键，追加输出 93

4. 算法分析

本案例算法思路：首先以字典的形式创建密码本，字典的键代表密文，键对应的值代表原文。输入密文，将密文逐一比对密码本，输出对应原文。算法流程图如图 4.11 所示。

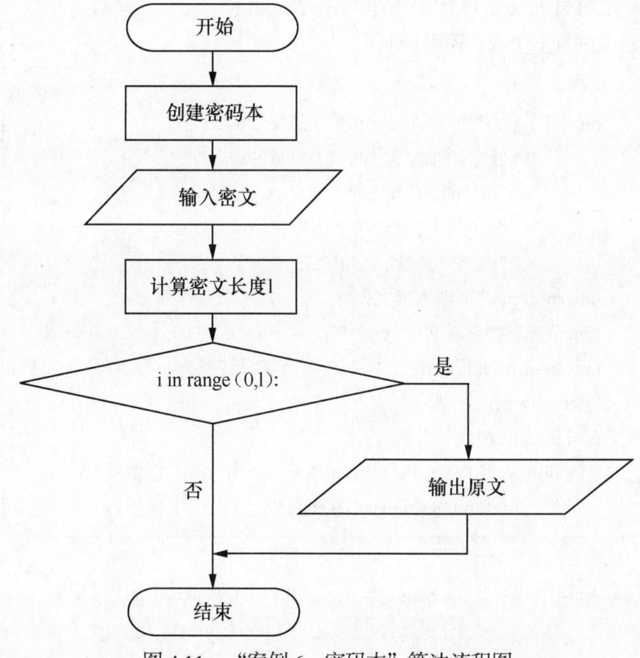

图 4.11 “案例 6 密码本”算法流程图

1. 编写程序

案例 6 的相关代码如文件“案例 6　密码本.py”所示。

案例 6 密码本.py

```
1  mi={"j":"a","r":"b","x":"c","f":".","e":"e","w":"f",
2      "h":"g","y":"h","d":"i"," ":"j","m":"k","a":"l",
3      "o":"m","n":"n","q":"o",""":"p","y":"q","b":"r",
4      "v":"s","s":"t","p":"u","t":"v","z":"w","l":"x",
5      "k":"y","c":"z","i":""","u":".","g":" "}
6  miwen=input("请输入密文：")          # 输入密文
7  print("密文对应原文：",end="")
8  l=len(miwen)                          # 求密文的长度
9  for i in range(0,l):                  # 逐一获取密文中的字符
10     print(mi.get(miwen[i]),end="")    # 输出密文对应的原文
```

2. 测试程序

运行程序，输入密文，查看程序运行的结果，如图 4.12 所示。

```
请输入密文：dgaqtegkqp
密文对应原文：i love you
>>>
```

图 4.12　“案例 6　密码本”程序运行结果

3. 优化程序

如果输入的密文有大写字母和其他非密文字符，怎么办？该密码本是针对小写字母进行破译的。如果输入的密文有大写字母，则对密文进行处理，把所有大写字母转换为小写字母；如果有非密文字符，则破译密文时跳过。参考程序如下。

```
mi={"j":"a","r":"b","x":"c","f":".","e":"e","w":"f",
    "h":"g","y":"h","d":"i"," ":"j","m":"k","a":"l",
    "o":"m","n":"n","q":"o",""":"p","y":"q","b":"r",
    "v":"s","s":"t","p":"u","t":"v","z":"w","l":"x",
    "k":"y","c":"z","i":""","u":".","g":" "}
miwen=input("请输入密文：")
print("密文对应原文：",end="")
miwen=miwen.lower()          # 大写字母转换为小写字母
l=len(miwen)
for i in range(0,l):
    if miwen[i]>='a' and miwen[i]<='z':     # 排除其他字符
        print(mi.get(miwen[i]),end="")
```

程序运行结果：

```
请输入密文：DG111AqteGK534QP
密文对应原文：i love you
>>>
```

1. 字典的组成

字典的元素由键和值组成，通过键访问值，键和值具有映射关系。例如，在取快递时，我们通过快递单号进行查询，快递单号相当于键，包裹里购买的商品就相当于值。键必须是唯一的，而值不必唯一。

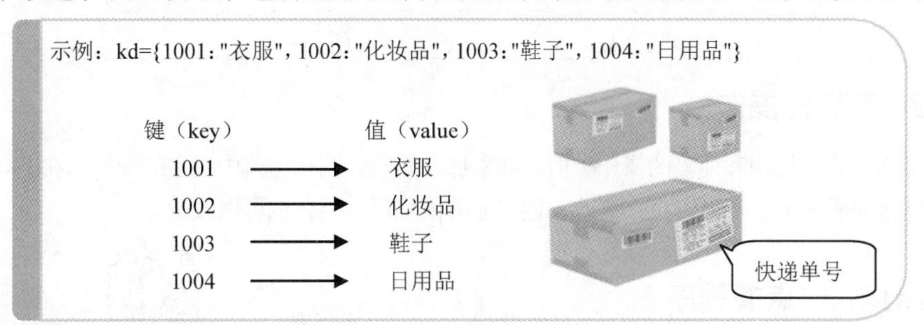

2. 字典的遍历

字典是无序序列，可通过键访问值，而想要访问全部的字典元素，则可以通过 keys()、values()、items() 函数获取字典的键、值、键和值，如表 4.5 所示。

表 4.5　字典的遍历

方法	功能	示例	结果
keys()	返回字典的键	for i in xuanke.keys(): print(i)	张明 李芸 王伟
values()	返回字典的值	for i in xuanke.values(): print(i)	Python C VB
items ()	返回字典的键和值	for i, j in xuanke.items(): print(i,j)	张明 Python 李芸 C 王伟 VB
示例字典：xuanke={'张明':'Python','李芸':'C','王伟':'VB'}			

1. 阅读程序，写出程序运行结果。

```
tel={'张芳':'7287','刘丽':'6306','孙晓晴':'8926','方舟':'6689','林明':'9360'}
print(tel['方舟'])          ———— 1
tel['方舟']=6688
print(tel['方舟'])          ———— 2
```

1 处输出：＿＿＿＿＿＿＿＿

2 处输出：＿＿＿＿＿＿＿＿

2. 程序填空。

读取学生作文比赛成绩，输出最高分。请你将程序补充完整，实现正确的输出功能。

```
a={'方舟':98,'林小华':92,'孙明':93,'董天禄':90,'王刚':87}
max=0
for i in ___1___():           # 遍历字典的值
  if max<i:
    ___2___                   # 改变最大值
print(___3___)                # 输出最大值
```

填空 1：__________ 填空 2：__________ 填空 3：__________

4.3.2 字典的操作

在很多方面字典的操作和列表的操作类似，如添加、修改、删除字典中元素的操作。在字典的操作中，要注意字典的键是唯一的，不可以直接修改，键对应的值可以重复，也可以改变。

案例 7 点餐程序

在外出就餐时，我们常常用点餐软件进行点餐。当我们选中某样菜品的时候，单击“+”按钮，即可将该菜品放入点餐列表中。当某菜品库存为 0 时，会提示“该菜品已经售完，请选择其他菜品”。最后完成点餐。

1. 理解题意

本案例是根据菜单进行点餐，当该菜品库存大于 0 时，表示可以选择该菜品。如果库存为 0，则提示“该菜品已经售完，请选择其他菜品”。通过选择菜品完成点餐，最后把顾客选择的菜品打印出来。

2. 问题思考

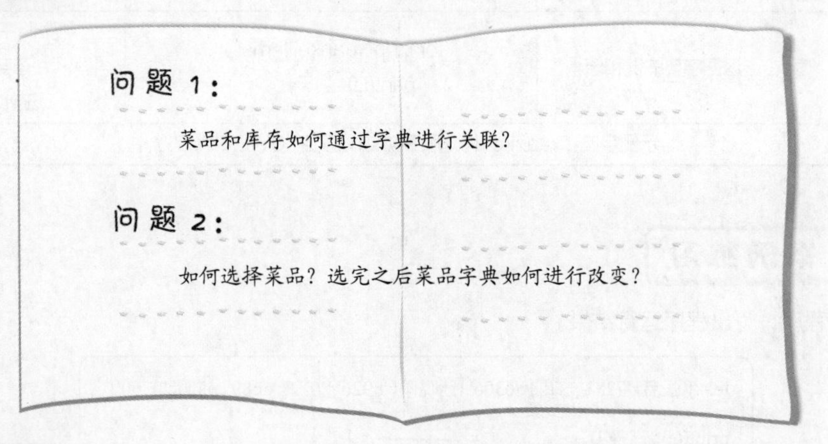

3. 知识准备

（1）添加字典元素

- ❖ 为字典加入新的键值时，从而增加字典元素：字典名[键]=值。
  示例：dict1['口才']=100
- ❖ 通过 setdefault() 函数添加字典元素。
  示例：dict1.setdefault('演讲',99)

（2）删除字典元素

❖ 删除指定键对应的字典元素：del dict1[键] 或 dict1.pop(键)。
示例：del dict1['口才']
st=dict1.pop('口才')

❖ 删除字典的所有元素：clear()。
示例：a.clear()　# 删除 a 字典的所有元素，字典 a 变成空字典

4．算法分析

根据题意，创建包括菜品和库存的字典。输入你选择的菜品，如果该菜品的库存大于 0，则把菜品加入点餐列表中，同时修改菜品库存；如果该菜品库存为 0，则提示“该菜品已经售完，请选择其他菜品”。最后输出你选择的菜品。算法流程图如图 4.13 所示。

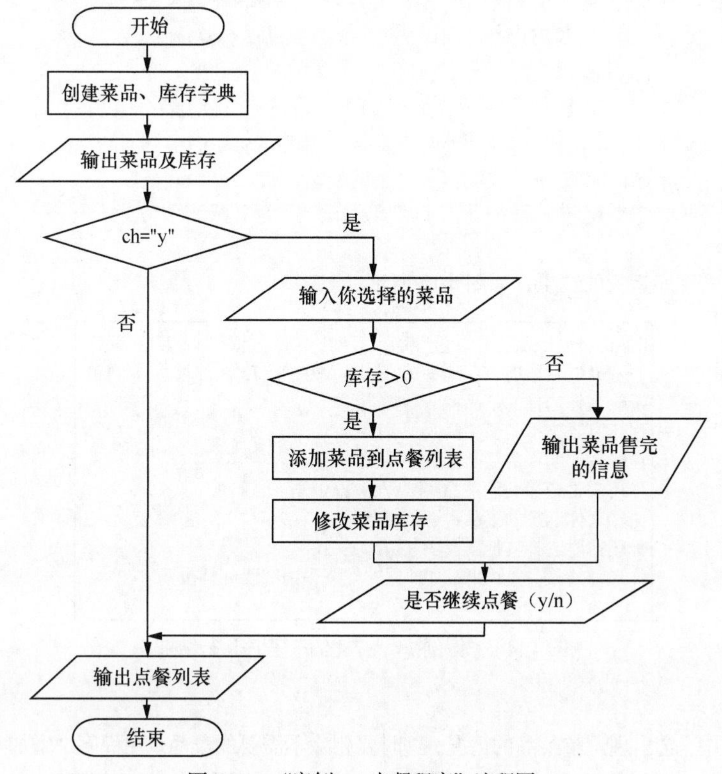

图 4.13　“案例 7　点餐程序”流程图

1．编写程序

案例 7 的相关代码如文件“案例 7　点餐程序.py”所示。

案例 7 点餐程序.py

```
1 caidan={"吴山贡鹅":3,"石耳炒蛋":6,"土豆丝":10,
2       "农家小炒":4,"臭鳜鱼":5,"笋烧黑猪肉":0,
3       "地锅鸡":7,"红烧牛肉":7,"西红柿蛋汤":10}
4 diancan=[]                    # 点餐列表初始为空
5 print(caidan)                 # 打印菜品及库存
6 ch="y"
7 while ch=="y":
8    choice=input("请输入你选择的菜品：")
9    if choice in caidan:
10       if caidan[choice]>0:      # 判断库存是否大于 0
11          diancan.append(choice)    # 把菜品加入点餐列表
12          caidan[choice]-=1         # 修改菜品库存
13       else:
14          print("该菜品已经售完，请选择其他菜品。")
15    ch=input("你还需要选择其他菜品吗（y/n）：")
16 print("你选择的菜品是：",diancan)
```

2. 测试程序

运行程序，查看程序运行的结果，如图 4.14 所示。

```
{'吴山贡鹅': 3, '石耳炒蛋': 6, '土豆丝': 10, '农家小炒': 4, '臭鳜鱼
': 5, '笋烧黑猪肉': 0, '地锅鸡': 7, '红烧牛肉': 7, '西红柿蛋汤': 10}
请输入你选择的菜品：石耳炒蛋
你还需要选择其他菜品吗（y/n）：y
请输入你选择的菜品：红烧牛肉
你还需要选择其他菜品吗（y/n）：y
请输入你选择的菜品：西红柿蛋汤
你还需要选择其他菜品吗（y/n）：n
你选择的菜品是：['石耳炒蛋', '红烧牛肉', '西红柿蛋汤']
>>>
```

图 4.14 “案例 7 点餐程序”程序运行结果

3. 优化程序

在点餐的过程中，会出现调整菜品的情况，这时要删除不需要的菜品。在程序中增加“删除菜品”选项，并恢复菜品的库存。在选择菜品后，程序会判断是否有菜品需要删除，如果需要删除，从菜品列表中删除，并恢复该菜品库存。程序增加的代码如下。

```
……
ch=input("有需要删除的菜品吗（y/n）：")
while ch=="y":
    choice=input("请输入需要删除的菜品：")
    diancan.remove(choice)
    caidan[choice]+=1
    ch=input("你还有不需要的菜品吗（y/n）：")
print("你选择的菜品是：",diancan)
```

1. 字典函数

在 Python 中，字典函数可用来判断键在不在字典中、求字典元素的个数、对字典进行浅复制等，如表 4.6 所示。

表 4.6 字典函数

方式	功能	举例及返回值
in	判断键是否在字典中	'张明' in xuanke→True
not in	判断键是否不在字典中	'张明' not in xuanke→False
len	统计字典元素个数	len(xuanke)→3
copy	字典浅复制（引用对象）	xk=xuanke.copy( )
示例字典：xuanke={'张明':'Python','李芸':'C','王伟':'VB'}		

2. 将字典转化为列表

可以将字典中的键或值转化为列表，如表 4.7 所示。

表 4.7 字典转化为列表

方式	功能	举例及返回值
list(a)	取字典的键创建列表	['苹果', '西瓜', '香蕉', '菠萝']
list(a.keys( ))	取字典的键创建列表	['苹果', '西瓜', '香蕉', '菠萝']
list(a.values( ))	取字典的值创建列表	[5, 1.2, 2.9, 3]
示例字典：a={'苹果':5,'西瓜':1.2,'香蕉':2.9,'菠萝':3}		

1. 程序填空。

在校园歌唱比赛中统计分数时遗漏了评委五的分数。要求增加评委五的分数，并计算所有评委的平均分。请在横线处填写合适的代码，完成程序的编写。

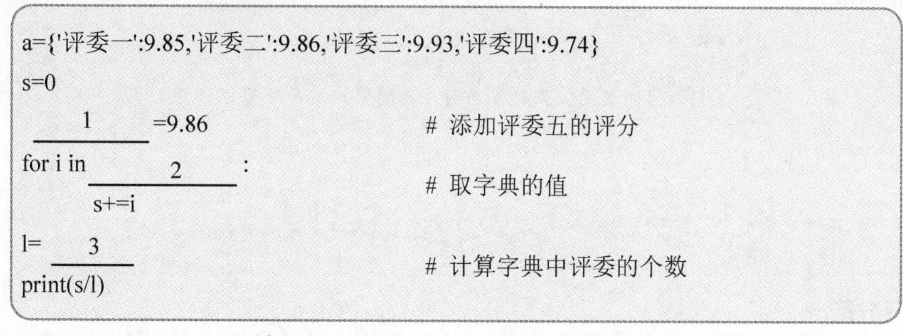

```
a={'评委一':9.85,'评委二':9.86,'评委三':9.93,'评委四':9.74}
s=0
____1____=9.86                 # 添加评委五的评分
for i in ____2____:            # 取字典的值
    s+=i
l= ____3____                   # 计算字典中评委的个数
print(s/l)
```

填空 1：__________ 填空 2：__________ 填空 3：__________

2. 编写程序，遍历成绩字典{'李明': 95, '崔明锐': 86, '方舟': 99, '程晓华': 79, '王刚': 48}，统计成绩优秀（成绩大于 90 分）的人数及优秀率。

4.4 集合

集合（set）是一个无序可变的序列，和数学里的集合类似。集合内的元素没有顺序之分，且不能重复，等同于只有键的字典，常常用来对数据进行分组。

4.4.1 集合的创建

集合的所有元素都放在一对"{}"中，相邻元素之间用逗号","隔开。集合可以直接使用赋值语句创建，也可以使用set()函数创建。由于集合是无序的，因此不可以通过索引、切片访问集合中的元素。访问集合中的元素实际上是判断元素在不在集合中。

案例8 用户注册

在日常上网过程中，常常需要注册用户，当你输入用户名时，系统会自动对比数据库中的用户名信息。如果当前用户名已经存在，则提示："当前用户已经存在，请重新输入。"如果该用户名无人使用，则提示："可以使用当前用户名注册。"

1. 理解题意

本案例目的是判断当前输入的用户名是否可用。由于用户注册时用户名是唯一的，不能够重复使用，因此先把已经存在的用户名以集合的形式存储，再判断当前输入的用户名是否属于用户名集合。如果属于用户名集合，则当前输入的用户名不可用；如果不属于用户名集合，则可以使用当前用户名进行注册。

2. 问题思考

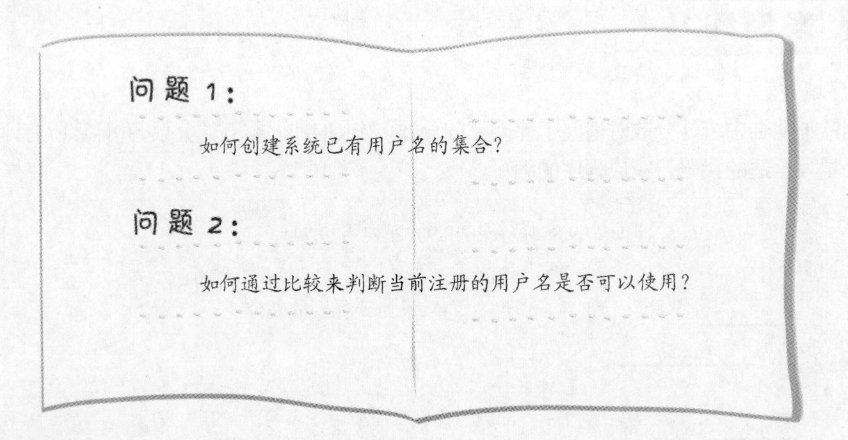

3. 知识准备

（1）直接使用赋值语句创建集合

示例：set1={'苹果', '草莓', '香蕉', '芒果', '哈密瓜'}
注意：不能使用{}直接创建空集合，{}用于创建空字典。

（2）使用 set()函数创建集合

❖ 通过 set()函数将其他可迭代对象（列表、元组、字符串等）转化为集合。

示例：set(['苹果'，'草莓'，'香蕉'，'芒果'，'哈密瓜'])
→{'苹果'，'草莓'，'香蕉'，'芒果'，'哈密瓜'}

❖ 由于集合元素不重复，在转换时遇到重复的元素，只保留一个。

示例：set('happy') →{'h'，'a'，'p'，'y'}

❖ 创建空集合：set( )。

4. 算法分析

本案例算法思路：创建已有用户名的集合，输入你希望注册的用户名，判断该用户名是否已经存在。如果该用户名已经存在，则提示："当前用户已经存在，请重新输入。"如果无该用户名，则提示："可以使用当前用户名注册。"算法流程图如图 4.15 所示。

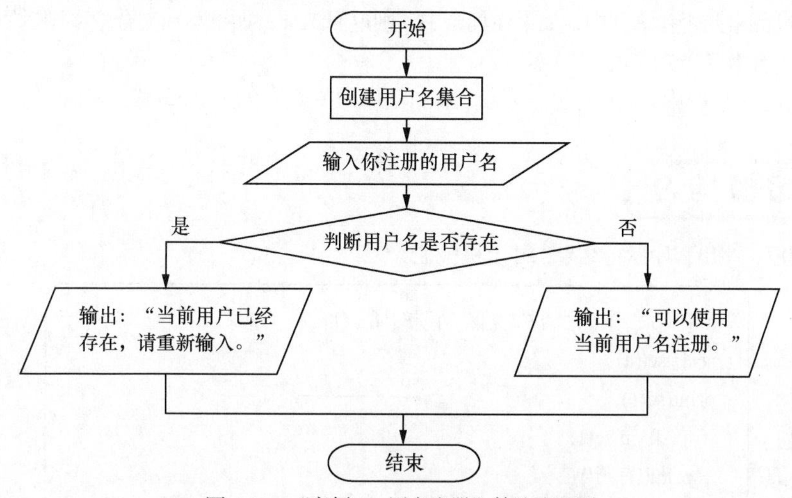

图 4.15 "案例 8 用户注册"算法流程图

1. 编写程序

案例 8 的相关代码如文件"案例 8 用户注册.py"所示。

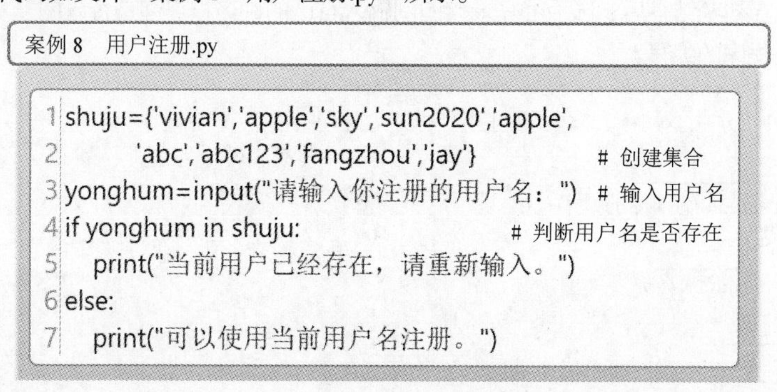

案例 8 用户注册.py

```
1 shuju={'vivian','apple','sky','sun2020','apple',
2         'abc','abc123','fangzhou','jay'}              # 创建集合
3 yonghum=input("请输入你注册的用户名：")  # 输入用户名
4 if yonghum in shuju:                       # 判断用户名是否存在
5     print("当前用户已经存在，请重新输入。")
6 else:
7     print("可以使用当前用户名注册。")
```

2. 测试程序

运行程序，第一次输入测试数据"vivian"，第二次输入测试数据"fangzhou2020"，查看程序运行的结果，如图 4.16 所示。

```
请输入你注册的用户名：vivian
当前用户已经存在，请重新输入。
>>>                                    —— 第 1 次运行结果

请输入你注册的用户名：fangzhou2020
可以使用当前用户名注册。
>>>                                    —— 第 2 次运行结果
```

图 4.16 “案例 8 用户注册”程序运行结果

1. 判断元素是否存在

使用 in 判断元素是否在集合中，如果在集合中，则返回 True；如果不在集合中，则返回 False。

2. 获取集合中元素的个数

len( )函数用于求集合中元素的个数。示例：len({'香蕉', '芒果', '哈密瓜', '草莓', '苹果'})的返回值为 5。

1. 阅读程序，写出程序运行结果，并上机验证。

```
a=['苹果','梨','桃','桃','香蕉','苹果','橘子']
set1=set(a)
print(set1)                    ———— 1
if '芒果' in set1:
    print('有货')
else:                          ———— 2
    print('无货')
```

1 处输出：________________

2 处输出：________________

2. 程序填空。

在校园演讲比赛初赛结束后，选手可登录校园网输入自己的姓名，查询是否入围复赛。请在横线处填写合适的代码，完成程序的编写。

```
md=['方舟','刘小辉','欧阳雪','王芳','刘明亮','林东']
a=   ___1___                       # 将列表转化为字典
ch=input('输入你的姓名：')
if ch ___2___ a:                   # 判断姓名在不在晋级名单
    print('恭喜你，入围决赛。')
___3___
    print('很遗憾，希望你以后继续努力。')
```

填空 1：____________ 填空 2：____________ 填空 3：____________

4.4.2 集合运算

创建集合后，可以添加集合元素，也可以删除集合元素。和数学的集合一样，Python 中的集合也有交、并、差等运算。可以通过集合运算符和函数对集合进行运算，从多个集合中选择需要的元素。

案例 9 选课情况调查

学校提供了部分选修课程供学生选修，每位学生可任意选择 1~3 门选修课程。现对学生选择的选修课程进行统计，将全体学生的选课情况汇总到一起。当有学生选择某门选修课程时，开设这门选修课程。列出所有开设的选修课程，以及无人选修的课程。

案例准备

1. 理解题意

已知学校提供的选修课程，以及学生选修课程的情况。要求统计所有学生选修课程的情况，以及暂时无人选修的课程。学校根据选课情况开设选修课程，既满足了学生学习的需要，也了解了学生的情况，也为下一步设置选修课程提供帮助。

2. 问题思考

问题 1：

如何创建选修课程集合和学生选课情况集合？

问题 2：

如何统计学生的选课情况？

3. 知识准备

（1）添加、删除集合元素

❖ 使用 add()函数添加集合元素。

使用方法：a.add(x)→将 x 添加到集合 a 中，如果集合中已有 x 元素，则不改变集合

❖ 删除集合元素。

◆ del()→删除整个集合

◆ remove()→删除集合中指定的元素，元素不存在时报错

◆ pop()→随机删除集合中的一个元素，空集合报错

◆ clear()→清除集合中的所有元素

（2）集合的并、交、差等运算

Python 中的集合和数学的集合一样，也可以进行交、并、差等运算，如表 4.8 所示。

表 4.8　集合运算

分类	示例	功能	运算方式
集合的交		将两个以上集合的共同部分提取出来	&或 intersection( ) 示例：a &b→{2,5}
集合的并		将两个集合合并为一个集合	|或 union( ) 示例：a |b→{1,2,3,4,5}
集合的差		从第一个集合中将两个集合中重复的元素删除	−或 difference( ) 示例：a−b→{1,3}
对称差集		将两个集合中不重复的部分取出，组成新的集合	^或 symmetric_difference( ) 示例：a^b→{1,3,4}
子集		判断一个集合元素是否全部在另一集合中	<=或 issubset( ) 示例：a<=b→False

示例集合：a={1,2,3,5}　 b={2,4,5}

4．算法分析

根据题意，创建选修课程集合，把所有学生的选课情况进行汇总，输出学生的选课集合，通过集合运算，把暂时没有被选择的课程统计出来并输出在屏幕上。算法流程图如图 4.17 所示。

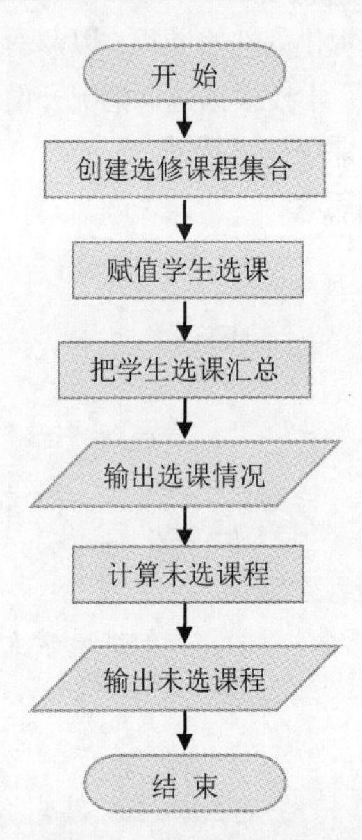

图 4.17　“案例 9　选课情况调查”算法流程图

1．编写程序

案例 9 的相关代码如文件“案例 9　选课情况调查.py”所示。

案例 9　选课情况调查.py

```
ke={'说话的艺术', '图像处理', '中国武术', '基础救护',
   '人生规划', '商务英语', '心理学', '语言文学',
   'Ecxel办公', 'Word办公', '哲学'}             # 创建选修课程集合
x1=['语言文学','图像处理','Ecxel办公']
x2=['基础救护','Word办公','商务英语']           # 学生选课情况
x3=['语言文学','人生规划','说话的艺术']
x=set(x1+x2+x3)                         # 把所有学生选课情况汇总
print("开设选修课程为：",x)               # 输出学生选课情况
s=ke-x                                  # 统计未被选择的课程
print("无人选修的课程为：",s)             # 输出未被选择的课程
```

2. 测试程序

运行程序，查看程序运行的结果，如图 4.18 所示。

```
有人选修的课程为：{'基础救护', '商务英语', '人生规划', '语言文
学', '说话的艺术', 'Word办公', 'Ecxel办公', '图像处理'}
无人选修的课程为：{'中国武术', '心理学', '哲学'}
>>>
```

图 4.18 “案例 9 选课情况调查”程序运行结果

3. 优化程序

如果想要统计每门选修课程选修的人数，可在编写程序时增加和课程对应的字典，以课程为键、选课人数为值。把学生的选课情况逐一进行统计，并输出选课人员的情况。

```
ke={'说话的艺术', '图像处理', '中国武术', '基础救护',
    '人生规划', '商务英语', '心理学', '语言文学',
    'Ecxel 办公', 'Word 办公', '哲学'}
x1=['语言文学', '图像设计', 'Ecxel 办公']
x2=['基础救护', 'Word 办公', '商务英语']
x3=['语言文学', '人生规划', '说话的艺术']
x=set(x1+x2+x3)
zong=x1+x2+x3                          # 汇总学生的选课情况
num={}                                 # 创建空字典
for i in zong:                         # 逐一获取学生的选修课程
    num[i]=num.get(i,0)+1              # 增加课程键对应的值
print(num)                             # 输出选课情况及人数
print("开设的选修课程为：", x)
s=ke-x
print("无人选修的课程为：", s)
```

拓展阅读

1. 把集合的元素变为有序列表

集合本身是无序的，当集合内元素都为数字或都为字符串时，可以通过 sorted( )函数把集合的元素有序输出到列表中。示例：sorted({4,2,5,1,3})→[1,2,3,4,5]。

2. 删除列表中重复的元素

先利用 set( )函数把列表转换为集合，在转换为集合时删除重复的元素，再利用 list( )函数把集合转换为列表，这样可以快速删除列表中重复的元素。示例：list(set([1,2,1,3,2,3]))→[1,2,3]。

1. 阅读程序，在横线上写出程序运行结果，并上机验证。

```
a={1,2,3,4,5}
b={1,3,5,7,9}
print(a&b)          #此行输出：______________________
print(a|b)          #此行输出：______________________
print(a-b)          #此行输出：______________________
print(a^b)          #此行输出：______________________
```

2. 程序填空。

集合 a、集合 b 分别存储班级评选的三好学生和优秀干部的名单。发现三好学生名单中孙小东同学应该在优秀干部名单中，请你调整名单，并求出同时获得两个奖项的同学名单。请在横线处填写合适的代码，完成程序的编写。

```
a={'方舟','李刚','张思睿','明辉','孙小东','刘丽','李小亮'}
b={'陈诺','方舟','刘丽','张华','汪思明'}
____1____ ('孙小东')          # 从集合 a 中删除孙小东
____2____ ('孙小东')          # 把孙小东添加到集合 b 中
c=____3____                   # 计算集合 a 和集合 b 共有人员的名单
print(c)
```

填空 1：____________ 填空 2：____________ 填空 3：____________

第 5 章

Python 函数模块

函数是 Python 中的基本模块。将需要重复使用的代码块以函数的形式组织在一起，可以极大提升编程效率。Python 中有很多内置函数，如print()、input()等，除此之外，类似面积的计算、二元一次方程的求解、特定格式的输出等也都可定义为函数。内置函数和自定义函数可使 Python 代码的结构更加简洁清晰，易于维护。

本章不仅介绍了 Python 的函数，还将介绍模块的使用，包括模块的调用和封装等。

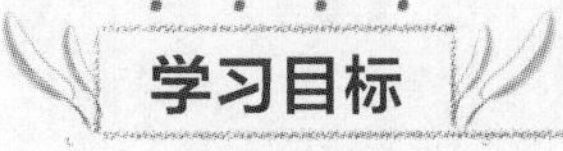

★ 了解常见的内置函数，掌握内置函数的用法
★ 掌握函数的定义方法，了解函数返回值和变量的作用域
★ 掌握函数的调用方法，了解函数的参数
★ 掌握模块的导入和模块中函数的调用方法
★ 掌握模块的封装方法

5.1 函数

函数是指能够实现某个功能且相对独立的代码块。编写程序时，提前定义好函数，在程序中就可以重复调用对应函数，从而降低代码的重复率，大大提高编程效率。Python 中的函数主要包括内置函数和自定义函数两种。

5.1.1 内置函数

Python 现在之所以受到很多人喜欢，是因为它提供了很多功能强大的内置函数，这些内置函数调用起来非常方便。

案例 1 打印获奖名单

秋高气爽，学院要举办秋季运动会，投掷组裁判员王青松希望能有一个程序，在投掷比赛结束时，输入所有参赛运动员的成绩后，就能自动打印该项目的获奖名单。你能帮他编写程序，实现该效果吗?

1. 理解题意

要给投掷比赛中的运动员排名，先要输入所有选手的成绩，然后对成绩进行排序，最后打印出前 6 名选手的排名、编号和成绩。编写程序时，需要用到各种内置函数，如输入成绩要用到 input()函数，输出排名要用到 print()函数，排序要用到 sorted()函数等。利用这些内置函数，可以轻松地解决排名问题。

2. 问题思考

问题 1：

输入的成绩采用什么样的数据类型保存？

问题 2：

对成绩进行排序后，既要输出成绩，又要输出对应的选手编号，该如何实现？

3. 知识准备

（1）sorted()函数

在前面学习列表时，我们认识了 sort()函数，它可以对已有列表中的所有元素进行排序，且无返回值。而 sorted()函数则可以对任意序列进行排序操作，如列表、元组、字典等对象，并且它会返回一个排序过的新列表。sorted()函数的具体用法如下。

```
sorted(iterable, key=None, reverse=False)
    如  a=( 3,5,2,1,4 )
        print( sorted ( a ))
        输出[1, 2, 3, 4, 5]
```

sorted()函数有 3 个参数，其中 iterable 参数是要排序的对象，key 参数可以自定义排序的规则，reverse 参数默认值为 False，表示按升序排列，当 reverse 参数值为 True 时表示按降序排列。

（2）enumerate()函数

enumerate()函数也是内置函数，它的作用是将原序列转换为索引序列，新的序列包含了原来列表中元素的值及其索引。enumerate()函数的具体用法如下。

```
enumerate( 序列 )
    如  m=[ 'a', 'b', 'c', 'c', 'd' ]
        list(enumerate(m))
        输出 [(0, 'a'), (1, 'b'), (2, 'c'), (3, 'c'), (4, 'd')]
```

4. 算法分析

案例算法思路：输入参赛选手的人数并赋值给变量 player_num，再输入每个选手的成绩，添加到列表 scores 中；然后对成绩进行排序，最后取前 6 名输出，其中 i 是循环变量。程序的算法流程图如图 5.1 所示。

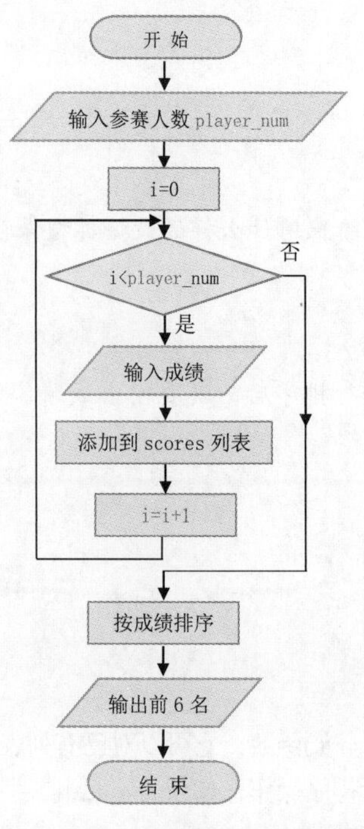

图 5.1　“案例 1　打印获奖名单”算法流程图

1. 编写程序

案例 1 的相关代码如文件“案例 1　打印获奖名单.py”所示。

案例 1　打印获奖名单.py

```
1 from operator import itemgetter  # 调用 itemgetter 函数
2 player_num = int(input('共有多少名参赛者？'))
3 scores = []
4 for i in range(player_num):
5     s = float(input('请输入第{}号选手成绩：'.format(i + 1)))
6     scores.append(s)                  # 存储选手成绩至 scores 列表
7 print('=====================')
8 enum_scores = enumerate(scores) # 将 scores 变为索引序列
9 sortedscore = sorted(enum_scores, key=itemgetter(1),
10 reverse=True)                     # 将序列按照投掷距离排序
11 print('前6名运动员依次是：')
12 for i in range(6):
13     print('第{}名：{}号选手成绩是{}。'.format(i + 1,
14     sortedscore[i][0] + 1, sortedscore[i][1]))
```

2. 测试程序

运行程序，输入 7 名选手的成绩，查看程序运行的结果，如图 5.2 所示。

```
共有多少名参赛者？7
请输入第1号选手成绩：5.8
请输入第2号选手成绩：7.7
请输入第3号选手成绩：4.5
请输入第4号选手成绩：9.6
请输入第5号选手成绩：8.6
请输入第6号选手成绩：9.3
请输入第7号选手成绩：6.5
====================
前6名运动员依次是：
第1名：4号选手成绩是9.6。
第2名：6号选手成绩是9.3。
第3名：5号选手成绩是8.6。
第4名：2号选手成绩是7.7。
第5名：7号选手成绩是6.5。
第6名：1号选手成绩是5.8。
>>>
```

图 5.2 “案例 1 打印获奖名单”程序运行结果

3. 优化程序

测试程序时，如果输入的参赛选手数量小于 6，运行程序时就会提示有错误。如下所示，修改程序中第 11 行和第 12 行的代码，当选手数量小于 6 时，打印的人数就修改为参赛人数。

```
 1 from operator import itemgetter
 2 
 3 player_num = int(input('共有多少名参赛者？'))
 4 scores = []
 5 for i in range(player_num):
 6     s = float(input('请输入第{}号选手成绩：'.format(i + 1)))
 7     scores.append(s)
 8 print('======================')
 9 enum_scores = enumerate(scores)
10 sortedscore = sorted(enum_scores, key=itemgetter(1), reverse=True)
11 upper = len(sortedscore) if len(sortedscore) < 6 else 6
12 print('前{}名运动员依次是：'.format(upper))
13 for i in range(upper):
14     print('第{}名：{}号选手成绩是{}。'.format(i + 1,
15     sortedscore[i][0] + 1, sortedscore[i][1]))
```

程序修改部分

程序运行结果：

```
共有多少名参赛者？3
请输入第1号选手成绩：6.5
请输入第2号选手成绩：4.9
请输入第3号选手成绩：7.8
====================
前3名运动员依次是：
第1名：3号选手成绩是7.8。
第2名：1号选手成绩是6.5。
第3名：2号选手成绩是4.9。
>>>
```

1. Python 内置函数

Python 提供了多个不同功能、不同类型的内置函数，主要用来实现数学运算、类型转换、各种序列操作、文件操作等功能。Python 中常用的内置函数如表 5.1 所示。

表 5.1 Python 中常用的内置函数

函数名	功能	示例
abs( )	取绝对值	abs(2) = 2，abs(− 2) = 2
min( )	找出最小的数	min(4,8,12,5,16)=4
max( )	找出最大的数	max(3,7,4,2,11)=11
int( )	取整数或转换为整数	int( )=0 , int(4.8)=4，int('4')=4
ord( )	返回字符对应的 ASCII 码	ord(A)=65, ord('*')=42
list( )	将元组转换成列表	t=(2,9,4), list(t)=[2,9,4]

2. operator 模块

operator 模块又称运算符模块，它是 Python 标准库中众多模块之一，它主要提供了一些实现加减乘除运算、逻辑运算、关系运算等操作的函数。在使用 operator 模块中的函数前，需要用 import operator 语句导入 operator 模块。operator 模块中常用的函数如表 5.2 所示。

表 5.2 operator 模块中常用的函数

函数	功能	示例
add( )	加	add(3,5)=8
mul( )	乘	mul(3,5)=15
mod( )	取模	mod(3,5)=3
neg( )	取负	neg(3)= −3, neg(−3)= 3
lt( )	小于	lt(3,5)=True
ge( )	大于等于	ge(3,5)= False

3. itemgetter( )函数

operator 模块中的 itemgetter( )函数用来获取对象指定位置的数据。如图 5.3 所示，使用 sorted( )函数对 a 列表进行排序时，按照自定义的规则（key=itemgetter(1)）实现，即按列表 a 中每个元素的第 1 个（从 0 开始）位置上的字母顺序进行排序。

```
from operator import itemgetter
a=[(0,'e'),(1,'b'),(2,'d'),(3,'c'),(4,'a')]
b=sorted(a,key=itemgetter(1))
print('排序后的结果为：',b)
```

程序运行结果：[(4, 'a'), (1, 'b'), (3, 'c'), (2, 'd'), (0, 'e')]

图 5.3 itemgetter( )函数应用举例

1. 阅读程序，写出程序运行结果。

```
（1）int(3.7)            ____________
（2）float(23)           ____________
（3）abs(0)              ____________
（4）min(4,2,8,1,–9)     ____________
```

2. 完善程序，并写出程序运行结果。

请在横线处填写合适的代码，输入两个数字，求出它们的最大因数。

```
a = ________(input('请输入第一个数：'))
b = ________(input('请输入第二个数：'))
for i in range(a, 0, –1):
    if a % i == 0 and __________ :
        print('最大公因数是：', i)
        break
```

输入数字 44 和 32，程序运行结果：____________

3. 编写程序，求出图 5.4 中阴影的面积。

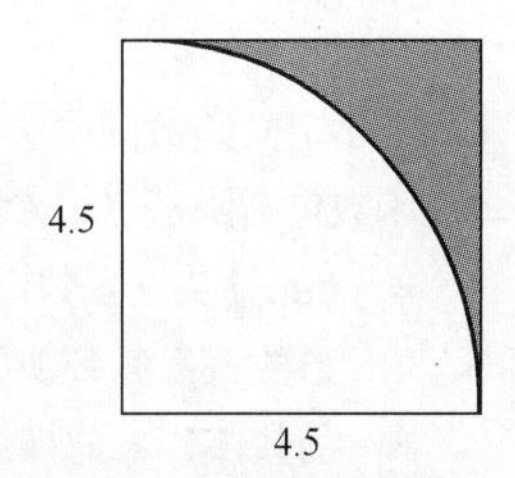

图 5.4 求阴影面积

5.1.2 定义函数

在 Python 中，可以根据需要将某个特定功能的代码块提取出来，定义成函数，以便将来在程序中调用。定义函数不仅解决了代码重复的问题，还使得代码清晰、易读、易修改。

案例 2 求圆柱体的表面积和体积

在学习数学几何知识时，已知圆柱体的底面半径和高，就能求出圆柱体的表面积和体积。如果能定义一个函数，设置函数的参数为圆柱体的底面半径和高，当用户输入任意底面半径和高时，通过函数就能自动返回要求的结果。

1. 理解题意

已知圆柱体的底面半径和高，求圆柱体的表面积和体积。因为求表面积和体积的公式是固定不变的，可以将其定义成一个函数，重复调用。

2. 问题思考

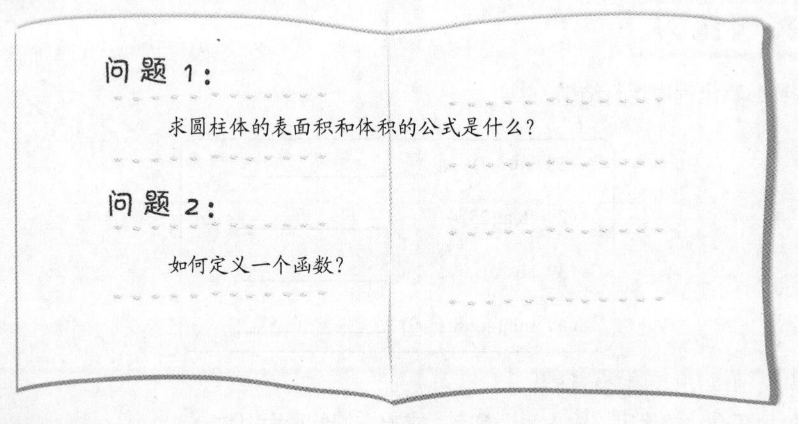

3. 知识准备

（1）定义函数的方法

在 Python 程序中，使用函数之前必须定义。定义函数的语法格式如下。

```
def 函数名(参数):
    函数体
    return 返回值
```

说明：定义函数时，可以没有参数和返回值，但是函数名后面必须有小括号和冒号。

（2）定义函数的语法规则

函数包括函数名、参数、函数体和返回值几部分，它在定义时要遵循一定的语法规则。

※ **def 开头**：函数以 def 保留字开头，后面紧跟着函数名、小括号和冒号。

※ **参数**：参数必须放在小括号内，可以是一个参数，也可以是多个参数，参数之间用逗号隔开。

※ **函数体**：函数被调用时要运行的代码。

※ **返回值**：函数执行结束时，一般会返回一个值，可以是任意一种类型的数据，也可以是表达式。如果没有返回值，默认返回 None。

4. 算法分析

根据题意，先定义两个函数，用来求取圆柱体的表面积和体积。然后在主程序中调用两个函数，输入底面半径和高，打印出结果，其算法流程图如图 5.5 所示。

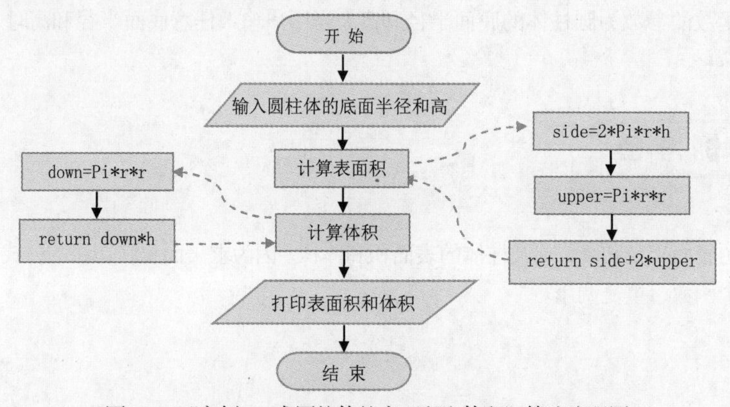

图 5.5 “案例 2 求圆柱体的表面积和体积”算法流程图

1. 编写程序

案例 2 的相关代码如文件“案例 2　求圆柱体的表面积和体积.py”所示。

案例 2　求圆柱体的表面积和体积.py

```
1 Pi=3.1415
2 def SurfaceArea(r, h):              # 定义求圆柱体表面积的函数
3     side=2*Pi*r*h
4     upper=Pi*r*r
5     return side+2*upper             # 返回表面积的值
6 def Volume(r,h):                    # 定义求圆柱体体积的函数
7     down=Pi*r*r
8     return down*h                   # 返回体积的值
9
10 r=float(input('请输入圆柱体的底面半径：'))
11 h=float(input('请输入圆柱体的高：'))
12 s=SurfaceArea(r,h)                 # 调用 SurfaceArea() 函数求表面积
13 v=Volume(r,h)                      # 调用 Volume() 函数求体积
14 print('此圆柱体的表面积为{}，体积为{}。'.format(s,v))
```

2. 测试程序

运行程序，输入测试数据（底面半径为 4.5，高为 12），查看程序运行的结果，如图 5.6 所示。

```
请输入圆柱体的底面半径：4.5
请输入圆柱体的高：12
此圆柱体的表面积为466.51275000000004，体积为763.3845000000001。
>>>
```

图 5.6　“案例 2　求圆柱体的表面积和体积”程序运行结果

3. 优化程序

程序输出数据时，可以看到表面积和体积的小数位数过多，影响阅读。因此，可以修改函数，限定四舍五入时的小数位数，程序修改如下。

```
Pi=3.1415
prec=2                                    # 全局变量小数位数 prec 为 2
def SurfaceArea(r, h, precision=prec):    # 增加一个小数位数参数
    side=2*Pi*r*h
    upper=Pi*r*r
    return round(side+2*upper,precision)  # round()函数按照指定位数四舍五入
def Volume(r,h,precision=prec):
    down=Pi*r*r
    return round(down*h,precision)        # 利用 round()函数四舍五入

r=float(input('请输入圆柱体的底面半径：'))
h=float(input('请输入圆柱体的高：'))
s=SurfaceArea(r,h)
v=Volume(r,h)
print('此圆柱体的表面积为{}，体积为{}。'.format(s,v))
```

程序运行结果：

```
请输入圆柱体的底面半径：4.5
请输入圆柱体的高：12
此圆柱体的表面积为466.51，体积为763.38。
>>>
```

1. 形式参数与实际参数

在 Python 中，参数是函数的重要组成部分。如图 5.7 所示，函数参数分为形式参数和实际参数，简称形参和实参。在定义函数时，小括号中的参数都是形参。在主程序中调用函数时，代入的参数是实参。

```
def Volume(r, h): ——— 形参
    down=Pi*r*r
    return round(down*h,precision)

v=Volume(4.5, 12) ——— 实参
```

图 5.7 形参与实参

2. 必须参数与默认参数

如图 5.8 所示，必须参数是调用函数时必须传入的参数，而且在调用函数时，参数的数量和顺序要和定义时一致。而默认参数是在定义函数时给参数添加一个默认值，调用函数时默认参数可以不传入任何值，此时函数就会使用参数的默认值，但是要注意默认参数在定义时必须放在最后。

3. round( )函数

如图 5.9 所示，在 Python 中，round( )函数的作用是对浮点数取近似值，同时还可以设定保留几位小数。

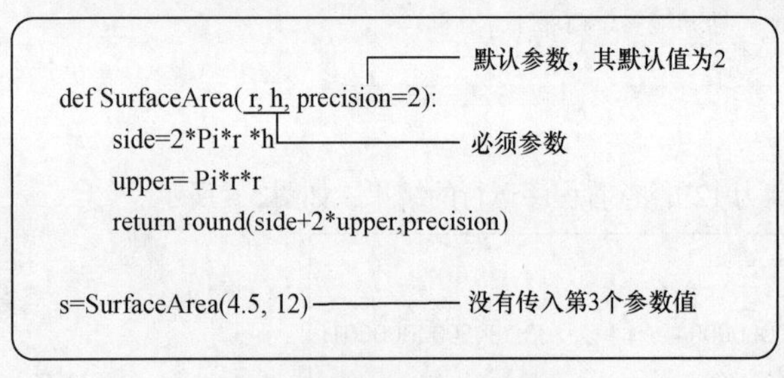

图 5.8 必须参数与默认参数

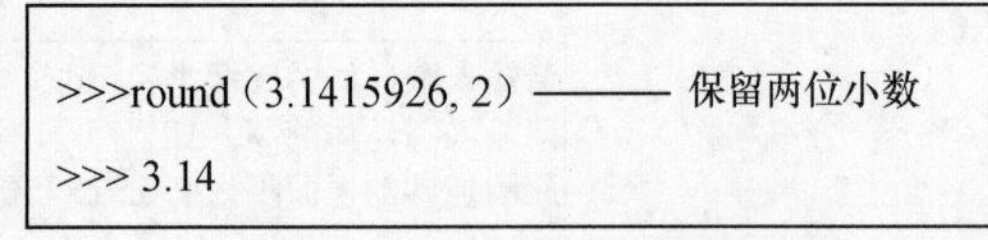

图 5.9 round( )函数的使用方法

1. 阅读程序，写出程序运行结果，并上机验证。

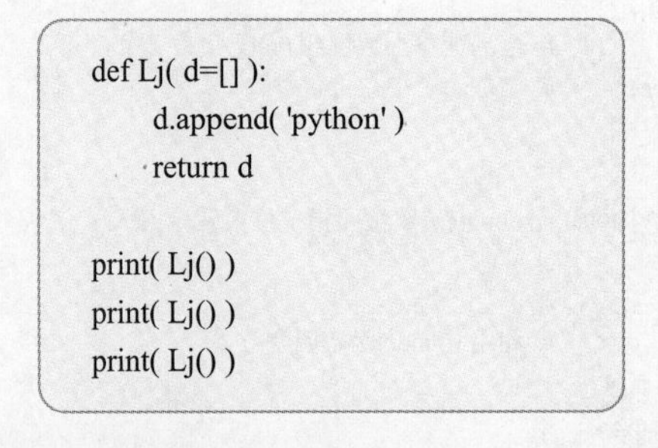

程序运行结果：

____

____

____

2. 完善程序，写出程序运行结果。

输入一个十进制正整数，求出其各数位上数字的平方和。请在横线处填写合适的代码，完成程序的编写，写出程序运行结果，并上机验证。

```
def Pfh(n):
    s = 0
    for item in str(n):
        s += int(item) ____________
    return ____________

n=input('请输入一个正整数：')
print(Pfh(n))
```

输入数字 15，则程序运行结果：____________

输入数字 100，则程序运行结果：____________

3. 编写程序，定义一个函数，求字典中值最大的元素。利用定义的函数找出下面 A 组中身高最高的人。

```
A= {'李明': 1.73, '王强': 1.68, '金星': 1.83, '孙国涛': 1.75}
```

5.1.3 调用函数

前面我们学习了如何定义一个函数，函数在定义时并不执行，只有在主程序中才会执行，使用函数的过程就是调用函数。在 Python 程序中，可以直接使用函数名调用指定函数。

案例 3 预防恶意登录

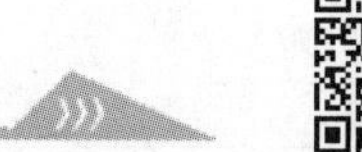

方明给自己的计算机设置了密码“abc@123”，但是他觉得还不够安全。请你帮他设计一个预防恶意登录的程序，如果登录时输入的密码连错 3 次，就会提示账号被冻结。

1. 理解题意

已知正确的密码是“abc@123”，当输入正确的密码时提示登录成功，当输入错误的密码时就会提示输入错误，如果输入的密码连错 3 次，就会提示账号被冻结，退出程序。

2. 问题思考

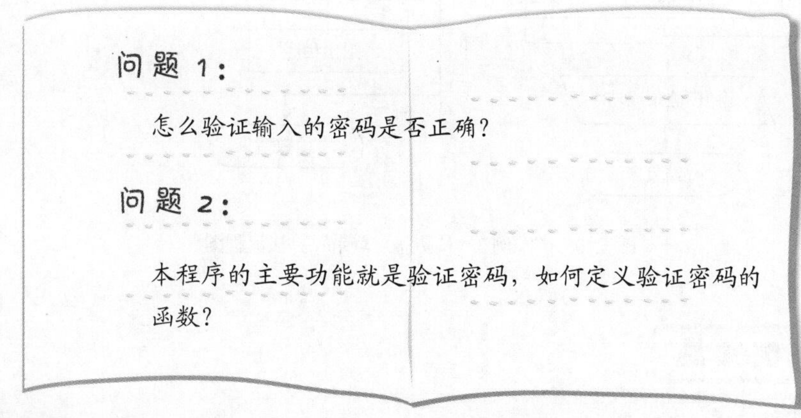

3. 知识准备

（1）变量的作用域

程序中的变量能起作用的范围就是它的作用域。一般情况下，在函数内部声明的变量，它的作用域就限于函数内部，不能在函数外部访问，我们将这样的变量称为局部变量。而定义在函数外部的变量，它的作用域是整个程序，这样的变量称为全局变量。

（2）global 语句

使用 global 语句可以将函数内部的局部变量转变为全局变量，其语法格式如下。

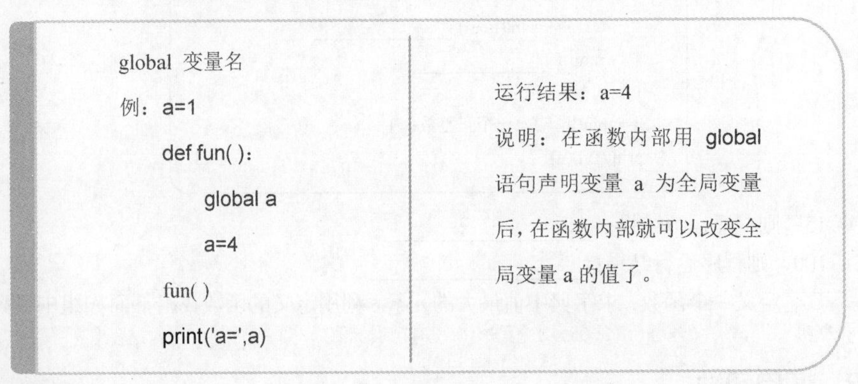

```
global 变量名
例：a=1
    def fun( ):
        global a
        a=4
    fun( )
    print('a=',a)
```

运行结果：a=4

说明：在函数内部用 global 语句声明变量 a 为全局变量后，在函数内部就可以改变全局变量 a 的值了。

4．算法分析

根据题意，先定义验证密码是否正确的函数，然后在主程序中调用该函数。当输入正确的密码时，提示登录成功；若输入错误的密码 3 次，则冻结账号，不能再登录。其算法流程图如图 5.10 所示。

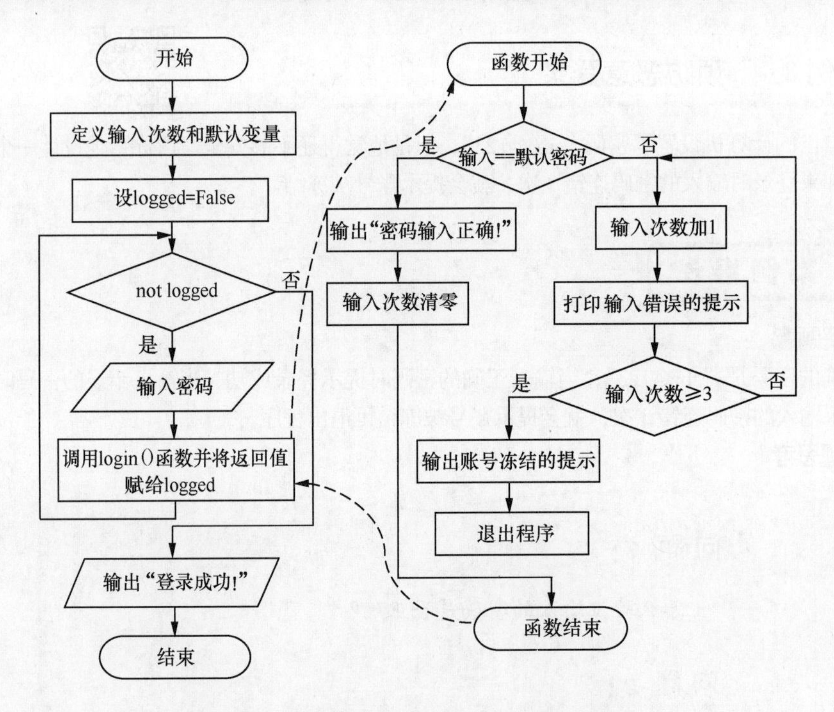

图 5.10　“案例 3　预防恶意登录”算法流程图

1．编写程序

案例 3 的相关代码如文件“案例 3　预防恶意登录.py”所示。

案例 3　预防恶意登录.py

```
1  import sys                              # 导入 sys 模块
2  global_times = 0
3  global_pswd= 'abc@123'                  # 登录密码
4  def login(pswd, saved_pswd):
5      global  global_times                # 声明 global_times 为全局变量
6      if pswd == saved_pswd:
7          print('密码输入正确！ ')
8          global_times = 0                # 如果输入的密码正确，则返回 true
9          return True
10     else:
11         global_times = global_times + 1  # 输入错误，global_times 加 1
12         print('密码输入第{}次错误！ '.format(global_times))
13         if global_times >= 3:
14             print('错误输入超过3次，账号已被冻结！ ')
15             sys.exit()                  # 退出程序
16         else:
17             return False
18 logged=False
19 while(not logged):
20     inputpsw = input('请输入密码：')
21     logged=login(inputpsw, global_pswd) # 调用 login()函数判断密码是否正确
22 print('*****登录成功！*****')
```

2. 测试程序

运行程序，第 1 次输入正确的密码“abc@123”，再连续 3 次输入错误的密码，查看程序运行的结果，如图 5.11 所示。

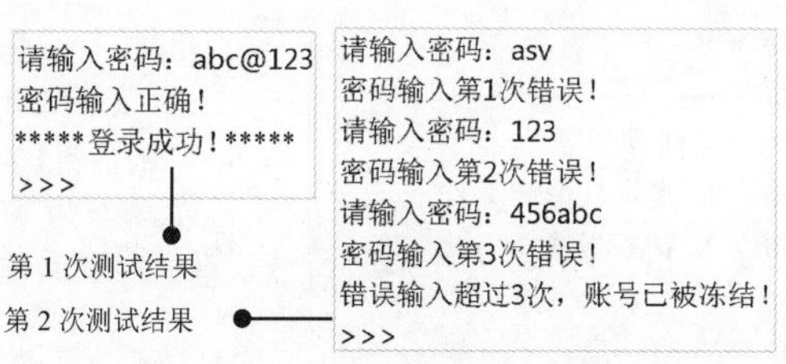

图 5.11　“案例 3　预防恶意登录”程序运行结果

3. 优化程序

在很多情况下为了防止密码被破解，在存储时都会对密码进行加密，如下所示，对原程序稍加修改就可以实现加密效果。

```
import sys,hashlib                        # 导入 hashlib 字符加密模块
global_times = 0
def encrypt(password):                    # 定义加密函数
    encode = password.encode(encoding='UTF-8')
    return hashlib.md5(encode).hexdigest()
def login(pswd, saved_pswd):              # 原来的 login()函数不改变
    ……
e_pswd= encrypt('abc@123')                # 将现有的密码加密
logged=False
while(not logged):
    inputpsw = input('请输入密码：')
    logged=login(encrypt(inputpsw), e_pswd)
print('*****登录成功！ *****')
```

1. 函数有返回值

在 Python 中，调用函数可以完成指定的功能，如求值计算，需要使用 return 语句返回求值的结果，这个结果就是返回值，如图 5.12 所示。返回值可以是数字、字符串、列表等，也可以是一个表达式。

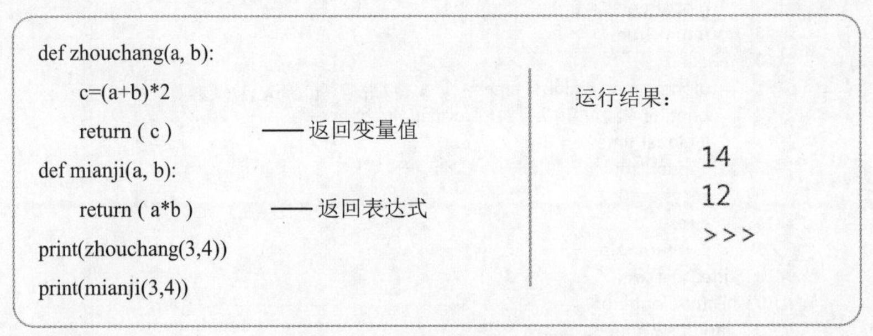

图 5.12　函数有返回值示例

2. 函数无返回值

有时候函数也可以没有返回值，如图 5.13 所示，它可以是一组打印操作。当没有任何返回值的时候，会返回一个空值 None。

```
def printline( ):
    print('------------------------- ')
    print('------甜品蛋糕------- ')
    print('    1. 黑森林蛋糕    ')
    print('    2. 抹茶蛋糕      ')
    return
printline()
```

运行结果：

```
-------------------------
------甜品蛋糕-------
  1. 黑森林蛋糕
  2. 抹茶蛋糕
>>>
```

图 5.13　函数无返回值示例

1. 阅读程序，写出程序运行结果，并上机验证。

```
def   change( a,b ):
    t = a
    a = b
    b = t
a=input('请输入 a:')
b=input('请输入 b:')
change( a, b )
print('a=',a,'b=', b )
```

输入 a 和 b 的值分别为 3 和 5，程序运行结果：________________

2. 编写程序，利用函数计算 1~n 的整数和。

5.2 模块

在 Python 中，程序可以通过调用函数来实现某个特定的功能，如果有多个程序都需要用到同一个或同一系列函数，则可以将这些函数存储在一个独立的文件（模块）里，以供其他程序导入使用。Python 提供了很多内置的模块，如前面使用过的 operator 模块，当然也可以自定义并封装一个模块。

5.2.1 导入模块

Python 系统中内置了很多模块，如 random、sys、time、math 等，每个模块里都包含了多个定义好的函数和相关变量，编写程序时如想要调用其中某个函数，需要先导入这个模块。

案例 4　随机抽奖游戏

学校举办元旦联欢会，为了鼓励同学们积极参与，特设定了随机抽奖游戏，只要是表演节目或参加游戏的同学，就可以得到一次抽奖机会，且百分百中奖。因此，特别请了计算机系的李小华同学编写这样一个随机抽奖游戏程序。

1. 理解题意

随机抽奖游戏设定了一、二、三等奖，其中一等奖中奖率是10%，二等奖中奖率是20%，三等奖中奖率是 70%。运行程序，当按下回车键时，开始抽奖；当输入 q 或 Q 时退出程序。

2. 问题思考

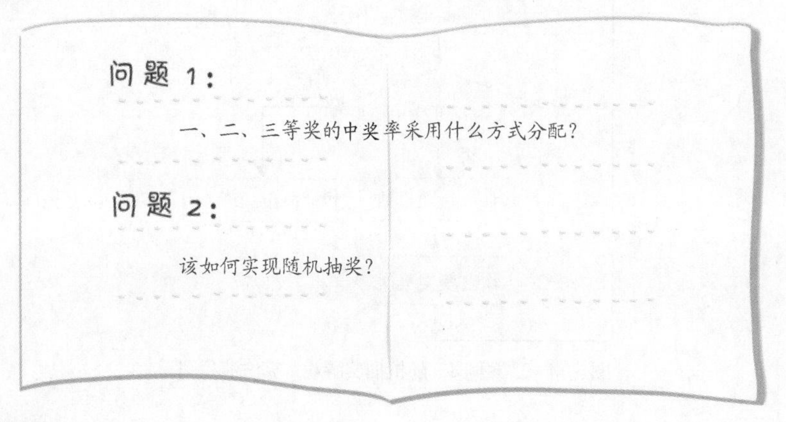

3. 知识准备

（1）导入整个模块

Python 中的模块是一个以“.py”为扩展名的独立文件，它的导入方法有多种，其中一种就是将整个模块文件导入程序中，然后再从其中调用需要的某个函数。具体导入方法如下。

```
import 模块名
模块名.函数名()
    如  import time                                # 导入时间模块
        print( time.strftime ('%Y-%m-%d'))         # 按照指定的年月日格式打印
    输出： 2020-05-05
```

当上述程序运行时，首先导入 time 时间模块，即打开 time.py 文件，程序中的 print(time.strftime('%Y-%m-%d')) 语句调用了获取时间函数 strftime( )。调用时用了模块名 time 和函数名 strftime，中间用点号“.”分隔。

（2）random( )函数

random( )函数的作用是随机生成一个大于等于 0、小于 1 的实数，它的用法如下。

```
import  random
random.random( )
    如 import  random
        print(random.random( ))
    运行结果：0.1124064801518655
```

4．算法分析

案例算法思路：首先定义字典 chance，确定一、二、三等奖的获奖范围，然后由随机函数随机生成一个实数，再由定义好的函数 lottery( )判断生成的实数所处的范围，从而确定是几等奖。算法流程图如图 5.14 所示。

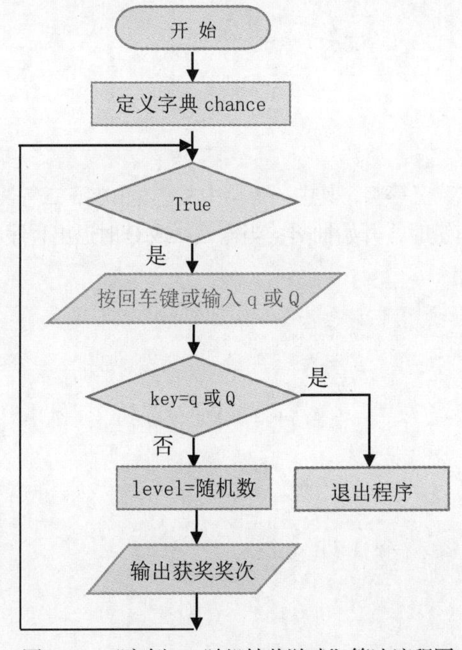

图 5.14 “案例 4 随机抽奖游戏”算法流程图

1．编写程序

案例 4 的相关代码如文件“案例 4 随机抽奖游戏.py”所示。

案例 4　随机抽奖游戏.py

```
1  import random,sys              # 调用随机模块和 sys 模块
2  def lottery(lev):
3      for k, v in chance.items():
4          if v[0] <= lev < v[1]:  # 判断生成的随机数所在的范围
5              return k            # 返回所在范围对应的键值，也就是奖次
6
7  chance = {'一等奖': (0, 0.1),  # 在[0,0.1]范围内的数为一等奖
8            '二等奖': (0.1, 0.3),
9            '三等奖': (0.3, 1.0)}
10 while(True):
11     key=input('按回车键抽奖（Q退出）')
12     if key=='Q' or key=='q':
13         sys.exit()              # 输入 Q 或 q 时调用 exit()函数退出程序
14     level = random.random()     # 按下回车键时，生成一个随机数
15     print('您本次中奖为：', lottery(level))  # 调用 lottery()函数
```

2. 测试程序

第一次运行程序，查看程序运行的结果，如图 5.15 所示。

```
按回车键抽奖（Q退出）
您本次中奖为： 三等奖
按回车键抽奖（Q退出）q
>>>
```

图 5.15　“案例 4　随机抽奖游戏”程序运行结果

3. 优化程序

导入模块后，每次调用模块内的函数时，都需要在函数前面加上模块名称，输入代码时会比较烦琐，可以在此基础上进行优化。优化后的程序如图 5.16 所示。

```
1  from random import random
2  from sys import exit
3  def lottery(num):
4      for k, v in chance.items():
5          if v[0] <= num < v[1]:
6              return k
7  chance = {'一等奖': (0, 0.1),
8            '二等奖': (0.1, 0.3),
9            '三等奖': (0.3, 1.0)}
10 while(True):
11     key=input('按回车键抽奖（Q退出）')
12     if key=='Q' or key=='q':
13         exit()
14     num = random()
15     print('您本次中奖为：', lottery(num))
```

程序修改部分，直接导入模块中指定的函数

直接调用函数，前面不用加模块名

图 5.16　“案例 4　随机抽奖游戏”优化程序

1. from...import 导入模块中指定的函数

在 Python 中，除了可以导入整个模块，还可以使用 from...import 语句导入模块中的一个或多个指定函数。在图 5.16 所示的程序中，使用了 from random import random 语句，导入了 random 模块中的 random( )函数，在调用 random( )函数时可以不用在函数名前加上模块名，语句直接写为 num=random( )。

2. sys 模块

sys 模块是 Python 中常用的模块，它提供了许多用于操作 Python 运行环境的函数和变量，其常用函数如表 5.3 所示。

表 5.3 sys 模块常用函数

函数	功能
sys.argv	获取正在执行的命令行参数的参数列表
sys.exit(0)	表示退出程序
sys. maxsize	获取最大的 int 值
sys.platform	返回操作系统的名称

3. random 模块

random 模块在程序中也常用，它可以生成随机浮点数、整数、字符串等，其常用函数如表 5.4 所示。

表 5.4 random 模块常用函数

函数	功能
random.random( )	随机生成一个浮点数
random.uniform( )	在指定范围内随机生成一个浮点数
random.randint( )	在指定范围内随机生成一个整数
random.choice( )	从任意一个序列里随机选取一个元素返回
random.shuffle( )	将一个序列中的元素随机打乱

1. 阅读程序，请将语句与其可能的运行结果用直线连起来。

```
import random

print(random. random( ))              ●        ●  t

print(random.uniform(1, 10))          ●        ●  2.8900927642674743

print(random. randint( 1,10))         ●        ●  1

print(random.choice('python'))        ●        ●  0.06019936962310013
```

2. 编写一个猜数游戏的程序。计算机随机生成一个 1~10 之间的整数 a，用户通过键盘输入所猜想的数字，如果大于 a 就显示“大了!”，如果小于 a 就显示“小了!”，直到猜中为止。猜中后显示：“经过 n 次，你终于猜中了，恭喜你!”

5.2.2 封装模块

当家里的玩具越来越多的时候，我们就会用收纳箱把它们分类整理存放。模块的封装就是这样。当我们的程序越来越长，代码越来越多的时候，我们会把一些常用的函数、方法等代码块集中保存在一个扩展名为 py 的文件中，封装成模块，这样就可以被其他程序调用。

案例 5 常见形状的面积计算

在编写数学相关的程序时，经常会遇到各种形状的面积计算问题。你能不能编写一个模块文件，其中包含便于其他程序调用的各种形状（如三角形、矩形、圆形、梯形等）的面积计算函数?

1. 理解题意

本案例要求编写一个模块文件，其中包含求三角形、矩形、圆形、梯形面积的函数。另外，再写一个程序来调用模块内的函数。

2. 问题思考

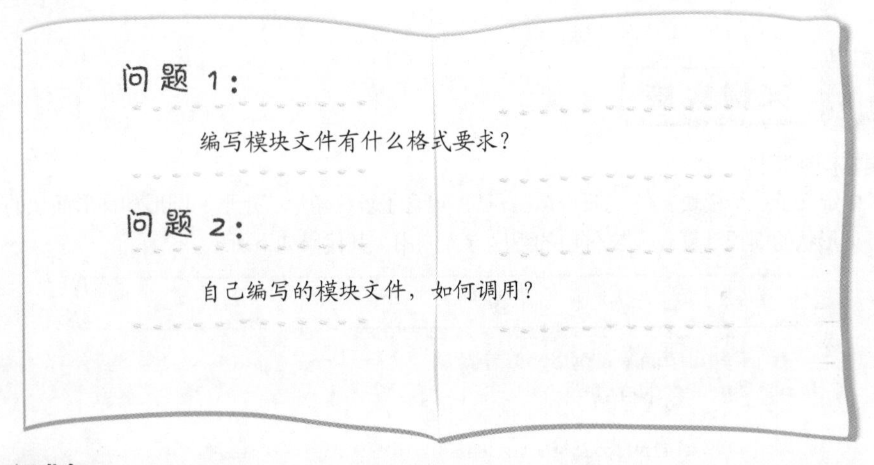

3. 知识准备

（1）封装模块

封装模块其实就是将多个函数封装在一个扩展名为“.py”的文件中，模块的名称就是文件的名字。在编写其他程序时可以使用 import 语句导入自定义模块，导入的方法和导入标准库模块一样。

（2）模块文件中的注释

如下所示，模块文件中定义了一个打印分隔符的函数，供其他文件调用。在定义模块的时候，一般会在模块文件最前面加上几行注释，前面两行是标准注释。例如在下面的模块文件中，第 1 行注释表示当前定义的模块可以直接在 Unix/Linux/Mac 上运行，第 2 行注释表示当前文件使用 UTF-8 编码。

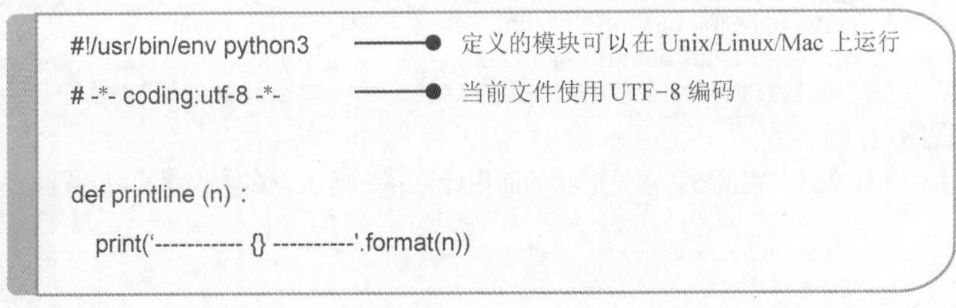

```
#!/usr/bin/env python3          ——● 定义的模块可以在 Unix/Linux/Mac 上运行
# -*- coding:utf-8 -*-          ——● 当前文件使用 UTF-8 编码


def printline (n) :
    print('----------- {} ----------'.format(n))
```

4. 算法分析

本案例主要应用的是模块的封装，在模块文件中定义了4种几何图形的面积计算函数。主程序计算了三角形、矩形、圆形、梯形的面积，其算法流程图如图5.17所示。

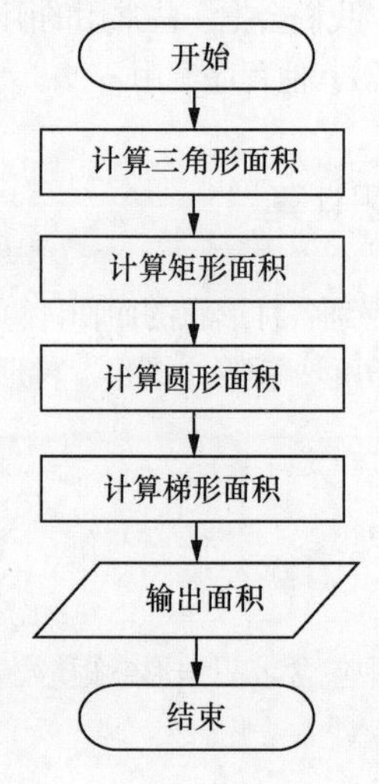

图5.17 “案例5 常见形状的面积计算”算法流程图

1. 编写模块文件

案例5中定义了一个模块文件“shapeArea.py”，包含了求三角形、矩形、圆形和梯形面积的4个函数，可以被“常见形状的面积计算.py”文件中的程序导入调用，其代码如下所示。

案例5 自定义模块文件 shapeArea.py

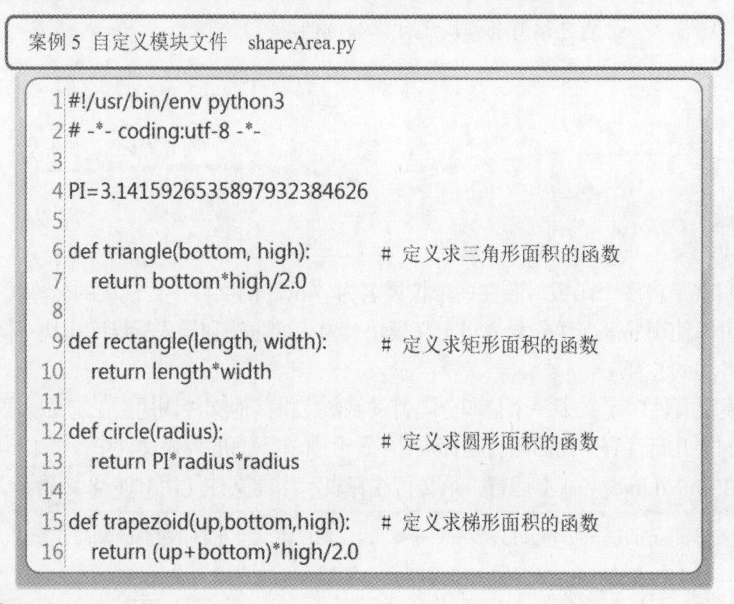

```
1 #!/usr/bin/env python3
2 # -*- coding:utf-8 -*-
3
4 PI=3.14159265358979323846 26
5
6 def triangle(bottom, high):          # 定义求三角形面积的函数
7     return bottom*high/2.0
8
9 def rectangle(length, width):        # 定义求矩形面积的函数
10    return length*width
11
12 def circle(radius):                  # 定义求圆形面积的函数
13    return PI*radius*radius
14
15 def trapezoid(up,bottom,high):       # 定义求梯形面积的函数
16    return (up+bottom)*high/2.0
```

2. 编写程序

案例5的主程序如文件“案例5 常见形状的面积计算.py”所示。在主程序的第一行导入了自定义模块shapeArea。

案例5 常见形状的面积计算.py

```
1 import shapeArea                                    # 导入自定义模块 shapeArea
2
3 bottom=2
4 high=3
5 s=shapeArea.triangle(bottom,high)                   # 调用求三角形面积的函数
6 print('底边{}高{}的三角形的面积是{}。'.format(bottom,high,s))
7
8 a=3
9 b=4
10 s=shapeArea.rectangle(a, b)                        # 调用求矩形面积的函数
11 print('长{}宽{}的矩形的面积是{}。'.format(a,b,s))
12
13 r=5
14 s=shapeArea.circle(radius=r)                       # 调用求圆形面积的函数
15 print('半径为{}的圆的面积是{:.2f}。'.format(r,s))
16
17 u=4
18 b=6
19 h=2
20 s=shapeArea.trapezoid(bottom=b,high=h,up=u)# 调用梯形面积函数
21 print('下底为{}上底为{}高为{}的梯形的面积是{}。'.format(b,u,h,s))
```

3. 测试程序

运行程序，查看程序运行的结果，如图 5.18 所示。

```
底边2高3的三角形的面积是3.0。
长3宽4的矩形的面积是12。
半径为5的圆的面积是78.54。
下底为6上底为4高为2的梯形的面积是10.0。
>>>
```

图 5.18 “案例 5 常见形状的面积计算”程序运行结果

1. 模块的分类

Python 的模块通常有三种。第一种是系统自带的模块。Python 系统内置了 200 多个模块，这些内置的模块统称为标准库。第二种是第三方模块。Python 中还有大量的第三方模块，如 Pillow（图像处理模块）、requests（处理网络资源的模块）等，使用他人写好的模块，可以省去自己编写的麻烦，极大地提高了程序开发效率。第三种是自定义模块，也就是用户自己写的模块。自定义模块文件在使用时一般和主程序文件放在同一位置，这样在调用时就不用指明模块文件的所在路径了。

2. 模块文件名

模块文件的扩展名是“.py”，主程序导入模块时需引用模块文件名。模块文件名只能由字母、数字和下划线组成，而且不能与 Python 保留字同名，也不能和系统内置的模块名重复。

1. 阅读程序，写出程序运行结果。

自定义模块文件 compute.py

```
#!/usr/bin/env python3
# -*- coding:utf-8 -*-

def add3(a,b,c):
    print('a+b+c=', a+b+c)

def mul3(a,b,c):
    print('a*b*c=', a*b*c)
```

主程序 jisuan.py

```
import compute

compute.add3(5,4,3)
compute.mul3(5,4,3)
```

程序运行结果：________________________

____

2. 编写程序。

三角形的三条边是 a，b，c（a，b，c 三条边的值均大于 0），若 $a^2+b^2=c^2$，则它是以 c 为斜边的直角三角形。请你编写一个模块文件，用上述方法判断该三角形是否为直角三角形，并在主程序中导入此模块，输入三角形三条边的值，打印出判断结果。

第6章

Python 文件操作

在通过编写程序解决问题时，一般面对的问题是多样的，有些是关于计算的，有些则需要实现分析统计的功能才能解决。对于一些需要处理大量数据才能解决的问题，为了方便快速读取和保存信息，可以采用文件操作的方式，直接从文档中获取内容，处理结果可以直接被保存到文档中。

Python 提供了很多文件读取和写入的方式，本章将重点学习如何从文本文档中获取文本信息，以及如何将文本信息保存到文档中。

学习目标

★ 掌握 Python 中文件打开和关闭的方法
★ 掌握 Python 中文件内容的读取方式
★ 掌握如何从文件中查询信息
★ 掌握如何修改并保存文件
★ 掌握如何复制并保存文件

6.1 文件读入

在前文中，编程处理的问题大都是在运行程序后，通过输入数据进行处理。当遇到输入内容较多时较为麻烦，此时可以采用文件读入的方式，即将文件中的数据等内容读入程序中。文件读入包括打开文件和读取文件两步操作。

6.1.1 打开文件

在程序中，要读取外界文件中的文本内容，需要先获得读取的权限，即打开文件。此处的“打开文件”是指：根据程序指令，系统自动打开文件通道，并不是指使用者手动打开文件。

案例 1 词语统计

“之乎者也都不识，如今嗟叹始悲吟。”“之”“乎”“者”“也”为文言文中常用的四个语气助词。例如，唐代杰出文学家韩愈的文章《师说》：“人非生而知之者，孰能无惑？”你能编写程序，统计《师说》一文中“之”“乎”“者”“也”四个字出现的次数吗？

1. 理解题意

文章《师说》的全文内容存储在“师说.txt”文件中，需要编写程序读取文件中的内容，然后分别统计“之”“乎”“者”“也”四个字出现的次数，最后输出结果。

2. 问题思考

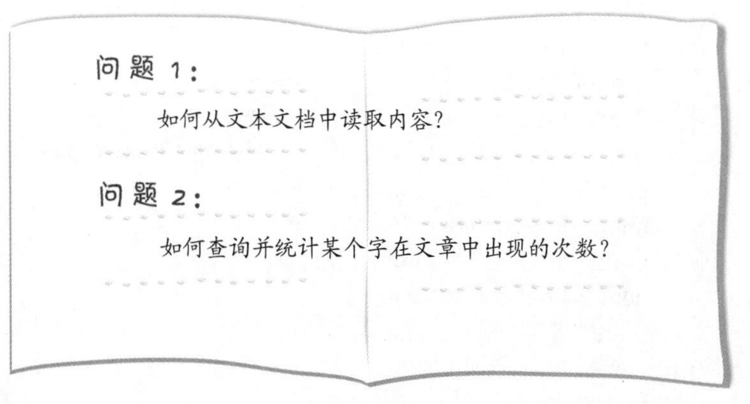

3. 知识准备

（1）打开文件

从外界读取指定文件内容时，首先需要在程序中通过调用打开指定文件的命令打开文件，然后才能获得读取文件内容的权限。打开文件命令的格式如下。

```
open('filename.txt', 'r')  # 打开文件 filename.txt
```

其中 filename.txt 表示要打开的文件名称及文件类型，该文件需要跟源程序在同一个文件夹中，文件类型可以是.txt，也可以是.doc 等；“r”表示打开的文件只有读取权限。

（2）读取文件

用 open()函数打开文件后，需要用到 read()函数读取其中的所有内容，并将其保存到字符串中。

```
f=open('filename.txt', 'r')  # 打开文件 filename.txt
lines=f.read()   # 读取文件 filefname.txt 中的内容，并将其保存到字符串 lines 中
```

（3）关闭文件

文件读取结束后要及时关闭，因为文件会占用系统资源，并且在同一时间内系统能打开的文件数量也是有限的。

```
f=open('filename.txt', 'r')  # 打开文件 filename.txt
......
f.close()   # 关闭已打开的文件 filename.txt
```

4. 算法分析

先使用 open()函数打开文件；再用 read()函数读取文件中的内容并将其保存成字符串；然后用字符串查询函数 count()查询并统计“之”“乎”“者”“也”四个字在字符串中出现的次数；最后输出结果。其算法流程图如图 6.1 所示。

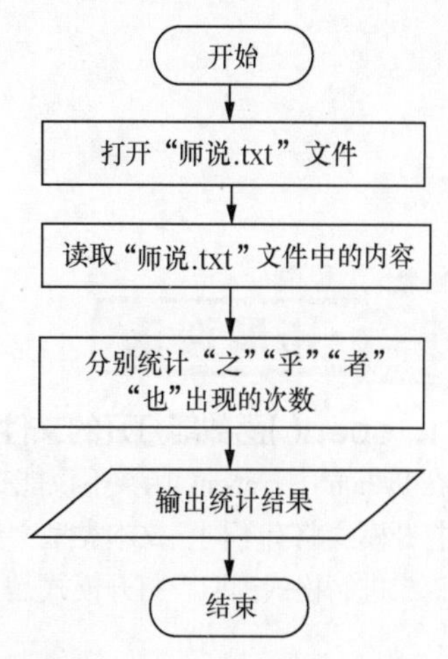

图 6.1 “案例 1 词语统计”算法流程图

1. 编写程序

案例 1 的相关代码如文件“案例 1 词语统计.py”所示。

案例 1 词语统计.py

```
1  filename='师说.txt'
2  f=open(filename,'r')                    # 打开文件
3  lines=f.read()                          # 读取文件
4  num1=lines.count('之')                  # 统计“之”字出现的次数
5  print('"之"字出现了',num1,'次;')        # 输出“之”字出现的次数
6  num1=lines.count('乎')
7  print('"乎"字出现了',num1,'次;')
8  num1=lines.count('者')
9  print('"者"字出现了',num1,'次;')
10 num1=lines.count('也')
11 print('"也"字出现了',num1,'次。')
12 f.close()                               # 关闭文件
```

2. 测试程序

运行程序，查看程序运行的结果，如图 6.2 所示。

```
"之"字出现了 27 次;
"乎"字出现了 7 次;
"者"字出现了 6 次;
"也"字出现了 16 次。
>>>
```

图 6.2 “案例 1 词语统计”程序运行结果

3. 优化程序

文件每次打开使用完后需要及时关闭。文件打开后，有时由于程序出错等各种原因，程序未执行到 close()语句就结束，使打开的文件不能及时关闭，从而增加系统负担。

为规避此问题，Python 引入了 with 语句，该语句可在程序需要的时候自动关闭已打开的文件。如以下程序中的第 3 行，在 open()函数之前加上 with 语句，即可省略后面的 close()函数，使文件自动关闭。

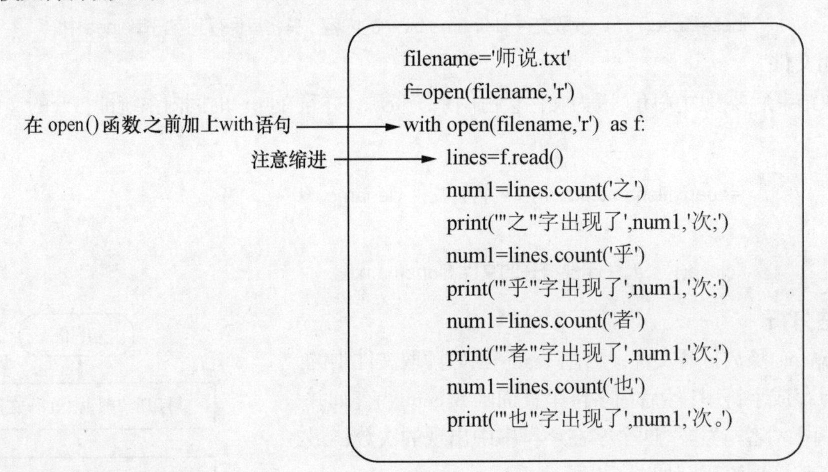

1. open()函数能打开的文件类型

在 Python 中，open()函数不仅能打开文本类型的文件，还可以打开图片、音视频等其他类型的文件。它们的打开模式略有不同，文本类型文件的打开模式是“r”；对于其他类型的文件，如图片、音视频等，它们需要以二进制格式读取，打开模式是“rb”，如 open('test.jpg','rb')，读取出来的也是二进制数据。

2. with 语句

使用 with 语句打开文件，其后面代码的内容均有缩进，说明在 with 语句后面的代码出现异常时，程序会自动返回，及时关闭文件，并进行资源清理等操作。所以，with 语句极大地简化了工作，这对提升代码的优雅性有很大帮助。

1. 圆周率 π 中的前 10000 位数存放在文件 PI.txt 中，查询其中是否包含你出生日期的信息，即假设你的生日是 4 月 12 日，查询 0412 是否包含在文件 PI.txt 中。试编写程序完成查询。

3.14159265358979323846264338327950288419716939937510582097494459230781640628620899862803482534211706798214808651328230664709384460955058223172535940812848111745028410270193 …

2. 有两份相似的文本文件如图 6.3 所示，请编写程序，快速找到两份文件中有几处不同，输出次数。

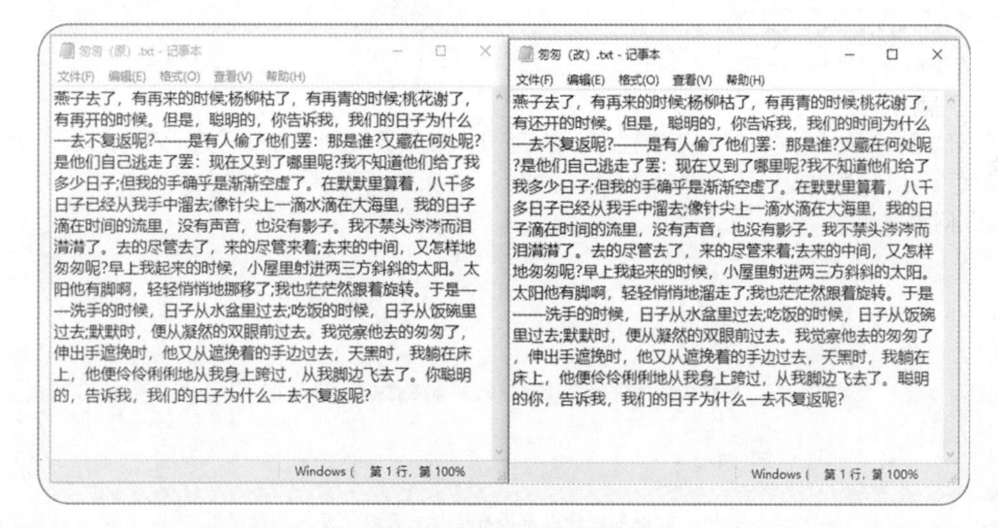

图 6.3　两份相似的文本文件

6.1.2 读取文件

在 Python 中，若需要打开并读取指定文件的内容，可以编写程序打开指定路径（文件在计算机中保存的位置）的文件；读取文件时，可以设置逐行读取内容，或根据需要读取文件的部分内容。

案例 2　体温监控

在流感高发期，学校组织对学生进行一个月的体温监控，学生需要每天记录自己的体温，最终形成“× ×同学体温记录表.txt”文件，将文件以班级为单位上报到学校，如图 6.4 所示。学校现在需要对个别同学的体温数据进行抽查，检测其是否有连续三天以上发热（体温在 36.7 ℃以上视为发热）的情况。以李明同学为例，请编写程序，实现对李明同学的体温数据分析，输出分析结果，即是否有连续三天以上发热的情况，如果有，则输出连续发热的最长天数。

图 6.4 “××同学体温记录表.txt”文件

1. 理解题意

本案例需要对文件中的内容依次进行读取，然后将其转换成数据进行分析，经过一系列比较，统计出是否有连续三天以上发热的情况，并且记录下最长的连续发热天数。

2. 问题思考

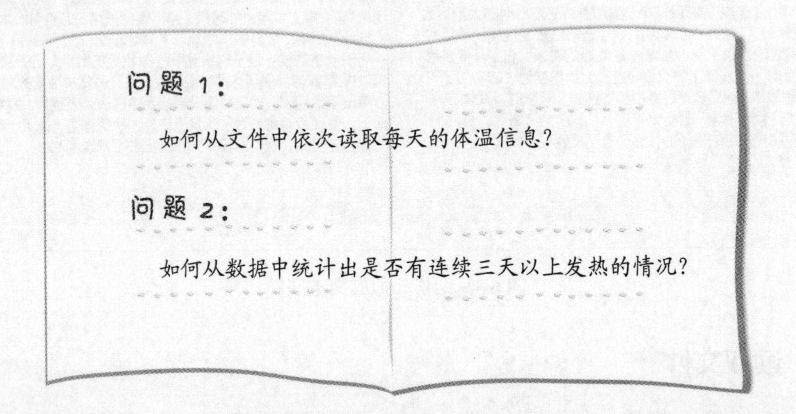

3. 知识准备

在 Python 中，文件打开后，可用 readlines( )函数逐行读取文件内容，读取的结果存储为列表，文件中的每一行内容就是列表中的一个元素。

```
readlines()函数的用法:
with open('filename.txt','r') as f:  # 打开 filename.txt 文件
  list1=f.readlines()                # 逐行读取 filename.txt 文件中的内容
                                     # 并将其保存到列表 list1 中
```

4. 算法分析

根据题意，解决此问题需要先用 open( )函数打开“李明同学体温记录表.txt”文件，再用 readlines( )函数

逐行读取文件中的内容，将体温数据存储到列表中，然后采用 for 循环分析数据，统计出是否有连续 3 个大于 36.7 的数字。算法流程图如图 6.5 所示。

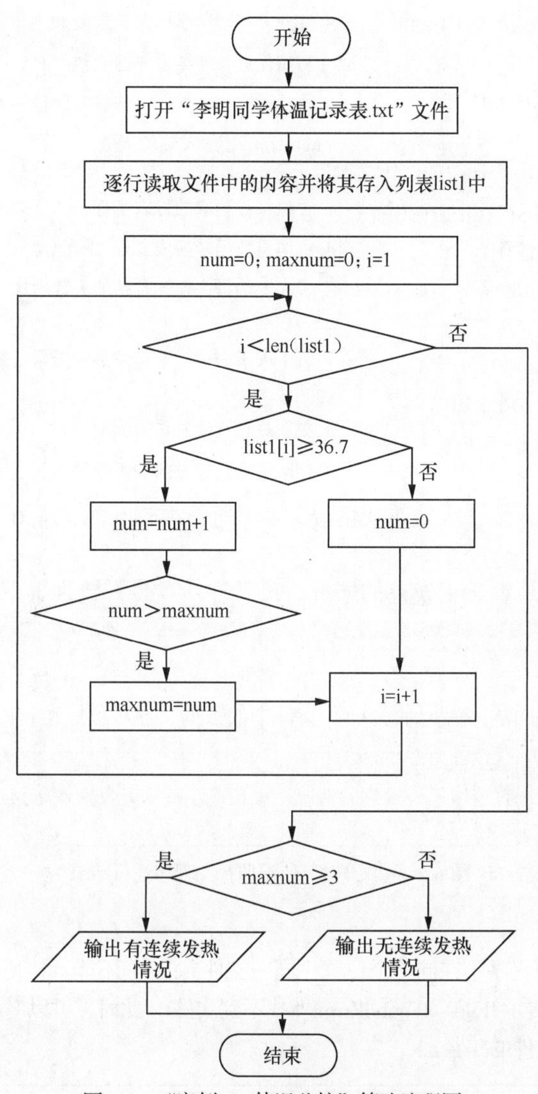

图 6.5 “案例 2 体温监控”算法流程图

1. 编写程序

案例 2 的相关代码如文件“案例 2 体温监控.py”所示。

案例 2 体温监控.py

```
1  filename='李明同学体温记录表 .txt'
2  with open(filename,'r') as f:          # 打开“李明同学体温记录表.txt”文件
3      maxnum=0                           # 初始化最长连续发热的天数
4      list1=f.readlines()                # 逐行读取体温数据，并将其保存到列表 list1 中
5      num=0                              # num 表示连续发热的天数
6      for i in range(1, len(list1)):
7          list1[i] = list1[i].rstrip('\n')   # 去除每行读取的行末换行符
8          if float(list1[i])>36.7:       # 将体温数据转换成 float 型数据，与 36.7 比较
9              num=num+1                  # 若大于 36.7，连续发热的天数增加 1
10         else:
11             num=0                      # 若不大于 36.7，连续发热的天数清零
12         if num>=maxnum:
13             maxnum=num                 # 更新最长连续发热的天数
14     if maxnum<3:                       # 判断最长连续发热的天数是否超过 7 天
15         print('无连续三天发热的情况，最长连续发热天数为:%d天'  % maxnum)
16     else:
17         print('有连续三天发热的情况，最长连续发热天数为:%d天'  % maxnum)
```

2. 测试程序

运行程序，读取“李明同学体温记录表.txt”文件中的数据，显示程序运行的结果，如图 6.6 所示。

```
=======
有连续三天发热的情况，最长连续发热天数为:4天
>>>
```

图 6.6 “案例 2 体温监控”程序运行结果

3. 优化程序

若体温记录表文件与源程序不在同一个位置（同一文件夹内），不能直接使用 open('李明同学体温记录表.txt','r')打开文件，否则会提示"FileNotFoundError: "(找不到文件)，此时，可以对程序进行如下修改，在不移动文件的情况下设定打开文件的路径。

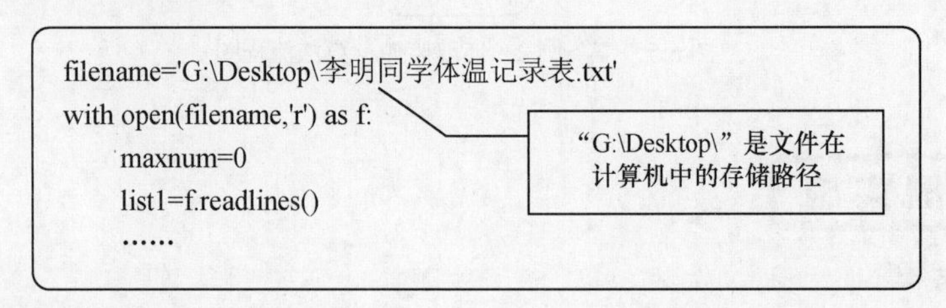

```
filename='G:\Desktop\李明同学体温记录表.txt'
with open(filename,'r') as f:
    maxnum=0
    list1=f.readlines()
    ……
```

1. 读取文件的方式

在 Python 中可根据不同的需要采用不同读取文件的方式，具体方法如表 6.1 所示。

表 6.1 读取文件的方式

函数	用法和作用
read( )	read( )函数每次会读取整个文件，它通常用于将文件内容放到一个字符串中。如果文件大于可用内存，可以添加参数，如 read(3)，意为只读取 3 个字符
readlines( )	readlines( )函数用于逐行读取文本内容，自动将文件内容分析成一个列表
readline( )	readline( )函数每次只读取一行，读取速度通常比 readlines( )函数慢得多。仅当没有足够内存可以一次读取整个文件时，才应该使用 readline( )函数

2. 文件路径

（1）绝对路径

绝对路径是文件在硬盘上真正的路径。例如，C:\xyz\test.txt 代表了 test.txt 文件的绝对路径。

（2）相对路径

相对路径就是指相对于程序文件（.py 文件）的路径，利用相对路径可以直接指定到其父文件夹或子文件夹。如在同一个文件夹内的文件就可以直接打开，不需要指定它的位置。

1. 学校实验楼的 IP 地址比较混乱，很容易发生冲突，技术组用技术手段统计出了实验楼所有终端的 IP 地址，如图 6.7 所示。现在需要在列表中快速找到冲突的地址，请编写程序筛选出来。

2. 编写程序实现：根据图 6.8 所示的图书馆借书记录，统计出三本热门图书（被借次数最多的图书书名）。

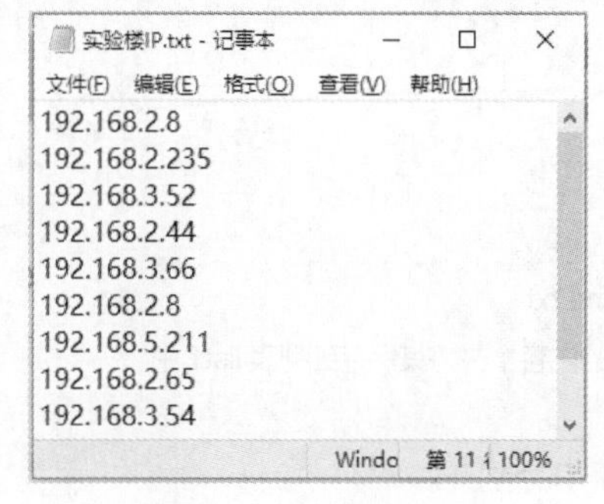

图 6.7 实验楼 IP 地址

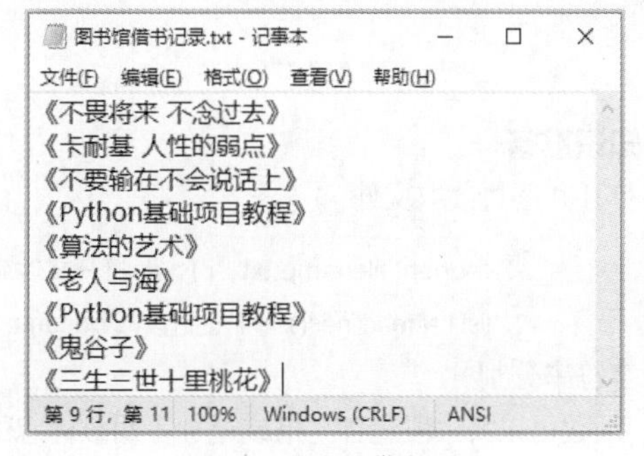

图 6.8 图书馆借书记录

6.2 文件输出

Python 中的文本文件可以直接读取，方便使用。对于输出也一样，若输出的内容较多，也可以用文件的方式直接输出，将程序处理结果保存到文件中。文件的保存有三种方式：新建一个文件保存、覆盖原文件保存和在原文件的基础上添加内容。

6.2.1 新建文件

在 Python 程序中，若需要将输出的内容保存到文件内单独存储，可以直接新建文件，将输出的内容保存到文件中。

案例 3 | 车辆统计

某大型临时停车场每天需要统计新增过夜车辆信息，生成一张清单，便于车场管理人员进行核对。如图 6.9

所示，在车场门口闸机记录的车辆进出信息中，若某车辆只有进入的记录，没有出去的记录，则该车为新增车辆。请编写程序实现，从某天的车辆进出记录表中快速统计出停车场新增车辆的车牌信息，并生成清单文档。

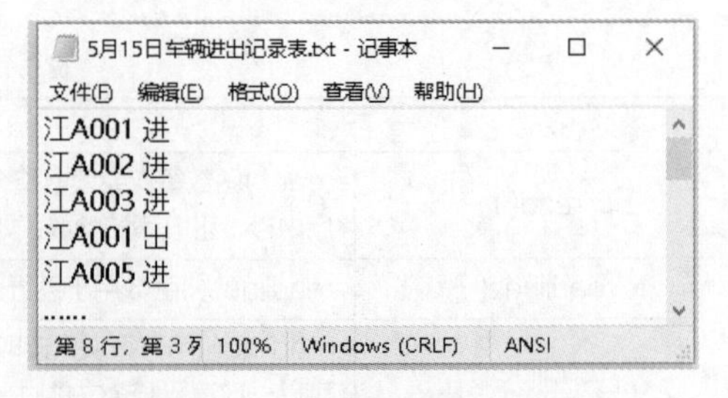
5月15日车辆进出记录表.txt - 记事本
文件(F) 编辑(E) 格式(O) 查看(V) 帮助(H)
江A001 进
江A002 进
江A003 进
江A001 出
江A005 进
......
第 8 行，第 3 列 100% Windows (CRLF) ANSI

图 6.9　5 月 15 日车辆进出记录表

1. 理解题意

本案例需要从进出记录表中读取每辆车的进出情况，把进入停车场的车辆添加到新增车辆列表中，若该车有出去的记录，再把它从新增车辆列表中删除，最后把统计出来的结果保存到一个文件中。

2. 问题思考

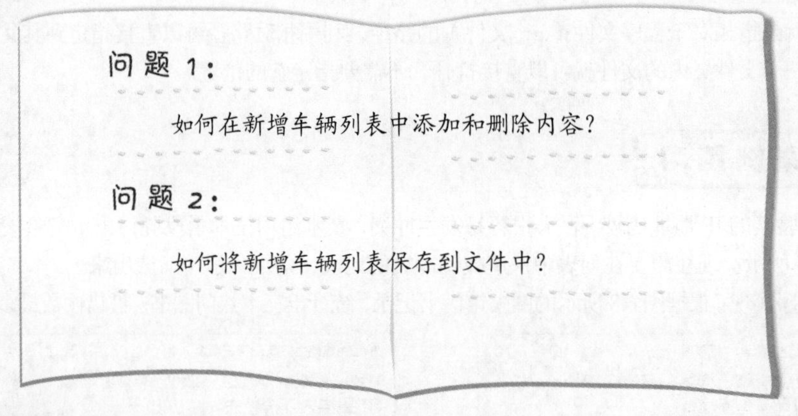

3. 知识准备

（1）打开并逐行读取文件

```
f=open('filename.txt', 'r')  # 打开文件 filename.txt
list1=f.readlines()    # 逐行读取 filename.txt 中的内容，并将其保存到列表 list1 中
```

（2）字符串分割

split( )函数可以将一段包含空格或逗号等明显标志的字符串分割开。

```
str="Hello world"
a,b=str.split("  ")    # 将字符串 str 用空格符分成两部分，并将其分别保存
到 a,b 中
# 执行后的结果是 a="Hello"; b="world"
```

（3）新建文件

若需要将内容输出到一个文件中保存，可在 Python 中直接新建一个文件，并把内容保存到文件中。其格式用法如下。

```
with open('filename.txt', 'w') as f:  # 以可写入模式打开 filename.txt 文件，
                  若文件不存在，会自动新建一个名为 filename 的文件并打开
    f.write('Hello world')          # 将字符串保存到 filename.txt 文件中
```

4. 算法分析

根据题意，解决此问题需要先用读取模式打开“车辆进出记录表.txt”文件，再用 readlines( )函数逐行读取文件中的内容并将其保存到列表 list1 中，分别查看 list1 中每个元素的内容，若为进，就把车牌信息加入新增车辆列表 carlist 中；若为出，则从 carlist 中删除车牌信息。然后采用写入模式新建一个“新增车辆信

息.txt”文件，把 carlist 的内容保存到文件中。算法流程图如图 6.10 所示。

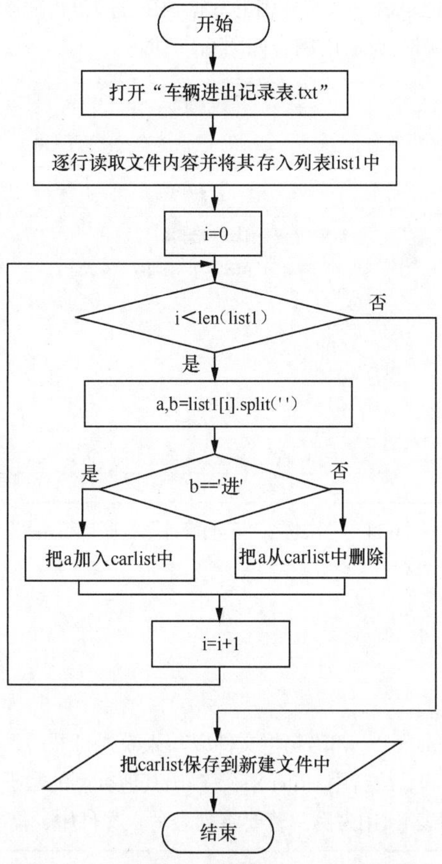

图 6.10　“案例 3　车辆统计”算法流程图

1. 编写程序

案例 3 的相关代码如文件“案例 3　车辆统计.py”所示。

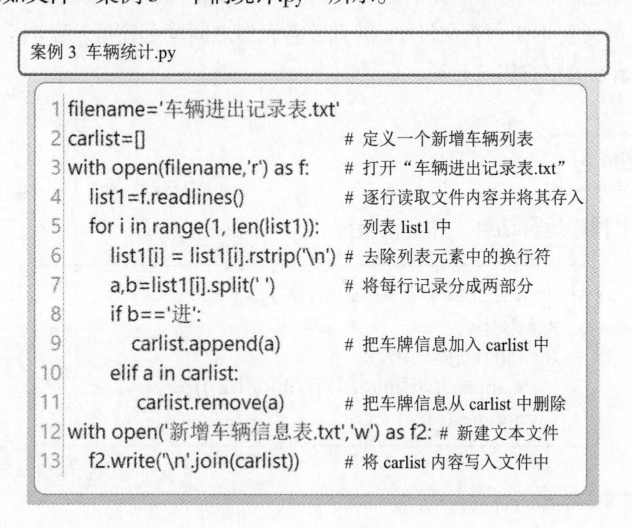

案例 3 车辆统计.py

```
1  filename='车辆进出记录表.txt'
2  carlist=[]                              # 定义一个新增车辆列表
3  with open(filename,'r') as f:           # 打开“车辆进出记录表.txt”
4      list1=f.readlines()                 # 逐行读取文件内容并将其存入
5      for i in range(1, len(list1)):        列表 list1 中
6          list1[i] = list1[i].rstrip('\n') # 去除列表元素中的换行符
7          a,b=list1[i].split(' ')         # 将每行记录分成两部分
8          if b=='进':
9              carlist.append(a)           # 把车牌信息加入 carlist 中
10         elif a in carlist:
11             carlist.remove(a)           # 把车牌信息从 carlist 中删除
12 with open('新增车辆信息表.txt','w') as f2: # 新建文本文件
13     f2.write('\n'.join(carlist))        # 将 carlist 内容写入文件中
```

2. 测试程序

运行程序，读取“车辆进出记录表.txt”文件中的数据，在程序分析完读取的数据后会自动新建一个“新增车辆信息表.txt”文件，该文件被打开后的内容如图 6.11 所示。

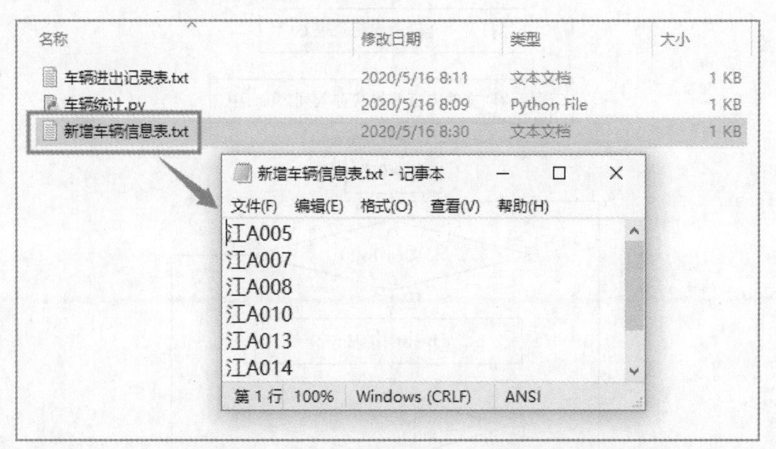

图 6.11 “案例 3 车辆统计”程序运行结果

1. write( )函数

在 Python 中，用 open('filename.txt', 'w')语句将文件以写入模式打开后，可用 write( )函数将内容写入文件中，但要求待写入的内容为字符串，故若用 write( )函数输出其他类型的数据，需先将待写入的内容转换为字符串，再将其写入文件中。以列表 list1[]为例，若要将列表写入文件中，需要进行如下转换。

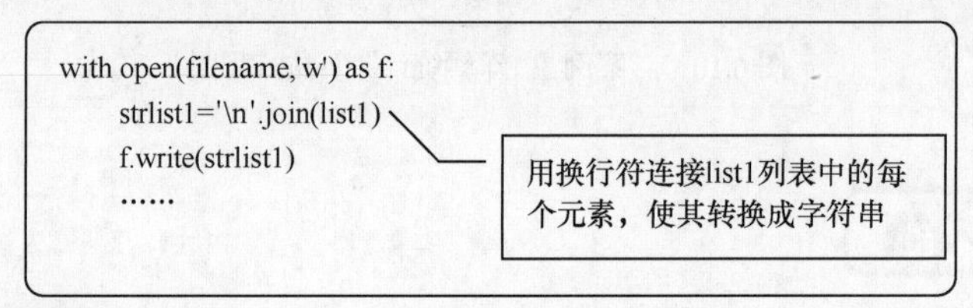

```
with open(filename,'w') as f:
    strlist1='\n'.join(list1)
    f.write(strlist1)
    ......
```


2. writelines( )函数

writelines( )函数可以直接将字符串类型的列表写入文件，和 readlines( )函数对应，都是针对列表的操作。但是，用 writelines(list1)将列表 list1 写入文件中，其列表各元素之间紧密连接，无空格、换行等，如 writelist('1', '2', '3')，写入文件后的结果为字符串“123”。

1. 阅读程序，写出程序运行结果，并上机验证。

```
with open('斐波那契数列.txt', 'w') as f:
    a=['0', '1']
    for i in range(2,100):
        a.append(str(int(a[i-1])+int(a[i-2])))
    f.writelines(a)
```

程序运行结果：________

2. 编写程序实现：根据“历年考试诗句.txt”中的所有诗句，统计出考查频率最高的 10 句诗，生成一个“历年考试诗句.txt”文档，如图 6.12 所示。

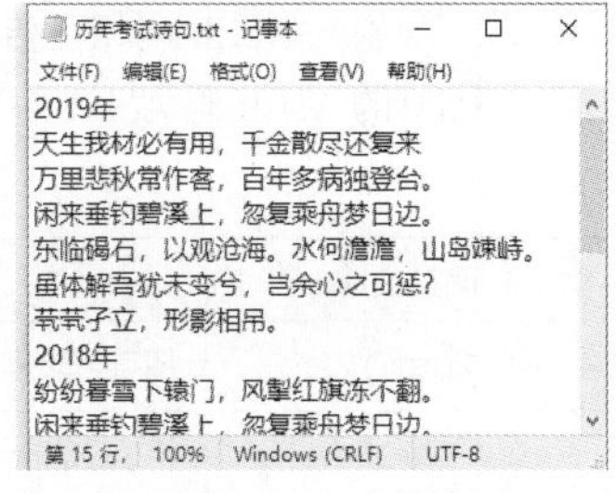

图 6.12 历年考试诗句

6.2.2 覆盖原文件

在学习和生活中，用修改或加工过的文件替换原文件并保存，这种覆盖原文件的需求也较为常见。把确实没用的文件及时删除，可以避免使用时分辨不清而造成误用，也可以节约存储空间。

案例 4 日记加密和解密

文文有写日记的习惯，平时会用家里的计算机写一些日记保存起来，考虑到日记是自己的隐私，不想让别人看到，若是能将计算机里的日记内容加密处理就好了。于是她想到了刚学过的 Python 编程。如何把这些日记内容（见图 6.13）变成别人看不懂的内容呢？

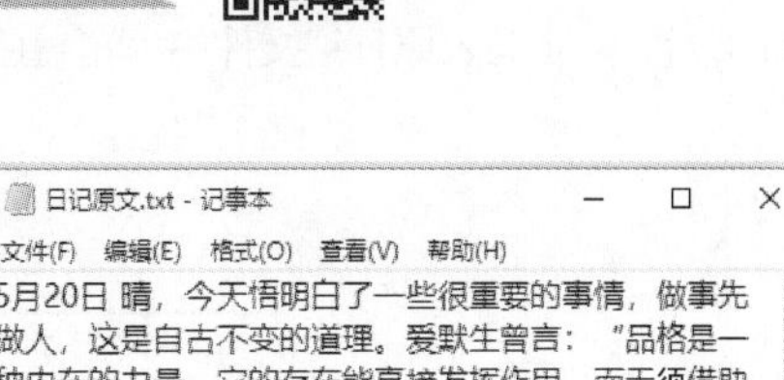

图 6.13 日记原文

1. 理解题意

根据文文的需求，要对一份文件进行加密，将其形成密文，然后对日记原文进行覆盖，只保留一份加密后的文件，当自己需要用的时候再进行解密。

2. 问题思考

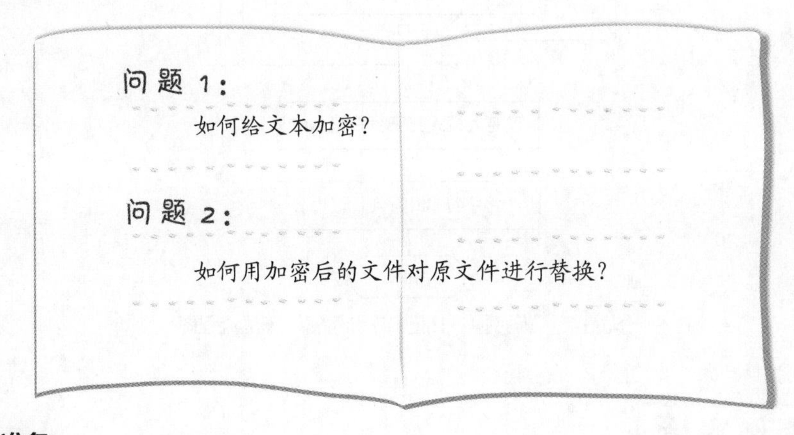

3. 知识准备

（1）字符加密

Python 中给文本加密的方法有很多种，其中字符加密是一种较容易理解的基本方法，其原理为，对字符的 ASCII 码（机内码）进行修改，增加或减少一个常数，使其变成另一个字符。例如，'今'的 ASCII 码增加 3 后就会变成'仍'，'天'经同样处理后会变成'夬'，两字组合在一起为“仍夬”，这是没有意义的词，即完成了字符加密。

（2）字符与 ASCII 码相互转换

字符'0'的 ASCII 码为 48，字符与 ASCII 码相互转换的函数用法如表 6.2 所示。

表 6.2　字符与 ASCII 码相互转换的函数用法

转换函数	功能及用法
ord( )	将字符转换成 ASCII 码。例如，a=ord('0')，运行后 a 为整数类型的 48
chr( )	将 ASCII 码转换成字符。例如，a=chr(48)，运行后 a 为字符'0'

4．算法分析

案例算法思路：读取原日记文件，将其保存到字符串 a 中，用循环结构逐一处理 a 中的每一个字符；将字符转换成 ASCII 码，将 ASCII 码减去 3 后再转换成字符，将转换后的字符保存到字符串 a1 的后面。然后将新的字符串 a1 写入原日记文件中，覆盖原文内容。其算法流程图如图 6.14 所示。

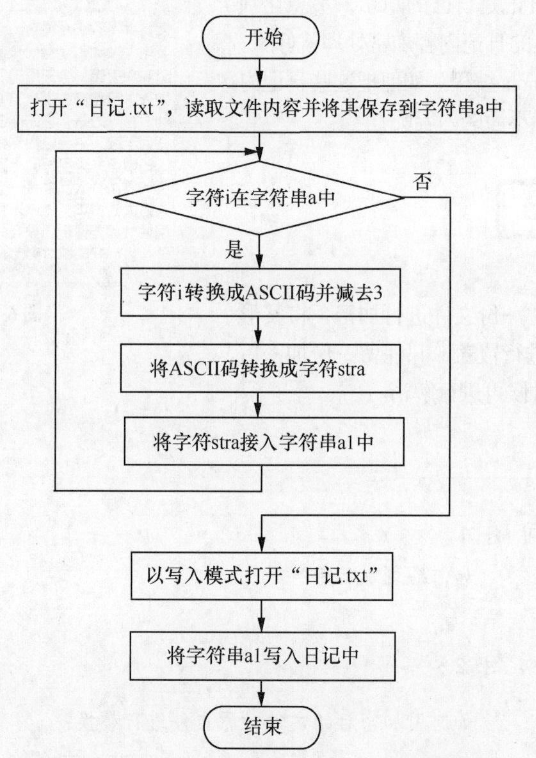

图 6.14　“案例 4　日记加密和解密”算法流程图

1．编写程序

案例 4 的相关代码如文件“案例 4–1　日记加密.py”与“案例 4–2　日记解密.py”所示。

案例 4-1 日记加密.py

```
1 with open('日记.txt','r',encoding='utf-8') as f:
2   a=f.read()              # 读取原日记全文，并将其保存在字符串 a 中
3   a1=''                   # 定义一个空字符串，用于存储加密后的字符
4   for i in a:             # 逐一访问字符串 a 中的每一个字符
5     asca=ord(i)           # 将字符转换成 ASCII 码
6     stra=chr(asca-3)      # 将 ASCII 码减 3 再转换成字符
7     a1=a1 + stra          # 将新字符保存到字符串 a1 中
8 with open('日记.txt','w',encoding='utf-8')as f1:
9   f1.write(a1)            # 将字符串 a1 重新写入“日记.txt”覆盖原文
```

案例 4-2 日记解密.py

```
1 with open('日记.txt','r',encoding='utf-8') as f:
2   a=f.read()
3   a1=''
4   for i in a:
5     asca=ord(i)
6     stra=chr(asca+3)      将文字的 ASCII 码增加 3，变回原来的数值，实现解密
7     a1=a1 + stra
8 with open('日记.txt','w',encoding='utf-8') as f1:
9   f1.write(a1)
```

2. 测试程序

运行程序，如图 6.15 所示，左边为加密后的日记，右边为解密后的日记。

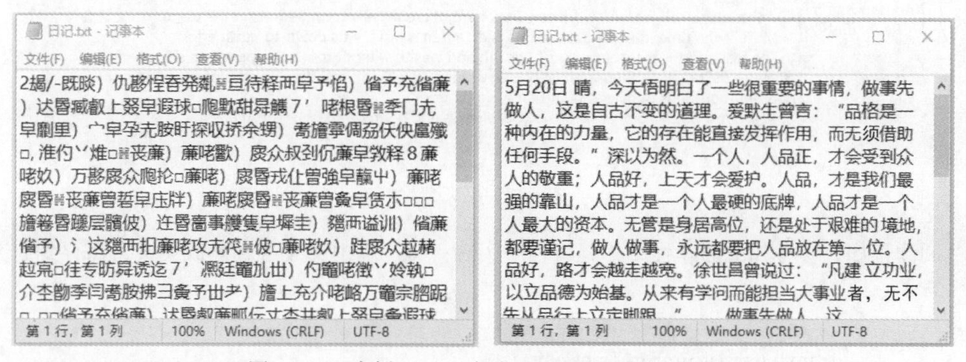

图 6.15 “案例 4 日记加密和解密”程序运行结果

1. 字符与 ASCII 码

在计算机中，所有的数据在存储和运算时都要用二进制数表示，如字符'A'在计算机中以二进制方式存储为 00100001，把该二进制数转换为十进制数，值为 65，可以理解为，字符'A'的 ASCII 码是 65。

2. 字符编码

在 Python 中打开文件往往需要指定文本的字符编码，如在本案例中，第 1 行与第 8 行均用到了

encoding='utf-8'，它用于指定“日记.txt”的字符编码为 UTF-8。如果在程序中读取或者写入文本时出现乱码，要及时查看文本的字符编码，TXT 文档默认的字符编码为 UTF-8，有时也会是其他格式，使用时要注意指定。常见的 TXT 文档的字符编码如图 6.16 所示。

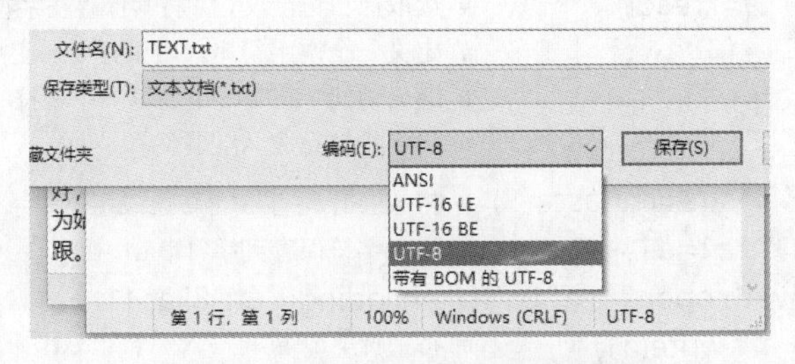

图 6.16　常见的 TXT 文档的字符编码

1. 李明在抄写英文文章的时候，把很多大小写字母弄得很混乱，导致阅读起来很困难。请编写程序，修改下文中的大小写字母，将下文转换成一篇格式规范的英文文章（提示：可以用 casefold()函数将字符串中的字母都转换成小写字母，再用 capitalize()函数将句子的首字母转换成大写字母），如图 6.17 所示。

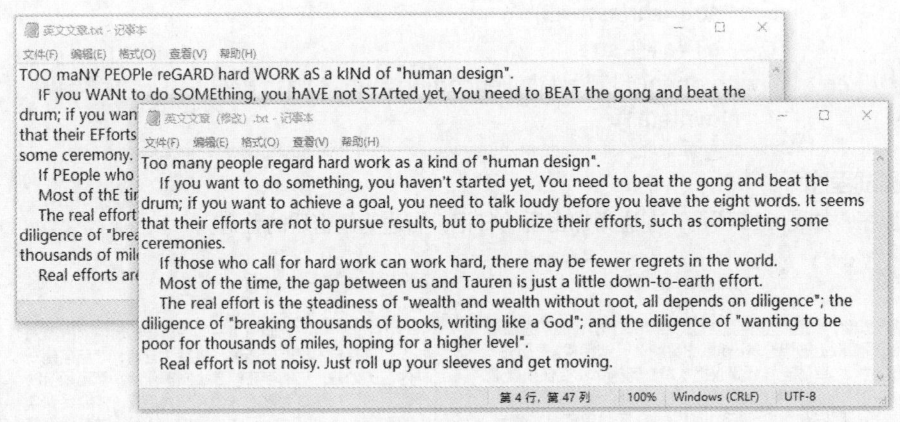

英文文章.txt - 记事本

文件(F) 编辑(E) 格式(O) 查看(V) 帮助(H)

TOO maNY PEOPle reGARD hard WORK aS a kINd of "human design".
IF you WANt to do SOMEthing, you hAVE not STArted yet, You need to BEAT the gong and beat the
drum; if you wan
that their EFforts
some ceremony.
If PEople who
Most of thE tir
The real effort
diligence of "brea
thousands of mil
Real efforts are

英文文章（修改）.txt - 记事本

文件(F) 编辑(E) 格式(O) 查看(V) 帮助(H)

Too many people regard hard work as a kind of "human design".
If you want to do something, you haven't started yet, You need to beat the gong and beat the drum; if you want to achieve a goal, you need to talk loudy before you leave the eight words. It seems that their efforts are not to pursue results, but to publicize their efforts, such as completing some ceremonies.
If those who call for hard work can work hard, there may be fewer regrets in the world.
Most of the time, the gap between us and Tauren is just a little down-to-earth effort.
The real effort is the steadiness of "wealth and wealth without root, all depends on diligence"; the diligence of "breaking thousands of books, writing like a God"; and the diligence of "wanting to be poor for thousands of miles, hoping for a higher level".
Real effort is not noisy. Just roll up your sleeves and get moving.

第 4 行，第 47 列　100%　Windows (CRLF)　UTF-8

图 6.17　英文文章

2. 阅读程序，参考如下翻译程序，编写程序实现：将一篇中文文本翻译成英文，保存到原文本文件中。

```
from translate import Translator
translator= Translator(from_lang="chinese",to_lang="english")
str=input('请输入一句中文：')
translation = translator.translate(str)      # 将中文翻译成英文
print(translation)
```

6.2.3 添加内容

有时需要将输出的内容追加在原文件后，而不是替换原文件。这样既可以保留原文件中的信息，又添加了新的信息。

案例 5　错题记录本

小学三年级的妹妹，数学学得较差，尤其是计算方面，100 以内的加减法做起来比较吃力，李明打算帮妹妹好好辅导，初步制定了辅导方案。首先要做大量的练习，然后记录她做错的题目，分析原因，反复练习。于是李明决定编写程序，随机出一些 100 以内的加减法运算题，让妹妹计算，若答案错误，则将该题记录到错题记录本中。

1. 理解题意

按题目要求，需先随机出一道 100 以内的加减法运算题，用户输入答案，若回答正确，则给出提示；若回答错误，则需要将错误的题目添加到错题记录本中。

2. 问题思考

问题 1：

如何随机出一道 100 以内的加减法运算题？

问题 2：

怎样把回答错误的题目添加到错题记录本中？

3. 知识准备

（1）随机数

实现随机生成一个整数，需要用到 random 模块中的 randint( )函数，其用法如下。

```
import random                # 导入 random 模块
a=random.randint(1,100)      # 随机生成一个 1 到 100 之间的整数
```

（2）添加新增文本

将输出的内容添加到文件后面，可采用以“a”模式（“追加”模式）打开文件。具体用法如下。

```
with open('filename.txt', 'a') as f:
    f.write('hello')   # 将“hello”添加到 filename.txt 文件末尾
```

4. 算法分析

先新建一个“错题记录本.txt”文件，以“a”模式打开文件。然后开始循环出题，随机生成一道运算题。用户输入答案后与正确答案对比，如果回答正确，则出现下一题；若回答不正确，则把该题目添加到错题记录本中。继续出现下一题，直到用户输入–1，结束出题。算法流程图如图 6.18 所示。

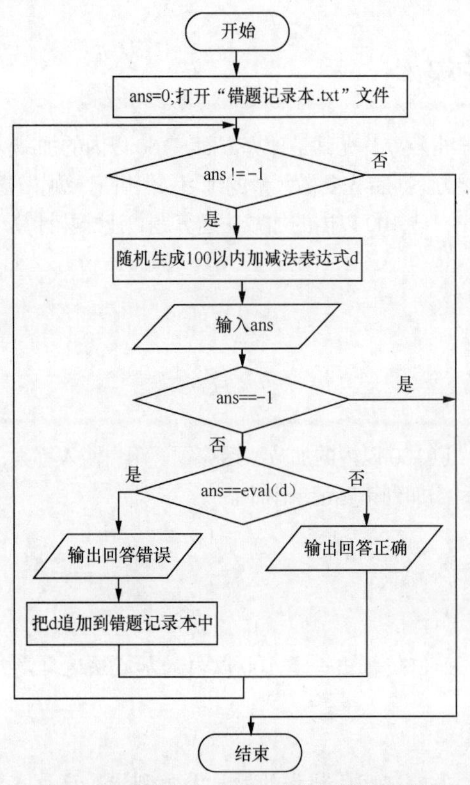

图 6.18 “案例 5 错题记录本”算法流程图

1. 编写程序

案例 5 的相关代码如文件“案例 5 错题记录本.py”所示。

案例 5 错题记录本.py

```
1  import random
2  c1=['+','-'];ans=0
3  print('开始计算，输入-1结束程序')
4  with open('错题记录本.txt','a') as f:   # 打开错题记录本
5    while(ans!=-1):                       # 循环条件
6      a=str(random.randint(1,100))        # 随机生成一个整数
7      b=str(random.randint(1,100))
8      c=str(c1[random.randint(0,1)])      # 随机生成一个运算符
9      d=a+c+b                             # 组合成题目
10     if (c=='-' and a>=b)or c=='+':      # 保证减法结果为正
11       print(d,end='=')
12       ans=int(input(''))                # 用户输入
13       if ans==-1:break                  # 输入-1，结束循环
14       if ans==eval(d):                  # 若输入答案正确
15         print('回答正确，下一题')
16       else:
17         print('回答错误，本题已加入错题记录本，下一题')
18         f.write(d+'=\n')                # 将题目添加到错题记录本
```

2. 测试程序

运行程序，测试回答正确、错误及结束的情况，程序运行的结果如图 6.19 所示。

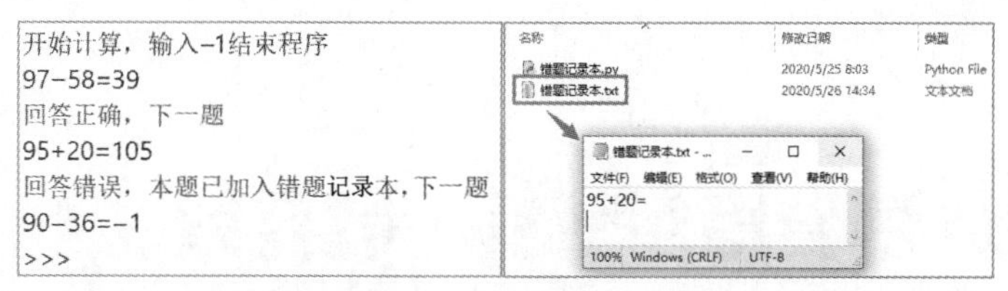

图 6.19 “案例 5 错题记录本”程序运行结果

1. 文件的打开模式

用 open('filename.txt', 'mode')打开文件，有多种不同的模式（用 mode 参数表示），其中常见的模式如表 6.3 所示。

表 6.3 mode 参数功能表

mode 参数	功能
r	以只读方式打开文件
w	以写入方式打开文件，若文件不存在，会创建文件；若存在，则覆盖原文件
a	以写入方式打开文件，若文件不存在，会创建文件；若存在，则在原文件内容基础上追加
r+、w+、a+	可读可写

2. 文件的读写方法

在 Python 中，常见的文件读写方法如表 6.4 所示。

表 6.4 常见的文件读写方法

文件对象的方法	执行操作
read(size)	读取文件，size 为读取文件的大小，若没有该参数，则默认读取全文
readlines( )	逐行读取文件保存到列表
write( )	将字符串写入文件
writelines( )	向文件中写入字符串列表中

1. 编写程序实现以下功能：读取一段信息表（见图 6.20），将表中数据按性别分类筛选，最终形成信息表（男）和信息表（女）两个文件。

2. 阅读程序，实现从《论语 · 学而篇》中筛选出孔子语录（子曰：“*”），如图 6.21 所示，并将筛选的内容保存到“孔子语录.txt”文件中。

图 6.20 信息表

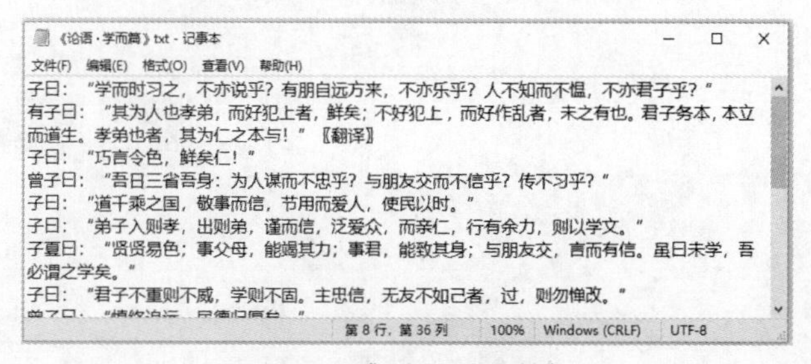

图 6.21 《论语 · 学而篇》

第7章

Python图形用户界面

图形用户界面（graphical user interface，GUI）是指采用图形方式显示的计算机操作用户界面。其实我们一直都在使用图形用户界面，如 Windows 窗口是图形用户界面，IDLE 也是图形用户界面。任何一个商品化的软件都需要图形用户界面，它可以让用户方便操作软件。

Python 提供了多个图形用户界面开发库，如 wxPython、Qt、tkinter 等。tkinter 库是 Python 标准图形用户界面开发工具包，本章以 tkinter 库的应用为基础开发我们自己的图形用户界面。

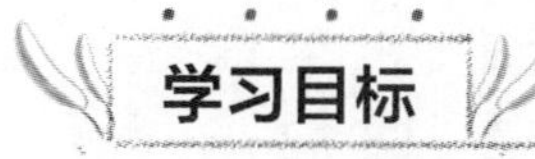

★ 了解图形用户界面
★ 了解搭建图形用户界面的过程
★ 了解图形用户界面的常用控件
★ 掌握在图形用户界面中添加控件的方法
★ 掌握图形用户界面的布局管理方法
★ 掌握图形用户界面的事件处理方法

7.1 初识图形用户界面

前面的 Python 程序运行结果基本上都是以文字的形式输出的，形式相对单一，不便于使用。在编写程序创建图形用户界面，除了可以便于用户使用，还可以丰富程序结果的输出形式。在编写程序创建图形用户界面之前，需要先认识图形用户界面的基本构成，然后设置图形用户界面的接口。

7.1.1 认识图形用户界面

用 Python 编写程序创建图形用户界面，尽管千差万别，但其构成元素基本相同。因此，了解这些元素，可以便于选择合适的控件对所编写的程序创建图形用户界面进行合理搭建。

案例 1 加法计算器

相信你能够通过编程实现两个整数的加法计算。图 7.1 所示的“加法计算器”图形用户界面由标题栏、提示标签、输入框、按钮等部分组成。用户可以通过键盘在输入框中输入文本，用鼠标单击按钮得到计算结果，实现人机交互。

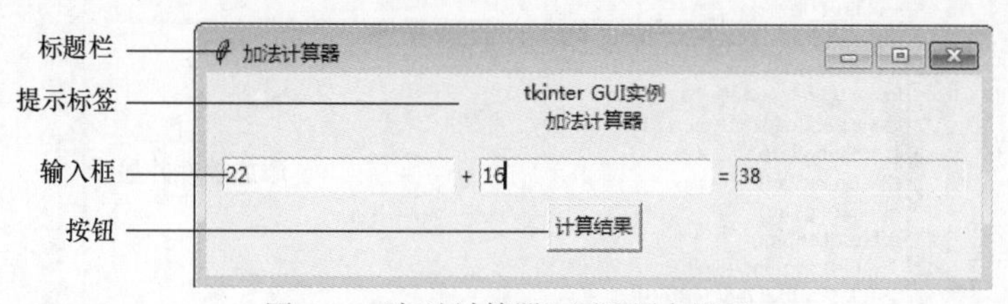

图 7.1 “加法计算器”图形用户界面

1. 理解题意

加法计算器实现的功能：在两个输入框中分别输入两个加数，然后单击“计算结果”按钮，计算结果会显示在最后一个输入框内。注意，两个加数只能是数字，若输入其他字符，则无效。界面中还包含其他元素，如提示用的文本、加号、等号等，这些元素其实就是一个个控件（也可以称之为组件或部件）。在添加好控件并设置其属性后，一个简单的加法计算器即可实现。

2. 问题思考

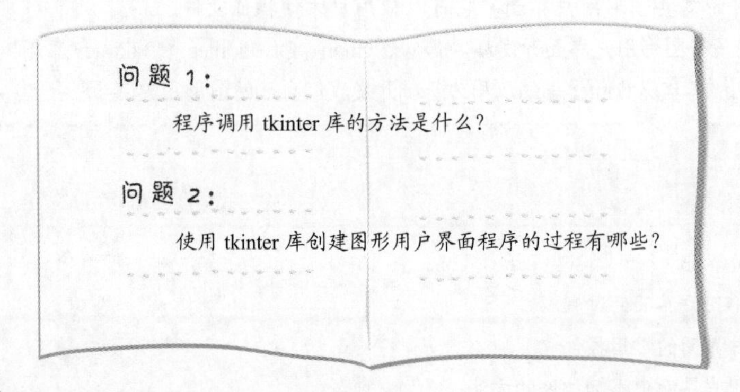

3. 知识准备

使用 tkinter 库创建图形用户界面程序的流程如下。

（1）创建主窗口。导入 tkinter 库后，创建主窗口，格式为“root = Tk( ) ”，其中 root 是自定义的一个主窗口对象。

（2）创建若干个控件。创建控件并设置其属性，格式为“控件对象 = 控件(root,控件参数设置)”，控件也可以添加到其他自定义窗口对象中。

（3）显示控件。格式为“控件对象.pack( )”，pack( )方法是窗口布局的一种显示方法。还有另外两种方法：grid( )和 place( )。

（4）持续显示主窗口。通过调用 mainloop( )方法开启窗口。

1. 打开案例

案例 1 的相关代码如文件“案例 1 加法计算器.py”所示。先仔细观察程序，对程序深入了解后，思路会随之清晰起来。

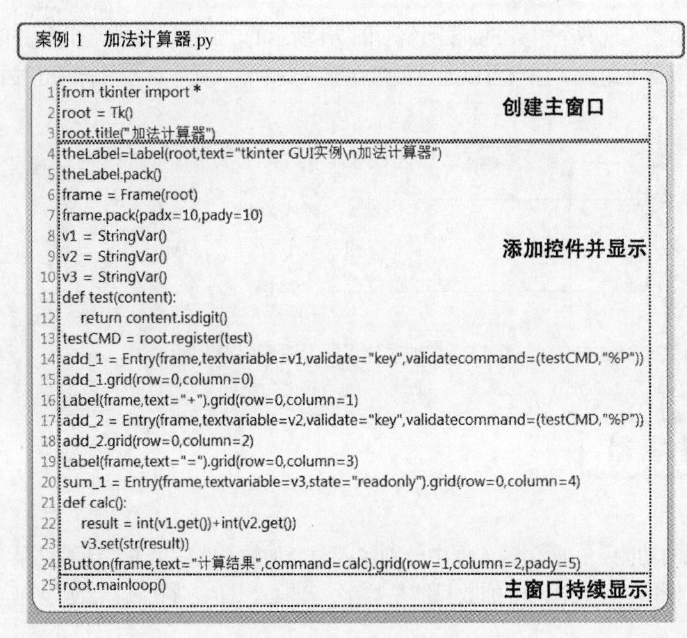

案例 1　加法计算器.py

```
1  from tkinter import *
2  root = Tk()                                              创建主窗口
3  root.title("加法计算器")
4  theLabel=Label(root,text="tkinter GUI实例\n加法计算器")
5  theLabel.pack()
6  frame = Frame(root)
7  frame.pack(padx=10,pady=10)
8  v1 = StringVar()
9  v2 = StringVar()                                         添加控件并显示
10 v3 = StringVar()
11 def test(content):
12     return content.isdigit()
13 testCMD = root.register(test)
14 add_1 = Entry(frame,textvariable=v1,validate="key",validatecommand=(testCMD,"%P"))
15 add_1.grid(row=0,column=0)
16 Label(frame,text="+").grid(row=0,column=1)
17 add_2 = Entry(frame,textvariable=v2,validate="key",validatecommand=(testCMD,"%P"))
18 add_2.grid(row=0,column=2)
19 Label(frame,text="=").grid(row=0,column=3)
20 sum_1 = Entry(frame,textvariable=v3,state="readonly").grid(row=0,column=4)
21 def calc():
22     result = int(v1.get())+int(v2.get())
23     v3.set(str(result))
24 Button(frame,text="计算结果",command=calc).grid(row=1,column=2,pady=5)
25 root.mainloop()                                          主窗口持续显示
```

2. 分析程序

结合使用 tkinter 库创建图形用户界面程序的流程，找出创建主窗口、创建控件并显示、让主窗口持续显示等代码段，分析程序。

（1）创建主窗口

导入 tkinter 库后，要先定义主窗口，根据需要设置窗口标题。

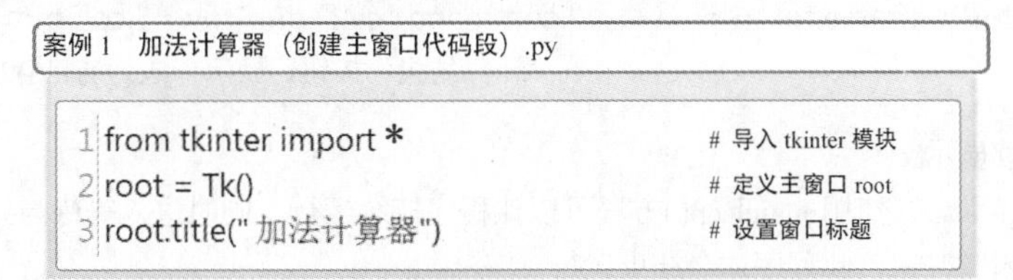

案例 1　加法计算器（创建主窗口代码段）.py

```
1 from tkinter import *                # 导入 tkinter 模块
2 root = Tk()                          # 定义主窗口 root
3 root.title("加法计算器")              # 设置窗口标题
```

（2）创建控件并显示

根据图 7.1 所示，可以得知本案例需要有文字的提示、“加数”输入框、“和”输入框及“计算结果”按钮。

① 文字提示：使用标签控件 Label 显示提示文字。

案例 1　加法计算器（文字提示代码段）.py

```
4 theLabel=Label(root,text="tkinter GUI实例\n加法计算器")
5 theLabel.pack()          # Label 控件；显示方法为 pack( )方法
```

② 加法算式：使用框架控件 Frame 实现，可以方便控件布局。第 1 个加数 add_1、第 2 个加数 add_2 和 sum_1 分别使用输入控件 Entry 实现；“+”和“=”使用标签控件 Label 显示；控件在框架控件 Frame 上使用 grid()方法显示。

案例 1　加法计算器（加法算式代码段）.py

```
6  frame = Frame(root)                  # 创建用于放置控件的框架控件 Frame
7  frame.pack(padx=10,pady=10)          # 显示方法：pack( )方法
8  v1 = StringVar()
9  v2 = StringVar()                     → # 自定义变量
10 v3 = StringVar()
11 def test(content):                   # 定义变量，判断输入是否为数字
12     return content.isdigit()
13 testCMD = root.register(test)
14 add_1 = Entry(frame,textvariable=v1,validate="key",
15           validatecommand=(testCMD,"%P"))
16 add_1.grid(row=0,column=0)                      # 第 1 个加数
17 Label(frame,text="+").grid(row=0,column=1)      # 加号
18 add_2 = Entry(frame,textvariable=v2,validate="key",
19           validatecommand=(testCMD,"%P"))
20 add_2.grid(row=0,column=2)                      # 第 2 个加数
21 Label(frame,text="=").grid(row=0,column=3)
22 sum_1 = Entry(frame,textvariable=v3,state="readonly")
23 sum_1.grid(row=0,column=4)                      # 和
```

③ “计算结果”按钮：使用按钮控件 Button 实现，单击按钮后调用自定义函数 calc()，实现结果的计算和显示。

案例 1　加法计算器（“计算结果”按钮代码段）.py

```
24 def calc():                                          # 定义函数，计算 2 个数的和
25     result = int(v1.get())+int(v2.get())
26     v3.set(str(result))
27 Button(frame,text="计算结果",command=calc).grid(row=1,column=2)
                                    # “计算结果”按钮，显示方法为 grid( )方法
```

（3）主窗口持续显示

添加好控件并显示后，使用 mainloop( )方法可以让程序持续运行，同时进入等待与处理事件窗口，单击窗口右上方的“关闭”按钮，此程序才会结束运行。

案例 1　加法计算器（主窗口持续显示代码段）.py

```
28 root.mainloop()                      # 放在程序最后一行
```

3. 运行程序

运行程序，输入不同类型的数据，观察程序运行结果。

4. 修改程序

调试“加法计算器”程序，尝试调整窗口属性参数，观察程序运行后窗口的变化，进一步认识 Python 图形用户界面。

1. 主窗口 Tk

在图形用户界面程序中，所有控件（如按钮、输入框等）均在主窗口上显示，因此在创建各控件之前需要创建主窗口。若程序没有定义主窗口 Tk，则系统将自动创建。

2. tkinter 库中的常用控件

tkinter 库提供了各种用于构建图形用户界面的控件，如输入框、标签、按钮等，以此来实现不同的功能。表 7.1 列出了 tkinter 库中的一些常用控件。

表 7.1　tkinter 库中的常用控件

控件	用途	用途说明
Label	标签控件	显示文本和位图
Button	按钮控件	显示按钮
Frame	框架控件	在屏幕上显示一个矩形区域，多用来作为容器
LabelFrame	标签框架控件	相当于带标签的 Frame 控件
Entry	输入控件	显示简单的文本内容
Message	消息控件	显示多行文本，与 Label 控件类似
Text	文本控件	显示多行文本
Listbox	列表框控件	显示一个字符串列表给用户
Scrollbar	滚动条控件	在内容超过可视化区域时添加滚动条
Menu	菜单控件	显示菜单栏、下拉菜单和弹出菜单
Menubutton	菜单按钮控件	用于显示菜单项

续表

控件	用途	用途说明
Radiobutton	单选按钮控件	用于创建一个单选按钮
Checkbutton	多选控件	用于提供多项选择框
Canvas	画布控件	显示图形元素，如线条和文本
Scale	范围控件	显示一个数值刻度，为输入的限定数字范围
Messagebox	消息框控件	显示应用程序的消息框

7.1.2 创建图形窗口

使用 tkinter 库创建图形用户界面程序，要先创建一个主窗口，然后在窗口中添加各种控件，为实现不同功能的程序打下基础。

案例 2 我的第一个 GUI 程序

创建一个图 7.2 所示的空白窗口，其标题为“我的第一个 GUI 程序”、大小为 300 ×160。如何编程实现？

1. 理解题意

根据使用tkinter库创建图形用户界面程序的流程，先要导入 tkinter 库，创建主窗口，设定窗口的标题栏，设定窗口大小。由于是空白窗口，不需要添加其他控件，最后持续显示窗口。

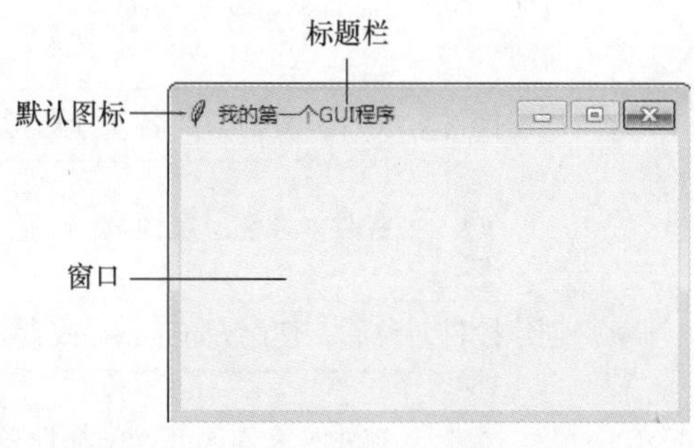

图 7.2 “我的第一个 GUI 程序”窗口

2. 问题思考

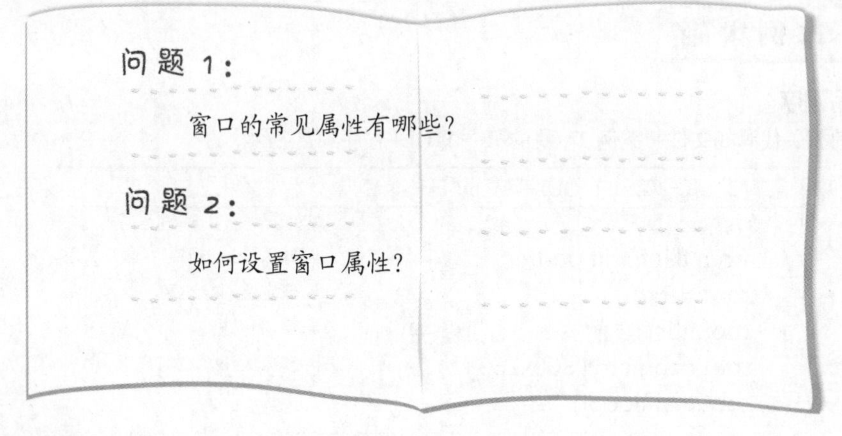

3. 知识准备

（1）窗口常见属性的设置方法

窗口常见的属性有窗口标题、图标、背景颜色、是否可更改窗口的大小、窗口的透明度等。常见的窗口属性设置方法如表 7.2 所示。

表 7.2　常见的窗口属性设置方法

方法范例	范例说明
title('GUI 程序')	设置窗口的标题为“GUI 程序”
geometry('300x200+100+50')	设定窗口尺寸（300×200）及位置（100, 50），代码中的×是英文字母“x”
iconbitmap('图标.ico')	设置窗口的图标为“图标.ico”
resizable(False, False)	固定窗口宽和高，不能改变窗口大小，也可改为 resizable(0, 0)
minsize(100, 100)	窗口的最小缩放尺寸
maxsize(600, 400)	窗口的最大缩放尺寸
attributes('-alpha', 0.9)	设置窗口的透明度，1 为不透明，0 为完全透明
config(bg = 'blue')	设置窗口背景颜色为 blue
overrideredirect(True)	去掉窗口的标题栏

（2）控件属性的设置方法

在 tkinter 库中进行控件属性设置的方法有三种。

※　创建控件对象时，指定属性值，格式如下。

```
控件对象名 = 控件名(父控件,属性名 = 值 1, 属性名 = 值 2, …)
```

※　创建控件对象后，使用属性名来分别指定各属性值，格式如下。

```
控件对象名.[属性名] = 值
```

※　创建控件对象后，使用 configure( )或者 config( )方法来指定属性值，格式如下。

```
控件对象名.configure(属性名 = 值 1, 属性名 = 值 2, …)
```

案例实施

1. 编写程序

案例 2 的相关代码如文件“案例 2　我的第一个 GUI 程序.py”所示。

案例 2　我的第一个 GUI 程序.py

```
1 from tkinter import *                    # 导入 tkinter 库
2 root = Tk()                              # 自定义对象名称
3 root.title('我的第一个GUI程序')           # 窗口标题
4 root.geometry('300x160')                 # 窗口大小，宽×高
5 root.mainloop()
```

2. 测试程序

运行程序，观察程序的运行结果。注意窗口大小为 300×160。尝试修改窗口大小，设置窗口标题。

3. 优化程序

在案例 2 的基础上，调整窗口位置为（300, 200），背景颜色为黄色，窗口图标为“图标.ico”，禁止更改窗口的大小。

```
root.geometry('300x160+300+200')      # 设置窗口大小及位置
root.configure(bg = 'yellow')          # 窗口背景颜色
root.iconbitmap('图标.ico')        # 窗口图标（文件在当前目录）
root.resizable(False,False)            # 禁止更改窗口大小
```

程序运行结果：

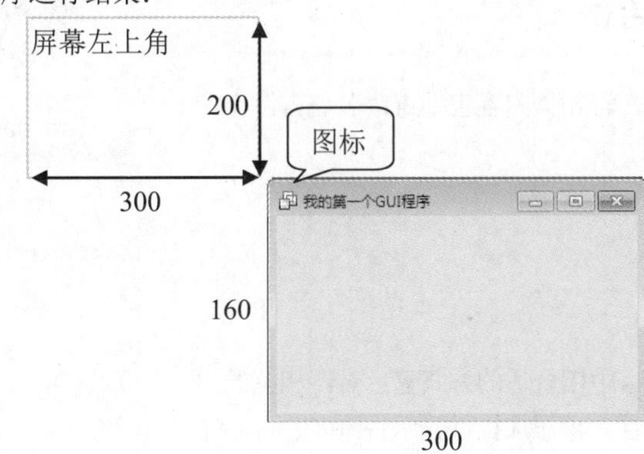

tkinter 库是 Python 默认的图形用户界面开发库，调用前不需要安装 PIP。调用 tkinter 库的编码方法有两种。

方法一：import tkinter as 自定义窗口名，示例如下。

```
import tkinter as wintk
root= wintk.Tk()                       # Tk()方法前要加模块名 wintk
root.title = ('GUI')
root.geometry('300x200')
wintk.Label(text = '123').pack() # 控件前要加模块名 wintk
root.mainloop()
```

方法二：from tkinter import *，示例如下。

```
from tkinter import *
root= Tk()                          # Tk()方法前不加模块名
root.title = ('GUI')
root.geometry('300x200')
Label(text = '123').pack()       # 控件前不加模块名
root.mainloop()
```

7.2 搭建图形用户界面

认识了图形用户界面，可以像搭积木一样，搭建图形用户界面。搭建图形用户界面，就是在窗口中添加标签、输入框、按钮、框架、列表框、菜单等控件，并通过设置各控件的属性来实现程序的功能，使程序更好地实现人机交互。

7.2.1 标签与文本

标签和文本主要用来显示图形用户界面窗口中的信息、处理文字。使用 tkinter 库编写程序，创建图形用户界面，使用标签、输入框、消息等控件来设置标签和文本。

案例 3　展示古诗

如图 7.3 所示，要展示的古诗相关内容包括古诗名、古诗作者及古诗内容。如何编程实现呢？

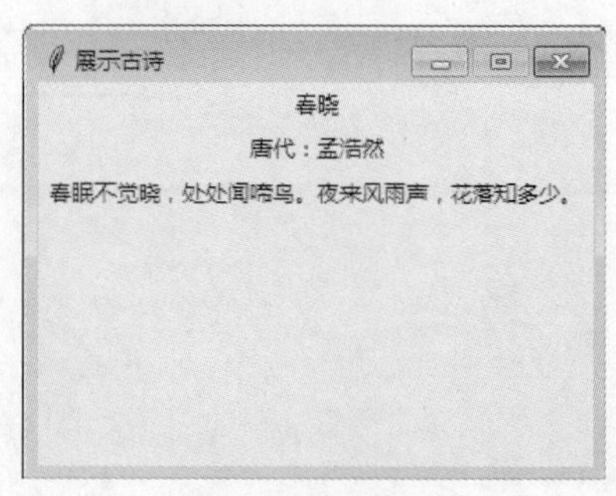

图 7.3　展示古诗

1. 理解题意

展示古诗，其实就是在窗口中用合适的方式显示古诗相关的内容。先新建窗口，设置窗口属性，再添加控件显示古诗名、古诗作者和古诗内容。

2. 问题思考

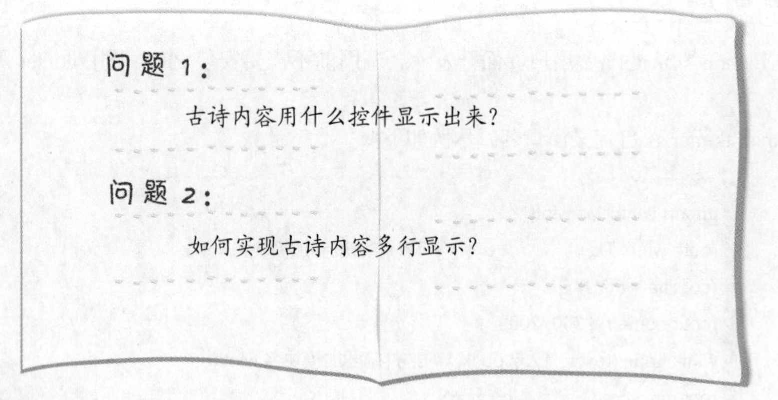

3. 知识准备

（1）标签控件 Label

Label 控件可以用于在窗口内显示文字或图像。Label 控件的使用示例如下。

```
from tkinter import *
root = Tk()
root.title('Label 示例')
label1 = Label(root,text ='Hello World! ')          # 建立 Label 标签
label1.pack()                                       # 显示方法：pack()方法
root.mainloop()
```

（2）消息控件 Message

Message 控件的主要用途是显示短消息，功能与 Label 控件类似，比 Label 控件使用起来更灵活，可自动分行。Message 控件的使用示例如下。

```
from tkinter import *
root = Tk()
root.title('Message 示例' )
text_msg = 'Message 控件的基本应用实例' # 将文本内容赋给变量 text_msg
msg1 = Message(root,text = text_msg,          # 显示文本为变量 text_msg 的内容
               font = '黑体  20 italic')      # 设置字体为黑体，字号为 20，斜体字
                       用空格间隔
msg1.pack()
root.mainloop()
```

1. 编写程序

案例 3 的相关代码如文件“案例 3　展示古诗.py”所示。

案例 3 展示古诗.py

```
1  from tkinter import *
2  root = Tk()
3  root.title('展示古诗')
4  root.geometry('300x200+200+200')
5  root.resizable(False,False)                    # 禁止缩放窗口大小
6  Label(text ='春晓').pack()                      # 古诗标题
7  Label(text = '唐代：孟浩然').pack()              # 古诗作者
8  Label(text = '春眠不觉晓，处处闻啼鸟。\
9  夜来风雨声，花落知多少。').pack()                  # 古诗内容，“\”用于换行输入
10 root.mainloop()
```

2. 优化程序

通过观察程序运行的结果，发现窗口中显示的文字字号较小，且 4 句古诗没有分行。尝试修改字体、字号，并分行打印诗句以优化古诗的显示。

```
lb_1 = Label(root,text ='春晓',font = ('楷体',20))           # font 用来设置字体、字号
lb_2 = Label(root,text = '孟浩然（唐）',font = ('楷体',12))
lb_3 = Message(root,text = '春眠不觉晓，处处闻啼鸟。\          # Message 控件显示古诗
夜来风雨声，花落知多少。',width = 140,font = ('楷体',16))      # 设置宽度实现换行
lb_1.pack()
lb_2.pack()
lb_3.pack()                                                # 显示方法：pack()方法
```

程序运行结果：

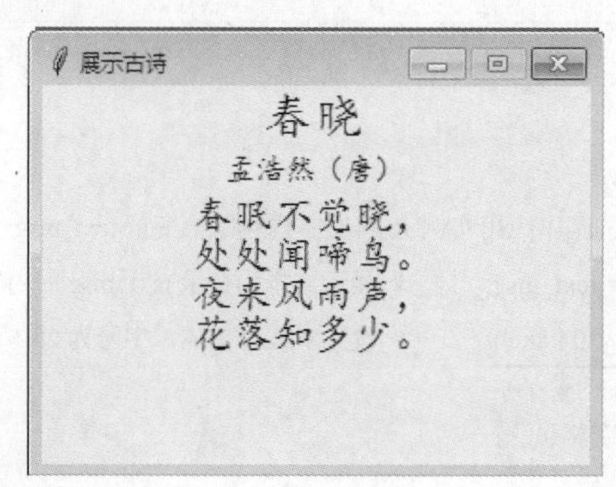

1. Label 控件常用的属性

设置 Label()方法的 options 参数，即设置 Label 控件的属性，常用的属性如表 7.3 所示。

表 7.3　Label 控件常用的属性

属性	说明
anchor	控制文本（或图像）在 Label 控件中显示的位置
bg（background）	背景颜色
bitmap	指定显示到 Label 控件上的位图
bd（borderwidth）	标签边界宽度，默认是 1
fg（foreground）	前景色彩
font	可选择字体、字形、样式与大小
height	标签高度，单位是字符
width	标签宽度，单位是字符。若显示的是图像，则单位是像素
wraplength	文本到多少宽度后换行，单位是像素
image	标签以图像方式呈现
padx/pady	标签文字与标签区间的间距，单位是像素
text	标签内容，如果有“\n”，则可输入多行文字
textvariable	Label 控件显示 tkinter 变量的内容，若 tkinter 变量被修改，则 Label 控件上的文本自动修改
underline	设置第几个文字有下划线，从 0 开始算起，默认是–1，无下划线

2. 与文本相关的其他控件

（1）输入控件 Entry

Entry 控件通常指单行的输入框，在图形用户界面设计中用于输入文本，可以用它输入单行字符串。

（2）文字区域控件 Text

Text 控件可以看作 Entry 控件的扩充，可以处理多行输入，也可以在文字中插入图像或提供格式化功能。可以将 Text 控件当作简单的文字处理软件。

7.2.2 按钮与框架

按钮是图形用户界面程序常用的控件之一，通过按钮可以方便且快捷地实现与用户交互。随着窗口中控件的增多，可以使用框架布局窗口中各控件的位置。

案例 4　展示多首古诗

案例 3 在窗口中展示了一首古诗，并通过设置古诗的字体、字号等属性调整古诗的显示效果，但仅展示一首古诗是不够的。如图 7.4 所示，若想展示多首古诗，使用 “上一首”“下一首” 按钮查看所有的古诗，该如何实现呢?

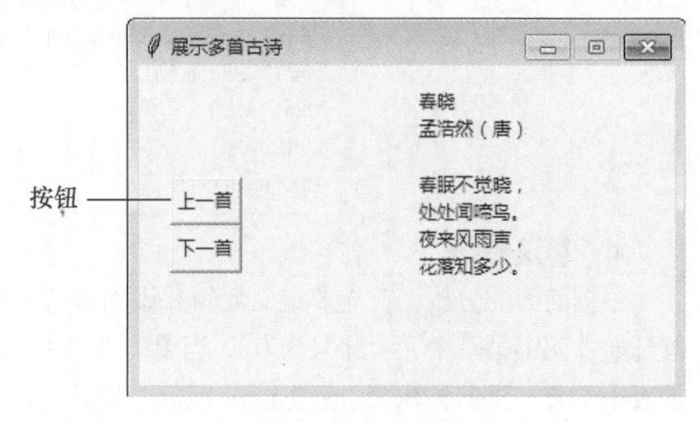

图 7.4　展示多首古诗

1. 理解题意

有多首古诗的时候，使用按钮来查看 “上一首” 和 “下一首” 古诗。古诗内容可以保存在元组中。每一首古诗是元组的一个元素，包含古诗名、古诗作者及古诗内容。单击 “上一首” 按钮后调用对应函数实现上一首古诗的显示。若当前显示的古诗已经是第一首，则滚动显示最后一首诗，实现循环展示。单击 “下一首” 按钮同理。

2. 问题思考

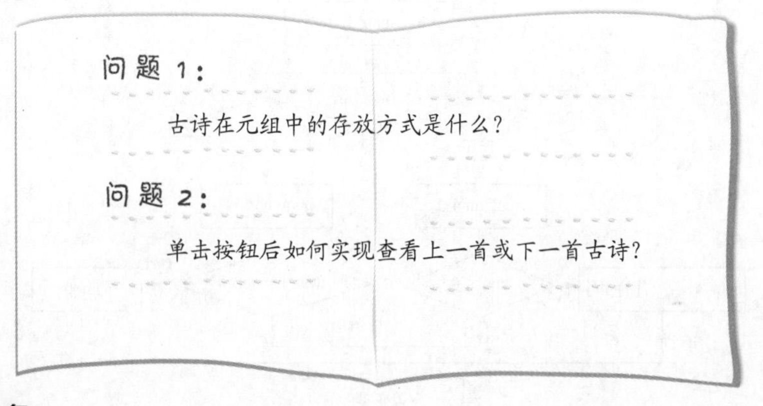

3. 知识准备

（1）按钮控件 Button

在程序中添加 Button 控件，在该控件上可以放置文本或图像，并将该控件与一个函数相关联，当按钮被按下后，自动调用该函数。使用格式：btn = Button (父对象 , options , ...)。在如下示例中，当单击按钮时，Label 控件显示字符串 “Hello, Button!”。

```
from tkinter import *
root = Tk()
root.title( 'Button 示例' )
def hello():                                  # 自定义函数
    label1['text'] = 'Hello, Button! '        # 设置 Label 控件显示的文本
label1 = Label(root)
btn1= Button(root,text = '点我', command = hello)      # 建立控件
label1.pack()
btn1.pack()                                            # 显示控件
root.mainloop()
```

（2）框架控件 Frame

为了方便管理图形用户界面程序中的控件，可以将其他多个控件，如要将 Button 控件、Label 控件等组

织在一个框架里，只需将对应控件中参数的父对象设置成 Frame 控件即可。流程是先创建框架，然后在框架里创建其他控件。如下示例中，建立框架后，添加按钮到框架中。

```
from tkinter import *
root = Tk()
# 建立宽为 150、高为 80、背景色为 yellow 的框架
fm1 = Frame(root,width =150,height = 80, bg = 'yellow')
btn1 = Button(fm1, text = '按钮 1')        # 按钮父对象为 fm1
btn1.pack()
fm1.pack()
root.mainloop()
```

4．算法分析

根据前面的分析，首先要定义元组并添加古诗内容到元组中。定义变量 num，初始值为 0（默认从第 1 首开始，元组第一个元素序号为 0）。当单击“上一首”按钮后，变量 num 的值减 1，再判断变量 num 的值是否小于 0，若小于 0，将变量 num 赋值为最后一首的序号，实现从头跳转到尾的滚动显示。“下一首”按钮的判断同理，若到最后一首，单击“下一首”按钮则回到第一首。确定好变量 num，根据变量 num 显示对应的古诗内容。算法流程图如图 7.5 所示。

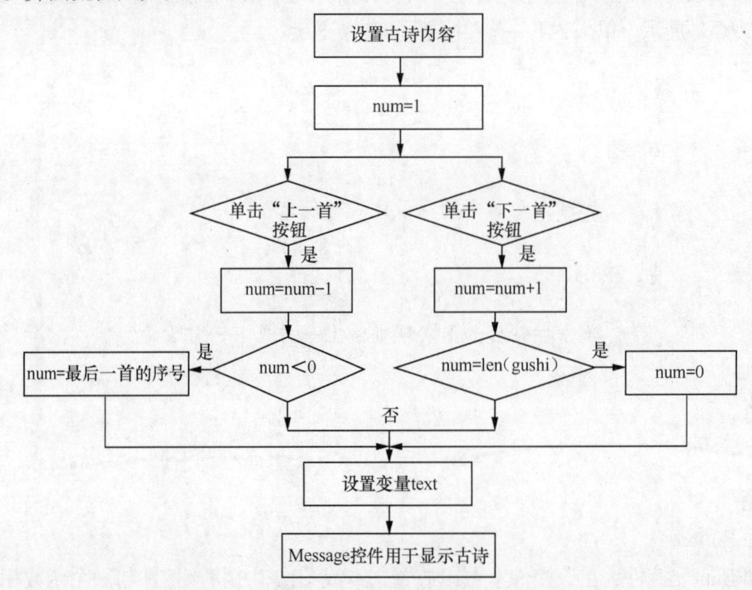

图 7.5　“案例 4　展示多首古诗”算法流程图

1．编写程序

案例 4 的相关代码如文件“案例 4　展示多首古诗.py”所示，分为以下几个部分。

（1）新建窗口

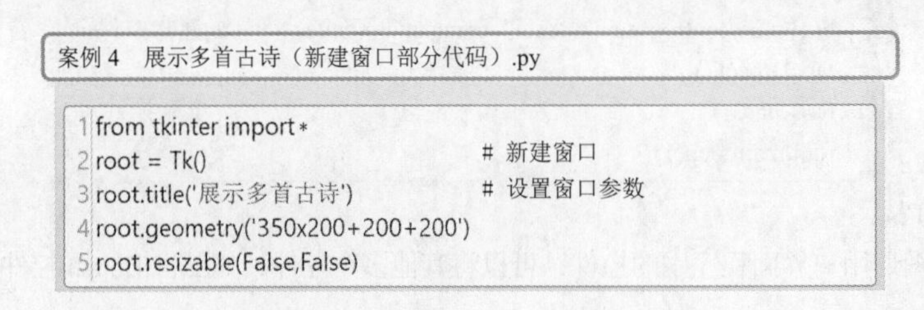

案例 4　展示多首古诗（新建窗口部分代码）.py

```
1 from tkinter import*
2 root = Tk()                          # 新建窗口
3 root.title('展示多首古诗')            # 设置窗口参数
4 root.geometry('350x200+200+200')
5 root.resizable(False,False)
```

（2）添加古诗

用元组来定义古诗，每一个元素即为一首古诗，包括古诗名、古诗作者、古诗内容。案例中添加了 3 首古诗，还可以添加更多的古诗，实现更多古诗的展示。

案例 4　展示多首古诗（添加古诗部分代码）.py

```
6  gushi =(                                        # 定义 gushi 元组并添加古诗
7      ('春晓','孟浩然（唐）','春眠不觉晓，处处闻啼鸟。夜来风雨声，花落知多少。'),
8      ('静夜思','李白（唐）','床前明月光，疑是地上霜。举头望明月，低头思故乡。'),
9      ('相思','王维（唐）','红豆生南国，春来发几枝。愿君多采撷，此物最相思。')
10  )
```

（3）创建框架，定义显示古诗函数

创建两个框架，分别用来容纳按钮和古诗内容。定义 list_gushi()函数，使用 Message 控件读取元组中的古诗内容（读取古诗内容后将其存放在变量 text1 和 text2 中）。

案例 4　展示多首古诗（创建框架，定义显示古诗函数部分代码）.py

```
12 frame1 = Frame(root)                          # 创建框架
13 frame2 = Frame(root,height =100,width = 100)
14 def list_gushi():                             # 定义函数
15     Message(frame2,textvariable = text1,      # 显示古诗名和作者
16             width =100).pack(pady = 10)
17     Message(frame2,textvariable = text2,      # 显示古诗内容
18             width =80).pack()
```

（4）定义按钮控制函数

根据算法分析，定义 prev_gushi()和 next_gushi()函数，分别对应单击“上一首”按钮和单击“下一首”按钮，单击按钮后将读取古诗元组中的数据。

案例 4　展示多首古诗（定义按钮控制函数部分代码）.py

```
20 def prev_gushi():                             # 定义函数读取上一首古诗
21     global num,text1,text2                    # 定义变量
22     num = num - 1
23     if num <0:                                # 如果是第 1 首，再往前
24         num = len(gushi)-1                    # 跳到最后一首
25     text1.set(gushi[num][0]+'\n'+gushi[num][1]) #古诗名和作者
26     text2.set(gushi[num][2])                  # 古诗内容
27 def next_gushi():                             # 定义函数读取下一首古诗
28     global num,text1,text2                    # 定义变量
29     num = num + 1
30     if num == len(gushi):                     # 如果是最后一首，再往后
31         num = 0                               # 跳到第 1 首
32     text1.set(gushi[num][0]+'\n'+gushi[num][1]) #古诗名和作者
33     text2.set(gushi[num][2])                  # 古诗内容
```

（5）初始化变量，显示古诗

新建变量 num 并赋初始值为 0，即从第 1 首开始。定义 text1 和 text2 两个变量，对应存放古诗名与作者及古诗内容。设置好初始值，调用 list_gushi ()函数显示古诗。

案例 4　展示多首古诗（初始化变量、显示古诗部分代码）.py

```
35 num = 0                                          # 默认从第 1 首开始
36 text1 = StringVar()                              # 定义变量
37 text2 = StringVar()
38 text1.set(gushi[num][0]+'\n'+gushi[num][1])# 设置初始值
39 text2.set(gushi[num][2])
40 list_gushi()                                     # 调用函数显示古诗
```

（6）添加按钮

添加“上一首”和“下一首”两个按钮，将按钮置于 Frame1 控件，用来控制古诗的查看。

案例 4　展示多首古诗（添加按钮部分代码）.py

```
41 button1 = Button(frame1,text = '上一首',          # 定义按钮
42             command = prev_gushi).pack()         # 调用函数
43 button2 = Button(frame1,text = '下一首',          # 定义按钮
44             command = next_gushi).pack()         # 调用函数
45 frame1.pack(side = LEFT,padx =20)                # 显示框架
46 frame2.pack()
47 root.mainloop()
```

2. 测试程序

运行程序，单击按钮，查看古诗展示效果。

3. 优化程序

在程序中，虽然设置了 Frame2 控件的高 height 和宽 width 两个参数，但当其他控件被添加到该控件中后，该控件会改变自身大小，即随着里面控件的大小而变化。如何让 Frame 控件按设置的高和宽显示呢？可以使用 pack_propagate(0)方法来实现。为了给用户更多的提示，可以使用标签框架控件 LabelFrame，其用法和 Frame 控件相同。

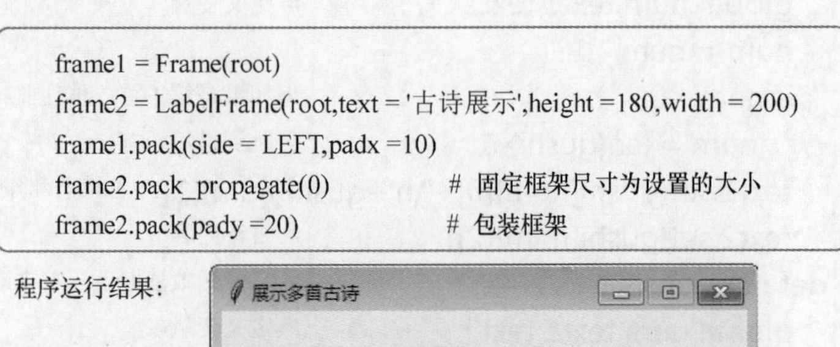

```
frame1 = Frame(root)
frame2 = LabelFrame(root,text = '古诗展示',height =180,width = 200)
frame1.pack(side = LEFT,padx =10)
frame2.pack_propagate(0)              # 固定框架尺寸为设置的大小
frame2.pack(pady =20)                 # 包装框架
```

程序运行结果：

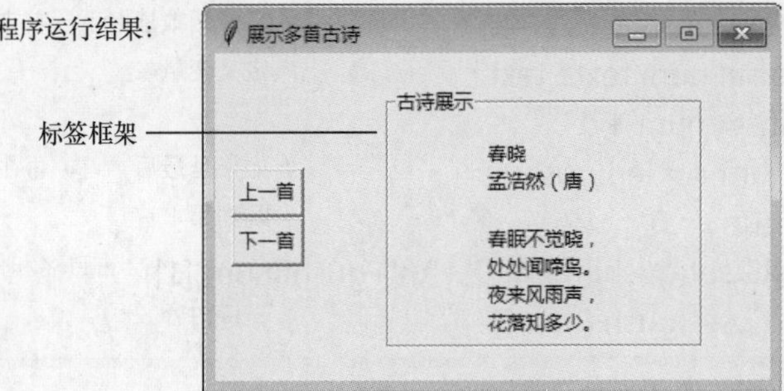

1. 建立含有图像的功能按钮

一般用文字作为按钮名称，也可以用图像当作按钮名称。若使用图像当作按钮名称，则设置控件参数的时候可以忽略 text 参数，但要增加 image 参数设置图像对象。

```
from tkinter import *
root = Tk()
root.title('图形按钮示例')
def show_lb():                                        # 自定义函数
    label1.config(text = '图形按钮文件在当前目录下')  # 设置标签文本
label1 = Label(root)                                  # 新建标签
img = PhotoImage(file = 'good.gif')                   # Image 图像
btn1 = Button(root,image = img,command = show_lb)     # 图像按钮
label1.pack()
btn1.pack()
root.mainloop()
```

程序运行结果：

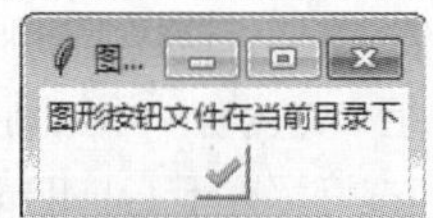

2. 标签框架控件 LabelFrame 的特有属性

Frame 控件和 LabelFrame 控件都可以在屏幕上创建一块矩形区域，多作为容器来布局其他控件，如标签、按钮、输入框等。LabelFrame 控件是 Frame 控件的变体，在默认情况下 LabelFrame 控件会在其子控件的周围出现一个边框和一个标题。LabelFrame 控件比 Frame 控件多了表 7.4 所示的属性，这些属性都与标签有关。

表 7.4　LabelFrame 控件的特有属性

属性	描述
font	设置标签的字体
foreground	设置标签的文本颜色
text	设置标签中的文本
labelanchor	设置标签的位置
labelwidget	设置标签位置的控件

7.2.3 列表与菜单

列表和菜单都可以给用户提供一系列选项，当用户选择后，程序根据用户的选择来执行命令。

案例 5　用列表选择古诗

案例 4 中使用按钮来查看上一首和下一首古诗，用户只能看到当前古诗内容，不知道上一首和下一首是什么古诗。如图 7.6 所示，使用列表来选择古诗，可以很清晰地知道有哪些古诗，需要展示古诗的时候，只要单击列表中对应的选项就可以了。如何用列表选择古诗呢?

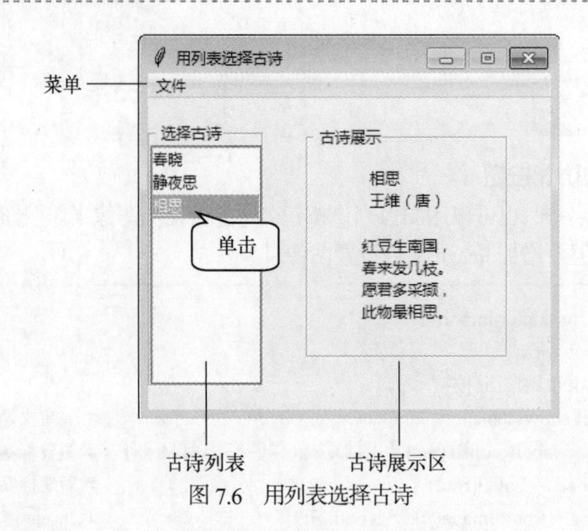

图 7.6　用列表选择古诗

1. 理解题意

使用列表列举出古诗元组中每一个元素的古诗名，这样用户能够清晰地看出有多少首古诗。使用列表，要先建立列表项目，将古诗名（读取 gushi 元组中的内容）添加到列表项目中，选中选项中的一首古诗后，会在窗口中显示对应的古诗内容。列表项目和古诗都置于 LabelFrame 控件中。

菜单是软件常用的设置项目，通过菜单可以实现特定的功能。给案例添加“文件”菜单，菜单中包括“打开”和“退出”选项。选择“退出”选项后，关闭窗口。

2. 问题思考

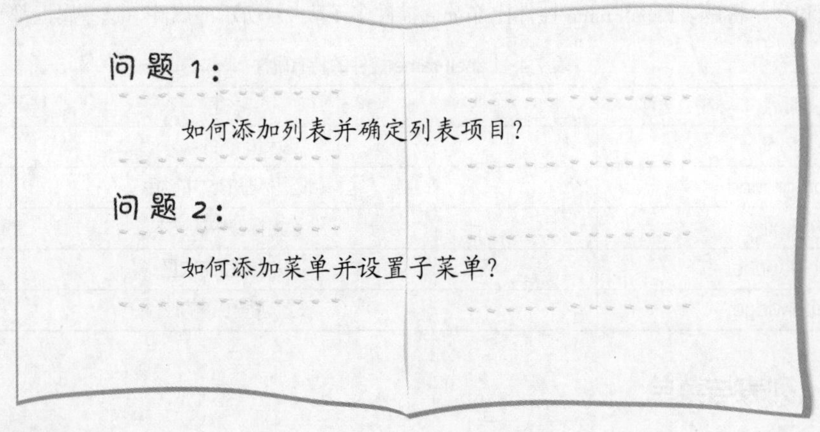

3. 知识准备

（1）列表框控件 Listbox

Listbox 控件以列表的形式提供选项。当创建一个 Listbox 控件时，它是空的，要先使用 insert( )方法添加文本。insert( )方法有两个参数：第一个参数是插入的索引号；第二个参数是插入的字符串。索引号通常是项目的序号（0 是列表第一项的序号，END 表示 Listbox 控件的最后一项）。

以下程序建立了 1 个列表并添加了 3 个选项。

```
from tkinter import *
root = Tk()
root.title('列表示例')
root.geometry('300x200')
lb = Listbox(root)                    # 建立列表
lb.insert(END, '第 1 个选项')          # 添加第 1 个选项
lb.insert(END, '第 2 个选项')          # 添加第 2 个选项
lb.insert(END, '第 3 个选项')          # 添加第 3 个选项
lb.pack(padx = 10, pady =10)          # pack()方法显示
root.mainloop()
```

（2）菜单控件 Menu

Menu 控件通常用于创建程序的各种菜单，包括顶级菜单、下拉菜单和弹出菜单。以下程序建立了一个“文件”菜单，然后在此菜单内建立下拉式选项列表。

```
from tkinter import *
root = Tk()
root.title( '菜单示例' )
root.geometry( '300x200' )
menubar = Menu(root)                                          # 建立最上层菜单对象
filemenu1 = Menu(menubar,tearoff =False)                      # 建立子菜单对象
menubar.add_cascade(label = '文件', menu = filemenu1)          # “文件”菜单
filemenu1.add_command(label = '打开')                          # 建立“打开”选项列表
filemenu1.add_command(label = '保存')                          # 建立“保存”选项列表
root.config(menu = menubar)
```

上述程序的关键是第 5、6 行，filemenu1 是“文件”菜单的对象，第 8、9 行是使用 filemenu1 对象在“文件”菜单内建立“打开”和“保存”选项列表。

案例实施

1. 编写程序

案例 5 的相关代码如文件“案例 5　用列表选择古诗.py”所示，分为以下几个部分。

（1）新建窗口，添加古诗

用元组来定义古诗，每一个元素即为一首古诗，包括古诗名、古诗作者、古诗内容。案例中添加了 3 首古诗，可以添加更多的古诗实现更多古诗的展示。新建窗口，定义古诗元组并添加古诗，代码同案例 4。

案例 5 用列表选择古诗（新建窗口，添加古诗部分代码）.py

```
1  from tkinter import *
2  root = Tk()
3  root.title('用列表选择古诗')                        # 窗口标题
4  root.geometry('320x240+200+200')
5  root.resizable(False,False)                        # 禁止调整大小
6  gushi =(('春晓','孟浩然（唐）','春眠不觉晓，处        # 定义元组
7         ('静夜思','李白（唐）','床前明月光，疑是       # 添加古诗
8         ('相思','王维（唐）','红豆生南国，春来发
9  frame1 = LabelFrame(root,text = ' 选择古诗',        # 创建 Frame1
10               height = 180,width = 100)
11 frame2 = LabelFrame(root,text = ' 古诗展示',        # 创建 Frame2
12               height = 180,width = 160)
```

（2）新建列表，添加列表项目

创建列表框控件 Listbox，添加到 Frame1 控件中。遍历 gushi 元组，读取每一个元素的第 1 项内容（索引值为 0），即古诗名，插入列表。如果选中其中任意一项，在“古诗展示”框架中就会对应显示该古诗。

案例 5　用列表选择古诗（新建列表，添加列表项目部分代码）.py

```
13 s = ''
14 def printlist(event):                          # 自定义函数
15     global id
16     s = event.widget                           # 取得事件的对象
17     index = s.curselection()                   # 取得索引
18     id = int(index[0])                         # 转换数据类型
19     text1.set(gushi[id][0]+'\n'+gushi[id][1])  # 读取元组数据
20     text2.set(gushi[id][2])
21 thelb = Listbox(frame1,width = 12,height = 10) #建立列表项目
22 for i in gushi:
23     thelb.insert(END,i[0])                     # 添加列表项
24 thelb.pack()
25 thelb.bind('<<ListboxSelect>>',printlist)      # 绑定函数
```

（3）添加菜单

在主窗口 root 中添加“文件”菜单，然后在此菜单内建立“打开”和“退出”选项列表。选择“退出”选项后程序退出。

案例 5　用列表选择古诗（新建菜单部分代码）.py

```
26 menubar = Menu(root)                           # 建立菜单
27 filemenu = Menu(menubar,tearoff = False)
28 menubar.add_cascade(label = '文件',menu = filemenu)
29 filemenu.add_command(label = '打开')           # 子菜单
30 filemenu.add_command(label = '退出',           # 子菜单
31                 command = root.destroy)        # 选中，程序结束
32 root.config(menu = menubar)                    # 显示主菜单
```

（4）显示古诗

自定义变量 text1 和 text2，用来保存读取的元组中的古诗，再将古诗通过 Message 控件显示出来。

案例 5　用列表选择古诗（显示古诗部分代码）.py

```
33 text1 = StringVar()                      # 自定义变量
34 text2 = StringVar()                      # 显示变量，即显示古诗
35 Message(frame2,textvariable = text1,width =100).pack(pady = 10)
36 Message(frame2,textvariable = text2,width =80).pack()
37 frame1.pack(side = LEFT)
38 frame2.pack_propagate(0)                 # 固定框架宽度
39 frame2.pack(pady =20)
40 root.mainloop()
```

2. 优化程序

列表框控件 Listbox 默认没有滚动条，但是若选项太多，将会造成部分选项无法显示，可以利用滚动条

控件 Scrollbar 配合 Listbox 控件来实现显示所有选项。

```
scrollbar =Scrollbar(frame1)                # 创建滚动条
scrollbar.pack(side = RIGHT,fill = Y)   # 靠右填充Y 轴
thelb = Listbox(frame1,width = 12,height = 10)
for i in gushi:
    thelb.insert(END,i[0])
thelb.pack()
thelb.bind('<<ListboxSelect>>',printlist)
scrollbar.config(command =thelb.yview) # 拖动垂直滚动条时
```

程序运行结果：

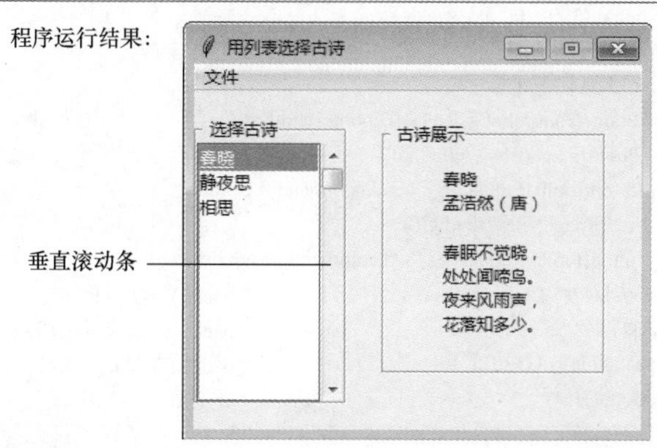

1. 建立快捷菜单

快捷菜单可以加快操作速度，如在 Windows 系统桌面上单击鼠标右键，会弹出一个菜单，这就是快捷菜单。建立快捷菜单和建立菜单的不同之处在于：建立 Menu 对象后，快捷菜单可以直接利用此对象建立选项列表，再与鼠标右击操作绑定显示菜单。

以下示例中的快捷菜单中有三个选项，分别是添加、修改和退出。单击“添加”和“修改”选项调用 calltest( )函数，单击“退出”选项后关闭窗口。

```
from tkinter import *
from tkinter import messagebox
root = Tk()
root.title( '弹出式菜单示例' )
root.geometry( '300×200' )
def calltest():                                   # 单击菜单选项后调用
    print( '弹出式菜单选项被单击' )
def showpopupmenu(event):                         # 鼠标右击绑定事件
    p_menu.post(event.x_root,event.y_root)
p_menu = Menu(root,tearoff =False)                # 建立对象，隐藏分割线
p_menu.add_command(label = '添加',command = calltest)         # 菜单选项
p_menu.add_command(label = '修改',command   = calltest)       # 菜单选项
p_menu.add_command(label = '退出',command   = root.destroy)   # 菜单选项
root.bind( '<Button-3>', showpopupmenu)           # 绑定鼠标右键显示弹出菜单
root.mainloop()
```

2. 建立工具栏

在图形用户界面设计中，除了可以将一系列命令组成菜单，还可以将常用的命令组成工具栏，放在窗口中方便用户随时调用。tkinter 库没有提供类似模块，可以使用 Frame 控件在需要的位置创建，然后在 Frame 控件里添加一系列图形按钮实现建立工具栏。

以下示例在程序中建立了一个工具栏，工具栏内有两个图形按钮。单击按钮后会执行对应的功能函数。

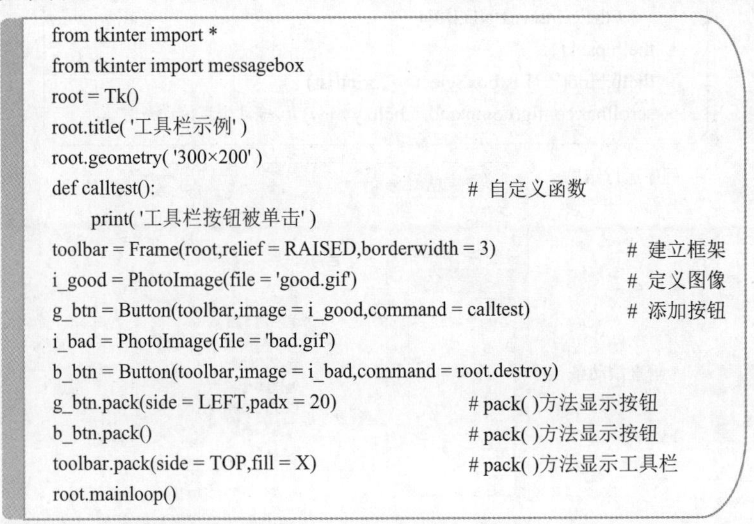

```
from tkinter import *
from tkinter import messagebox
root = Tk()
root.title( '工具栏示例' )
root.geometry( '300×200' )
def calltest():                                    # 自定义函数
    print( '工具栏按钮被单击' )
toolbar = Frame(root,relief = RAISED,borderwidth = 3)          # 建立框架
i_good = PhotoImage(file = 'good.gif')                       # 定义图像
g_btn = Button(toolbar,image = i_good,command = calltest)       # 添加按钮
i_bad = PhotoImage(file = 'bad.gif')
b_btn = Button(toolbar,image = i_bad,command = root.destroy)
g_btn.pack(side = LEFT,padx = 20)                  # pack( )方法显示按钮
b_btn.pack()                                       # pack( )方法显示按钮
toolbar.pack(side = TOP,fill = X)                  # pack( )方法显示工具栏
root.mainloop()
```

7.3 控制图形用户界面

在窗口中添加标签、按钮、列表框、菜单等控件后，随着程序功能的扩充，可能还会添加更多的控件，不仅要处理好控件相关的事件，还要对这些控件进行布局管理，以带给用户创造更好的操作体验。

7.3.1 布局管理

为了使图形用户界面更美观、好用，需要对界面进行合理布局。kinter 提供了三种布局管理方法，分别为 pack()方法、grid()方法和 place()方法。

案例 6　优化古诗展示布局

前面的古诗展示的图形用户界面比较简单、朴素，通过合理布局，对程序进行适当优化，让其呈现出图 7.7 所示的效果。

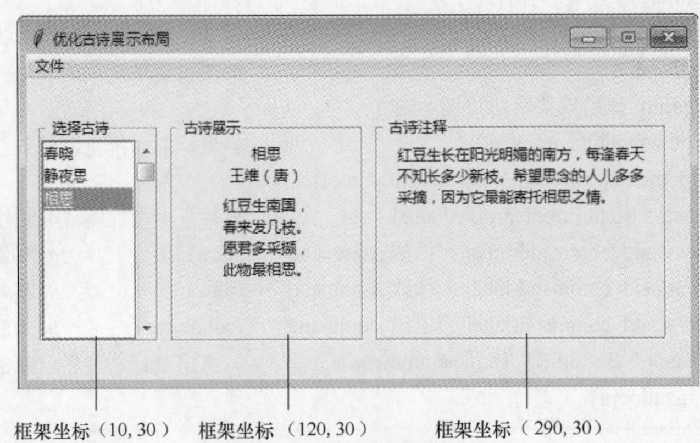

图 7.7　优化古诗展示布局

1. 理解题意

窗口的布局管理方法有 3 种，分别是 pack()、grid()和 place()方法。古诗展示案例中用到了 3 个标签框架控件 LabelFrame，可以根据窗口大小规划好控件的大小，也可以选用 place()方法通过坐标来定位框架，这样布局的效果会显得整齐划一。

2. 问题思考

问题 1：

三种布局管理方法的区别是什么？

问题 2：

每一种布局管理方法的格式是什么？

3. 知识准备

（1）单控件布局

对单控件，主要用 pack()方法进行布局管理。了解了 pack()方法，就可以用它来控制单个控件的位置。基本分析步骤如下。

※ 明确当前容器的可用空间范围。

※ 分析并确定采用上下排列（side = TOP/BOTTOM）还是用左右排列（side = LEFT/RIGHT）。

※ 判断是否需要扩展空间，若需要则设置 expand = Yes。

※ 设置参数 anchor，确定控件的具体位置。

※ 利用参数 fill 对控件的可见区域进行填充。

（2）多控件布局

实际的图形用户界面大多为多控件的综合布局，涉及各个控件之间的关系。多控件布局一般需要注意以下几点。

※ 所有控件按代码的前后组织顺序布局。

※ 设置 side = TOP/BOTTOM 的控件为上下排列，需要独占整行。

※ 设置 side = LEFT/RIGHT 的控件为左右排列，需要独占整列。

※ 可利用 Frame 控件的多层嵌套进行灵活布局。

1. 编写程序

案例 6 的相关代码如文件“案例 6　优化古诗展示布局.py”所示，分为以下几个部分。

（1）在 gushi 元组中添加“古诗注释”内容

（2）创建框架，布局管理方法为 place()方法

分别建立 3 个 LabelFrame 控件，用来“选择古诗”、“古诗展示”和“古诗注释”。frame1 的坐标为（10, 30），frame2 的坐标为（120, 30），frame3 的坐标为（290, 30）。

案例 6　优化古诗展示布局（新建框架、设置布局管理方法部分代码）.py

```
frame1 = LabelFrame(root,text = '选择古诗',height = 180,width = 100)
frame2 = LabelFrame(root,text = '古诗展示',height = 180,width = 160)
frame3 = LabelFrame(root,text = '古诗注释',height = 180,width = 240)
                              # 在框架内添加其他控件位置
frame1.pack_propagate(0)      # frame1 布局
frame1.place(x = 10,y = 30)
frame2.pack_propagate(0)      # frame2 布局
frame2.place(x = 120,y = 30)
frame3.pack_propagate(0)      # frame3 布局
frame3.place(x = 290,y = 30)
```

（3）添加其他控件

案例 6 和案例 5 的区别是调整了 LabelFrame 控件的布局管理方法。其他控件的添加、属性设置及程序与案例 5 相同，可以直接使用案例 5 的控件及对应程序。

2. 优化程序

结合案例 4，在窗口中添加“上一首”和“下一首”按钮，实现也可以同时用按钮查看古诗。程序运行结果如图 7.8 所示。

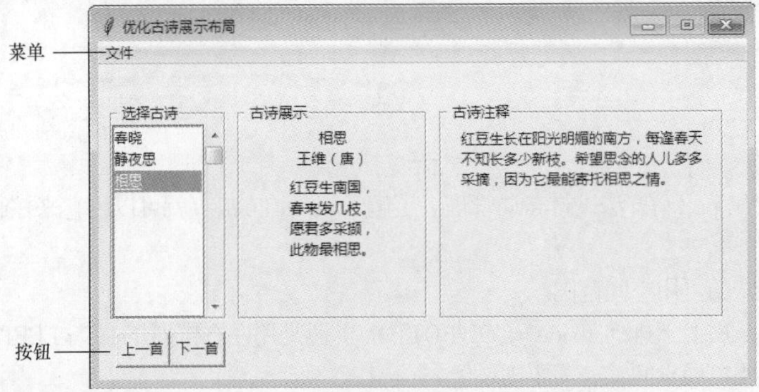

图 7.8　“案例 6　优化古诗展示布局”程序运行结果

1. pack( )方法

pack()方法按添加顺序排列控件，是常用的控件布局管理方法。前面的案例中已经用到这种布局管理方法。pack()方法的语法格式为 pack(options, ...)，其中 options 参数可以是 side、padx/pady、ipadx/ipady、anchor、fill、expand，参数说明如表 7.5 所示。

表 7.5　pack( )方法的参数说明

参数	说明
side	TOP（默认值）表示从上往下排列；BOTTOM 表示从下往上排列；LEFT 表示从左往右排列；RIGHT 表示从右往左排列
padx / pady	代表水平间距/垂直间距，多用来调整控件间距，默认为 1 像素
ipadx / ipady	控制标签文字与标签容器的 x 轴间距/y 轴间距
anchor	设置控件内容在空间区域的位置，参数有 NW、N、NE、W、CENTER（默认值）、E、SW、S、SE
fill	X 表示填满 x 轴；Y 表示填满 y 轴；BOTH 表示填满所分配空间；默认值是 NONE，表示保持原大小
expand	设置控件是否填满额外的父容器空间，默认值是 False（或者 0），则表示不填满；若是 True（或者 1），则表示填满

2. grid( )方法

grid()方法按行列形式排列控件，用表格的方式来包装和定位窗口中的控件。grid()方法的语法格式为 grid(options , ...)，其中 options 参数可以是 row、column、rowspan、columnspan、padx/pady、sticky，参数说明如表 7.6 所示。

表 7.6 grid 方法的参数说明

参数	说明
row 和 column	row=0,column=0 row=0,column=1 … row=0,column=n row=1,column=0 row=1,column=1 … row=1,column=n ⋮ ⋮ ⋮ row=n,column=0 row=n,column=1 … row=n,column=n 调整 row 和 column 值，即可布局窗口控件的位置
rowspan	设定控件在 row 方向的合并数量，即用多少行显示该控件
columnspan	设定控件在 column 方向的合并数量，即用多少列显示该控件
padx / pady	同 pack( )方法
sticky	类似 pack( )方法的 anchor，不过只可以设定为 N、S、W、E，即上、下、左、右对齐

3. place( )方法

place()方法允许指定控件的大小和位置，是用直接指定的方式将控件放在窗口中的方法。place()方法的语法格式为 place(options, ...)，其中 options 参数可以是 x/y、width/height、relx/rely、relwidth/relheight，参数说明如表 7.7 所示。

表 7.7 place( )方法的参数说明

参数	说明
x / y	设定窗口控件的左上方位置，单位是像素。窗口显示区的左上角是（0,0）
width / height	设定控件的实体大小
relx / rely	设置相对于父窗口的位置
relwidth / relheight	设置相对于父窗口的大小，值范围为 0.0 ~ 1.0

7.3.2 事件处理

在 GUI 程序中，用户可能要按住鼠标、单击或双击鼠标、在输入框中输入文字、选择一个菜单项……这些操作都会产生一个事件，程序会根据需要来对这些事件进行处理。

案例 7 读取文件中的古诗

前面案例是用元组来保存需要展示的古诗。在实际应用中，添加和删除数据都需要在程序中进行，比较麻烦。将数据保存在文件中，再读取文件中的数据，是比较灵活的方法。若将古诗保存在 CSV 格式文件中，那要如何读取 CSV 格式文件并展示文件中的古诗呢？

1. 理解题意

本案例通过读取 CSV 格式文件中的古诗，在列表中展示出所有的古诗名。单击列表中的选项，在窗口中对应展示所选古诗和注释。

2. 问题思考

问题 1：

如何读取 CSV 格式文件？

问题 2：

CSV 格式文件中的内容是如何显示出来的？

3. 知识准备

在 Python 的图形用户界面程序中，需要编写事件处理程序，该事件处理程序必须绑定控件才能生效。常见的事件处理（绑定）方式有以下几类。

（1）创建控件对象时指定

创建控件时，可以通过 command 参数指定事件处理函数，如为 btn1 控件绑定单击事件，当控件被单击时执行 Click_btn1 函数，格式如下。

```
btn1 = Button(root,text = '按钮', command = Click_btn1)
                                        # 要先定义 Click_btn1 函数
```

（2）实例绑定

调用控件对象实例方法 bind()，可以为指定控件实例绑定事件，格式如下。

```
kj.bind('<event>', handler)
```

kj 是事件的来源，可以是 root 窗口对象，也可以是认识的控件，如按钮、选项等。<event>为事件类型，事件类型有键盘事件、鼠标事件、窗口事件等。handler 为事件处理函数。

1. 编写程序

案例 7 的相关代码如文件“案例 7　读取文件中的古诗.py”所示，分为以下几个部分。

（1）添加古诗

本案例将古诗保存在 CSV 格式文件中。通过读取 CSV 格式文件来展示文件中的古诗。CSV 格式文件用 Excel 软件打开的状态如图 7.9 所示。

A	B	C	D	E	F	G	H
序号	诗名	作者	首句	二句	三句	末句	注释
1	春晓	（唐）孟浩	春眠不觉晓，	处处闻啼鸟。	夜来风雨声，	花落知多少。	春天睡醒不觉天已大亮，到
2	静夜思	（唐）李白	床前明月光，	疑是地上霜。	举头望明月，	低头思故乡。	明亮的月光洒在窗户纸上，
3	早发白帝	（唐）李白	朝辞白帝彩云	千里江陵一日	两岸猿声啼不	轻舟已过万重	清晨告别五彩云霞映照中的
4	登鹳雀楼	（唐）王之	白日依山尽，	黄河入海流。	欲穷千里目，	更上一层楼。	夕阳依傍着山峦慢慢沉落，
5	相思	（唐）王维	红豆生南国，	春来发几枝。	愿君多采撷，	此物最相思。	红豆生长在阳光明媚的南方

图 7.9　CSV 格式文件中的古诗

（2）新建窗口，设置窗口属性

设置窗口标题为“读取文件中的古诗”，设置窗口大小为 550×240，坐标为（200, 200），禁止更改窗口尺寸。

（3）自定义函数

根据程序的需要，定义 read_csv( )函数用来读取 CSV 格式文件，定义 printlist( )函数用来绑定 Listbox 事件，定义 list_gushi( )函数用来显示古诗。

案例 7　读取文件中的古诗（自定义函数部分代码）.py

```
 8 def read_csv():  #读CSV格式文件
 9     global result
10     with open('gushi.csv','r') as f:    # CSV 文件在当前目录下
11         reader = csv.reader(f)
12         result = list(reader)
13         return(result)                   # 返回结果
14 s = ''
15 def printlist(event):                   #Listbox事件
16     global id,tiqu
17     s = event.widget
18     index =s.curselection()
19     print(index[0])                      # 输出索引号，测试运行结果
20     id =int(index[0])+1
21     text_gushi.set(tiqu[id][1:7])        # 提取古诗
22     text_zhushi.set(tiqu[id][7]          # 提取古诗注释
23 def list_gushi():  #显示古诗
24     global tiqu
25     Message(frame2,textvariable = text_gushi,width = 100).pack()
26     Message(frame3,textvariable = text_zhushi,width = 210).pack()
```

（4）添加控件，显示所有故事列表选项

新建多个 Frame 控件布局窗口。新建列表和垂直滚动条控件，用于显示所有古诗列表。

案例 7　读取文件中的古诗（添加控件，显示所有故事列表选项部分代码）.py

```
28 read_csv()                    # 调用函数，读取 CSV 格式文件
29 id =1                         # 从第 1 首古诗开始
30 text_gushi = StringVar()# 定义变量，保存读取的数据
31 text_zhushi = StringVar()
32 frame1 = LabelFrame(root,text = ' 选择古诗',height = 180,width = 100)
33 frame2 = LabelFrame(root,text = ' 古诗展示',height = 180,width = 160)
34 frame3 = LabelFrame(root,text = ' 古诗注释',height = 180,width = 240)
35 frame4 = Frame(root,width = 100)         # 布局窗口
36 scrollbar =Scrollbar(frame1)
37 scrollbar.pack(side = RIGHT,fill = Y)
38 #显示古诗列表
39 list_box = []
40 thelb = Listbox(frame1,width = 15,height = 8,yscrollcommand =scrollbar.set)
41 for i in result[1:]:
42     list_box.append(i[1])            # 提取古诗名
43 for item in list_box:
44     thelb.insert('end',item)         # 逐个添加到列表项目
45 thelb.pack()
46 thelb.bind('<<ListboxSelect>>',printlist)   # 绑定Listbox事件
47 scrollbar.config(command = thelb.yview)   # 绑定垂直滚动条事件
```

（5）程序初始化，显示古诗

主程序执行流程是先读取 CSV 格式文件，显示古诗，然后根据界面布局设置，显示控件。

案例 7　读取文件中的古诗（程序初始化，显示古诗部分代码）.py

```
48 #显示古诗
49 tiqu = read_csv()              # 调用函数，读取 CSV 格式文件
50 list_gushi()                   # 显示古诗
51 frame1.pack_propagate(0)
52 frame1.place(x = 10,y = 30)
53 frame2.pack_propagate(0)       # 框架按设定尺寸显示
54 frame2.place(x = 120,y = 30)
55 frame3.pack_propagate(0)
56 frame3.place(x = 290,y = 30)
57 root.mainloop()
```

2. 测试程序

运行程序后，用鼠标单击列表中的古诗名选项，观察古诗展示区和古诗注释区显示内容的变化，案例 7 的程序运行结果如图 7.10 所示。

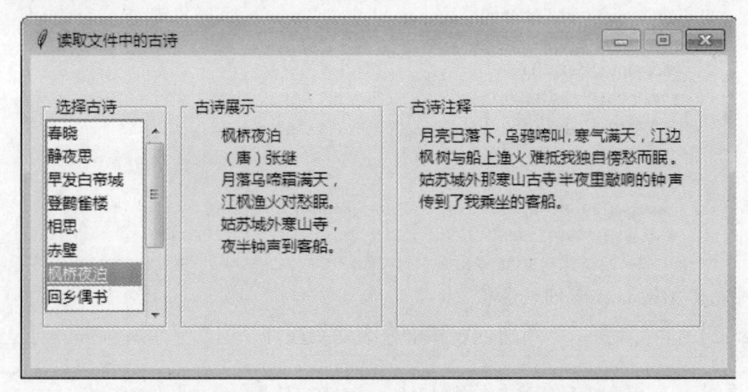

图 7.10　“案例 7　读取文件中的古诗”程序运行结果

3. 优化程序

结合前面所学给案例 7 添加“文件”和“关于”菜单，其中“文件”菜单的选项为“打开”和“退出”。当单击“退出”选项后关闭图形用户界面；当单击“关于”菜单后，弹出软件介绍对话框。参考代码如下。

```
from tkinter import messagebox                # 导入库
def guanyu():                                 # 菜单对应事件函数
    messagebox.showinfo( '关于...', 'Python GUI  综合应用\
（古诗学习软件）')
menubar = Menu(root)
filemenu = Menu(menubar,tearoff = False)
menubar.add_cascade(label = '文件',menu = filemenu)
filemenu.add_command(label = '打开')
filemenu.add_command(label = '退出',command = root.destroy)
menubar.add_cascade(label = '关于',command = guanyu)
root.config(menu = menubar)
```

1. 鼠标事件绑定应用示例

鼠标事件绑定的基本应用：当在窗口中单击鼠标左键时，在 Python Shell 窗口中列出鼠标单击事件的坐标。

```
from tkinter import *
root = Tk()
root.title( '鼠标事件绑定应用示例' )
root.geometry( '300×200' )
def call_mouse(event):                                    # 事件对应函数
    print( '在',event.x,event.y, '处，单击了鼠标左键' )
frame = Frame(root,width = 300,height = 180)
frame.bind( '<Button-1>', call_mouse)                     # 绑定函数
frame.pack()
root.mainloop()
```

2. 键盘事件绑定应用示例

键盘事件绑定的基本应用：程序在运行时，在 Python Shell 窗口中打印出所按的键（a~z）。使用 repr( ) 函数将参数处理成字符串。

```
from tkinter import *
root = Tk()
root.title( '键盘事件绑定应用示例' )
root.geometry( '300×200' )
def call_key(event):                                # 事件对应函数
    print( '按了' + repr(event.char)+ '键')
root.bind( '<Key>', call_key)                       # 绑定函数
root.mainloop()
```

第 8 章

Python 编程实战

Python 的强大之处在于它拥有众多的第三方库，构建起了一个庞大的生态圈。比如在网页开发、网络编程、网络爬虫、云计算、人工智能、自动化运维、科学计算及游戏开发等领域，都可以非常方便地通过使用 Python 编写程序来解决问题，这使得 Python 几乎无所不能。

本章主要介绍 Python 在网络爬虫、数据处理及人工智能几个方面的应用。通过三个较大的实战项目，体验程序开发的完整过程，学习如何在第三方库的帮助下解决较为复杂的实际问题。

学习目标

★ 了解 Python 网络爬虫的工作过程

★ 了解 Python 办公自动化的基本应用

★ 了解 Python 人工智能的基础应用

★ 掌握 Python 爬虫程序的编写方法

★ 掌握 Python 读写 Word 文档的方法

★ 掌握 Python 基于百度 API 人工智能的编程方法

8.1 新书推荐榜

李明作为学校读书会的成员，需要定期向同学们推荐新书。当当网会定期根据销量及评论数据，更新许多图书榜单，其中有各类新书热卖榜，这正是李明同学所需要的。一般做法是复制并保存每本书的相关信息，但是这种方法费时费力。因此，可以通过编写 Python 程序，自动从当当网的榜单页面中提取书名、作者、出版社等信息，生成自己的新书推荐榜单，如图 8.1 所示。

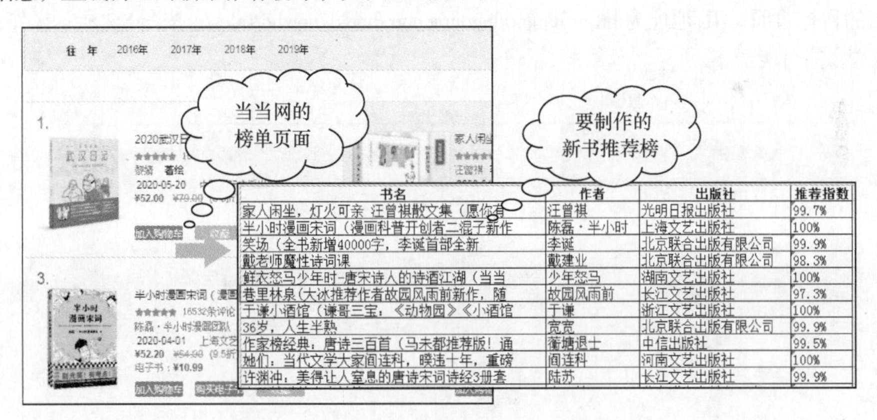

书名	作者	出版社	推荐指数
家人闲坐，灯火可亲 汪曾祺散文集（愿你有	汪曾祺	光明日报出版社	99.7%
半小时漫画宋词（漫画科普开创者二混子新作	陈磊·半小时	上海文艺出版社	100%
笑场（全书新增40000字，李诞首部全新	李诞	北京联合出版有限公司	99.9%
戴老师魔性诗词课	戴建业	北京联合出版有限公司	98.3%
鲜衣怒马少年时-唐宋诗人的诗酒江湖（当当	少年怒马	湖南文艺出版社	100%
巷里林泉(大冰推荐作者故园风雨前新作，随	故园风雨前	长江文艺出版社	97.3%
于谦小酒馆（谦哥三宝：《动物园》《小酒馆	于谦	浙江文艺出版社	100%
36岁，人生半熟	宽宽	北京联合出版有限公司	99.9%
作家榜经典：唐诗三百首（马未都推荐版！通	蘅塘退士	中信出版社	99.5%
她们：当代文学大家阎连科，暌违十年，重磅	阎连科	河南文艺出版社	100%
许渊冲：美得让人窒息的唐诗宋词诗经3册套	陆苏	长江文艺出版社	99.9%

图 8.1 “项目 1 新书推荐榜”效果示意图

项目 1 新书推荐榜

8.1.1 项目分析

要完成本项目，比较合适的方法是使用网络爬虫。网络爬虫可以按照预定的规则自动从指定网站的页面批量获取信息。Python 拥有强大的第三方库，便于高效地编写爬虫程序。

在本项目中，已知当当网文学类新书热卖榜的 URL 地址，需要解决的问题是如何将页面中指定的图书信息提取出来。本项目主要面临以下两个问题。

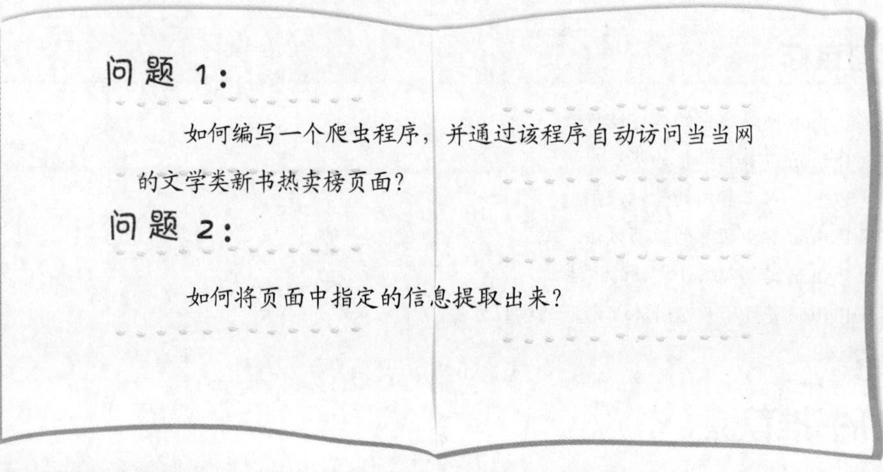

1．分析目标页面

本项目的目标页面 URL 地址为 http://bang.dangdang.com/books/newhotsales/，按图 8.2 所示操作，即可显示近 7 日的文学类新书热卖榜。

图 8.2 当当网文学类新书热卖榜页面

从页面中可以看出，榜单共有 25 页，每页 20 本图书，共列出了 500 本图书的信息。单击某个页码，

URL 地址最后一个数字会变化，根据这个规则即可得到每个页面的 URL 地址，如表 8.1 所示。

表 8.1　当当网文学类新书热卖榜的 URL 地址

页码	图书信息	URL 地址
1	第 1~20 条	http://bang.dangdang.com/books/newhotsales/01.05.00.00.00.00-recent7-0-0-1-1
2	第 21~30 条	http://bang.dangdang.com/books/newhotsales/01.05.00.00.00.00-recent7-0-0-1-2
5	第 81~100 条	http://bang.dangdang.com/books/newhotsales/01.05.00.00.00.00-recent7-0-0-1-5

2. 确定信息需求

在页面中右击书名的部分文字，选择“审查元素”命令，即可看到该页面的 HTML 代码。本项目需要获取图书的书名、作者、出版社、推荐指数等信息。每项信息都可以在 HTML 代码中找到相应的标签。

如图 8.3 所示，书名文字“2020 武汉日记……”是一个<a>标签，其父标签是一个名为 name 的<div>标签，再往上一级是一个<li>标签，通过这些标签的层级关系就可以确定一个标签在 HTML 代码中的位置。

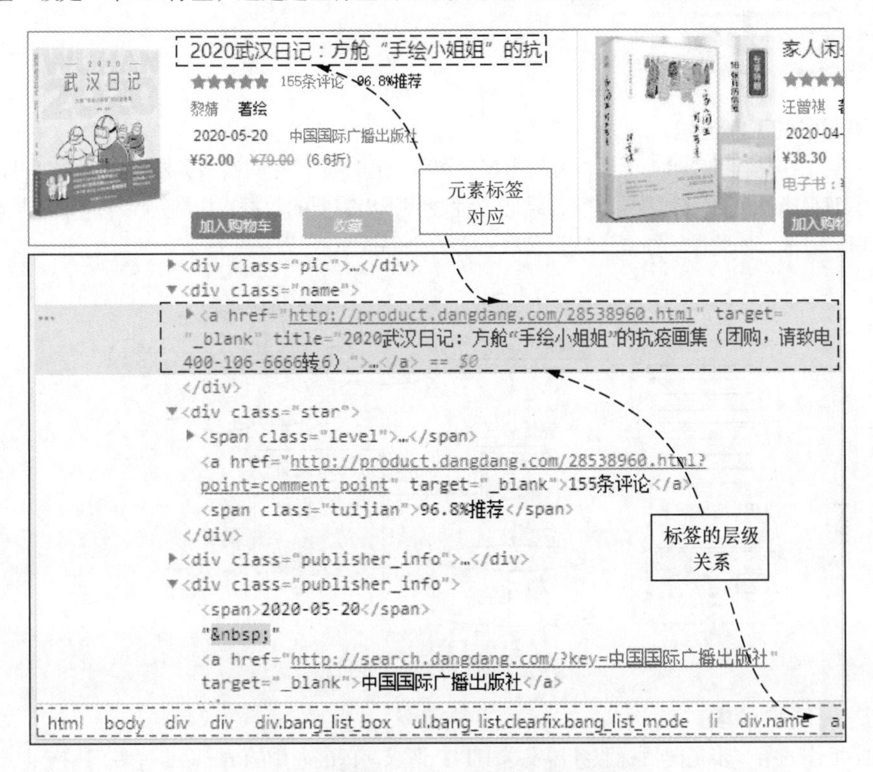

图 8.3　查看图书信息对应的 HTML 标签

仔细观察页面结构可以看出，所有图书列表都在一个<ul>标签中，每本书用一个<li>标签表示。本项目需要提取的图书信息及其标签名称如表 8.2 所示。

表 8.2　图书信息对应的 HTML 标签

图书信息	标签类型	标签层级位置
书名	<a>标签	li> div.name > a
作者	<a>标签	li> div.publisher_info > a
出版社	<a>标签	li> div.publisher_info > a
推荐指数	<span>标签	li> div.star > span.tuijian

3. 明确项目目标

根据以上对目标页面结构及所需信息位置的分析，本项目的目标可分解为以下5个小目标。

（1）根据榜单页码规则，拼接每页的URL地址。

（2）向服务器发送HTTP请求。

（3）获取反馈结果，取出图书信息的部分源码。

（4）解析出每本书的书名、作者、出版社、推荐指数。

（5）将每本书的信息保存到列表中，并显示出来。

1. 网络爬虫的工作过程

网络爬虫的工作过程如图8.4所示，首先由客户端爬虫程序向目标网站服务器发送一个HTTP请求，服务器返回一个HTML页面或其他数据，客户端爬虫程序解析出需要的数据，并将其保存起来，再向服务器发送下一个HTTP请求，如此循环往复，直至爬取所需的全部页面。

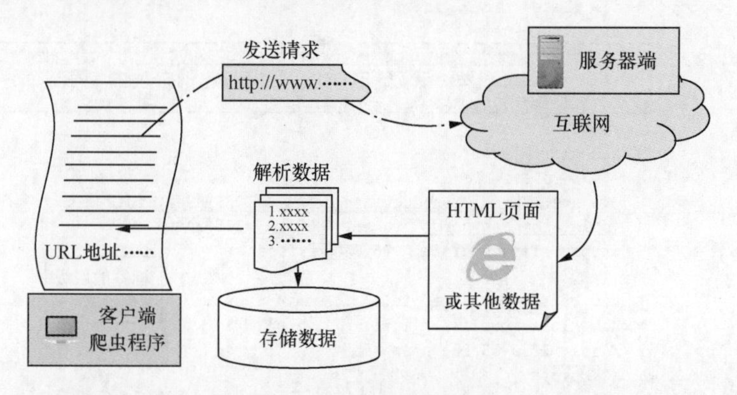

图8.4 网络爬虫的工作过程

2. 发送HTTP请求

爬虫程序工作的第一步是向目标服务器发送HTTP请求。Python中的requests库专门用于向服务器发送HTTP请求，并获得返回数据。使用前，需要先用pip命令安装requests库。

requests库中最常用的请求方式是GET，只需要将URL地址作为参数，就可以向URL地址指定的服务器发送请求，服务器接收到请求后，返回一个response对象，里面包括状态码、头部信息及HTML源码。

例如，下面程序向百度首页发送了一个HTTP请求，返回response对象r，先通过r.status_code判断是否返回成功，再用r.text返回HTML源码。

```
import requests                                    # 导入 requests 库
url= 'http://bang.dangdang.com/books/newhotsales/'
r=requests.get(url)                                # 发送请求
r.encoding='utf-8'                                 # 设置编码格式
if r.status_code==200:                             # 状态码为 200 表示成功
    print(r.text)                                  # 输出 HTML 源码
```

3. 解析 HTML 标签

在获取到 HTML 源码后，如何将指定的标签内容提取出来呢？除了直接搜索文本以外，Python 还提供了许多优秀的第三方库，利用这些第三方库可以快速定位并提取源码中的 HTML 标签，其中 BeautifulSoup4 库比较常用。使用之前，需要先用 pip install bs4 命令安装 BeautifulSoup4 库。

例如，以下程序通过给定的层级关系从文艺类新书热卖榜页面中搜索图书列表 ul > li > div.name > a 标签，找到本页所有图书，输出书名和 URL 网址。

```
import requests                                          # 导入 requests 库
from bs4 import BeautifulSoup                            # 导入 BeautifulSoup 库
url="http://bang.dangdang.com/books/newhotsales/\
01.05.00.00.00.00-recent7-0-0-1-1"                       # 目标 URL 地址:文艺类新书热卖榜第 1 页
head={'User-Agent':'Mozilla/5.0 (Windows NT 6.1; \
WOW64) AppleWebKit/537.36 (KHTML, like Gecko) \
Chrome/78.0.3904.108 Safari/537.36'}                     # 头部信息
r = requests.get(url,headers=head)                       # 发送 HTTP 请求
soup=BeautifulSoup(r.text,'html.parser')                 # 解析获取的源码
title=soup.select('ul > li > div.name > a')              # 搜索书名的<a>标签
for i in title:
    print(i.get('title')[:15]," : ",i.get('href'))       # 输出书名和 URL 地址
```

8.1.2 项目规划

明确了问题与项目目标，分析清楚了目标页面结构，也掌握了必要的网络爬虫知识，可以着手规划项目并解决问题了。

本项目将按图 8.5 所示的解题思路，分为发送请求、获得源码、解析数据、保存输出四个步骤来解决问题。首先，根据前面分析出来的页面结构，向每一个页面的 URL 地址发送 HTTP 请求；再从得到的 HTML 源码中解析出需要的数据，将所需要的信息保存到列表中；最后将列表输出。

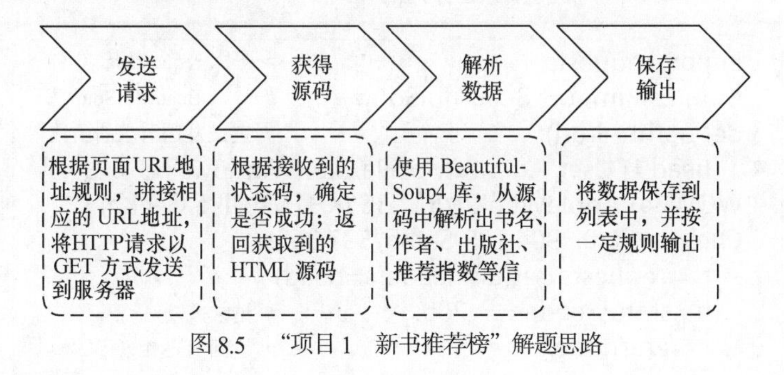

图 8.5 “项目 1 新书推荐榜”解题思路

分析前面的解题思路，本项目主要包括发送请求、获得源码、解析数据、保存输出四个部分，其中前两个部分相对独立，可以放在同一个函数中。算法流程图如图 8.6 所示。

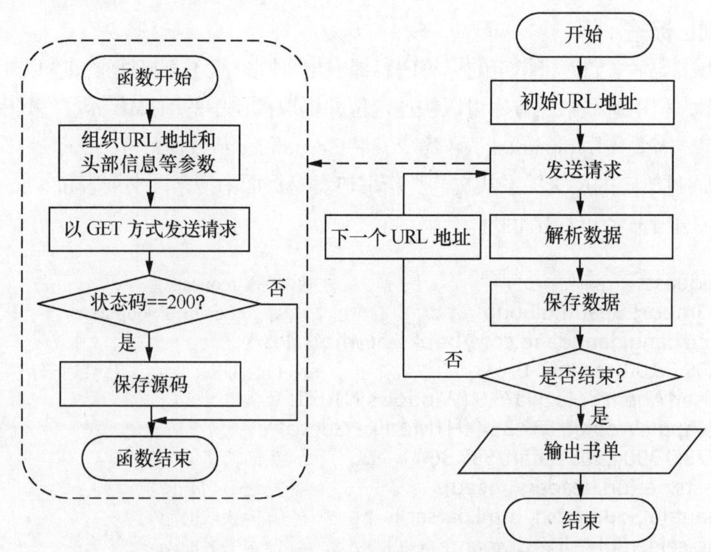

图 8.6　“项目 1　新书推荐榜”算法流程图

8.1.3　项目实施

本项目将从发送请求部分开始编写，根据返回的源码再写解析数据的部分，最后编写保存输出的部分。

1. 发送请求部分

程序首先导入必要的两个模块，编写一个发送请求的函数，给定一个URL地址，返回获取到的所有HTML源码。

项目 1　新书推荐榜（发送请求部分）.py

```
1  import requests                                # 导入 requests 库
2  from bs4 import BeautifulSoup                  # 导入 BeautifulSoup 库
3  def gethtml(url):                              # 定义发送请求的函数
4      head={'User-Agent':'Mozilla/5.0 (Windows NT 6.1; \
5  WOW64) AppleWebKit/537.36 (KHTML, like Gecko) \
6  Chrome/78.0.3904.108 Safari/537.36'}
7      r = requests.get(url,headers=head)
8      if r.status_code == 200:                   # 请求成功时
9          return r.text                          # 返回 HTML 源码
10     else:
11         return ''
```

2. 获得源码和解析数据部分

主程序中需要先建立一个存放图书信息的列表books，构建一个循环，以获取全部25页的数据。对每一个URL地址调用gethtml函数，将获取到的源码保存到code中，为下一步解析数据做好准备。

得到源码后，首先建立一个BeautifulSoup对象，然后根据HTML标签的层级关系定位到图书信息所在的<li>标签，获取所有的图书信息列表；再循环遍历每一本书，提取书名、作者、出版社、推荐指数信息，最后将提取到的信息保存到列表books中。

项目 1　新书推荐榜（获得源码和解析数据部分）.py

```
12 books=[]                                              # 图书信息列表
13 for page in range(1,25):                              # 遍历 25 页
14     url = "http://bang.dangdang.com/books/newhotsales\
15 /01.05.00.00.00.00-recent7-0-0-1-" + str(page)
16     code=gethtml(url)                                 # 调用函数发送请求
17     time.sleep(1)                                     # 暂停 1 秒
18     soup=BeautifulSoup(code,'html.parser')
19     items=soup.select('div.bang_content >\
20                 div.bang_list_box > ul > li')         # 提取信息
21     for item in items:                                # 遍历所有图书
22         sub=item.select('div.name > a')
23         title=sub[0].text[:20]                        # 书名
24         sub=item.select('div.publisher_info > a')# 作者
25         author=sub[0].text[:6]                        # 出版社
26         press=sub[-1].text[:10]
27         sub=item.select('div.star > span.tuijian')
28         tj=sub[0].text[:-2]                           # 推荐指数
29         books.append([title,author,press,tj])         # 保存到列表
```

3. 保存输出部分

本部分是将前面提取到的所有图书信息输出，首先输出一个标题行，然后使用 format( )格式化输出的方式将书单打印出来。

项目 1　新书推荐榜（保存输出部分）.py

```
30 mat = "{:40}\t{:12}\t{:20}\t{:10}"                   # 标题输出的格式
31 print(mat.format('\t\t书名\t','作者','出版社','推荐指数'))
32 for i in books:                                      # 遍历图书列表
33     print(mat.format(i[0],i[1],i[2],i[3]))            # 输出每一本书
```

运行程序，查看程序运行的结果，如图 8.7 所示。

书名	作者	出版社	推荐指数
2020武汉日记：方舱“手绘小姐姐”的抗	黎婧	中国国际广播出版社	96.9%
家人闲坐，灯火可亲 汪曾祺散文集（愿你有	汪曾祺	光明日报出版社	99.7%
半小时漫画宋词（漫画科普开创者二混子新作	陈磊・半小时	上海文艺出版社	100%
笑场（全书新增40000字，李诞首部全新	李诞	北京联合出版有限公司	99.9%
我想要两颗西柚（独家签名版。胡辛束 20	胡辛束	浙江文艺出版社	39.3%
不要和你妈争辩（《外婆的道歉信》作者巴克	弗雷德里克・	天津人民出版社	100%
亲爱的你（丁丁张）：畅销书作家、编剧丁丁	丁丁张	北京联合出版有限公司	100%
>>>			

图 8.7　项目 1 程序运行结果

8.1.4　项目提升

程序的运行结果已经可以满足项目的基本需要，但如果要进一步提升对网络爬虫的理解，仍需要优化程序。

1. robots 协议

网络爬虫是一把双刃剑，在方便网络数据获取的同时，也给网站服务器增加了额外的负担，甚至可能会成为非法获取信息的手段，所以有些网站会禁止网络爬虫的访问，一般会用 robots 协议来约定，即将文件 robots.txt 放在网站根目录下，用于声明本网站哪些内容可以被爬取，哪些内容禁止爬取。

网站 A 的 robots.txt	网站 B 的 robots.txt
User-agent: * Disallow: /	User-agent: Baiduspider Allow: /www/html

User-agent 后面指出网络爬虫名称，Disallow 后面为禁止爬取的目录，Allow 后面为允许爬取的目录。上面网站 A 禁止所有网络爬虫爬取所有目录，网站 B 允许百度蜘蛛爬虫对 www/html 目录的爬取。在通过编写爬虫程序获取数据时，需要先查询 robots 协议，在符合法律和道德的前提下使用网络爬虫。

2. HTTP 请求的头部信息

某些 URL 地址用浏览器能够正常访问，但爬虫程序发送 HTTP 请求时总是从中获取不到数据。这很可能是网站服务器拒绝了来自爬虫程序的请求。由于服务器可以通过头部信息来判断请求者是真实的浏览器还是爬虫程序，故可以通过伪装头部信息对服务器发起请求，从而获取正确的反馈页面。例如，本项目程序中的第 4~6 行就起到了此作用，它告诉服务器这是来自 Windows 操作系统的谷歌浏览器发送的请求。

```
head={'User-Agent':'Mozilla/5.0 (Windows NT 6.1; \      # 操作系统版本信息
WOW64) AppleWebKit/537.36 (KHTML, like Gecko) \ # 浏览器版本信息
Chrome/78.0.3904.108 Safari/537.36'}
```

1. 异常处理

爬虫程序访问目标网站，有时会失败，如果不进行异常处理，程序就会崩溃；如果能很好地处理这些异常，便能大大提升网络爬虫的工作效率。因此，可以把本项目的程序第 7~9 行进行如下修改。

```
try:
    response = requests.get(url,headers=head)
    if response.status_code == 200:          # 状态码为 200 表示成功
        code= response.text                  # 返回文本形式的 HTML 源码
except:
        code=' '
```

2. 降低访问频率

由于爬虫程序访问服务器的速度太快，如果不加以限制，可能会被服务器上的安全软件识别成恶意攻击而不会反馈结果，甚至可能会被封掉本机 IP 地址所有的请求。所以，需要在每次访问后添加一个间隔时间。这需要提前导入标准库 time，在以 GET 方式发送 HTTP 请求之前，添加一行语句 time.sleep(1)，即可让爬虫程序在每爬取一页后，暂停 1 秒再爬取下一页。

```
import time
    ……
    time.sleep(1)                                    # 程序暂停 1 秒
    response = requests.get(url,headers=head)        # 再访问下一页
    ……
```

3. 保存到 Excel 文件

本项目中的爬虫程序对获取到的数据只进行了打印输出。其实，更适合书单的存储形式是 Excel 文件。使用 Python 将数据写入 Excel 文件的方法较多，比较常用的是 xlsxwriter 库。因此，在本程序最后加入如下代码，即可将获取到的书单写入 Excel 文件中。

```
wb=xlsxwriter.Workbook("d:\\当当新书榜.xlsx")                # 创建工作簿
sheet=wb.add_worksheet("book")                              # 创建工作表
format1 = wb.add_format({'font_size': 12,'border':1})       # 设置格式
for i in range(len(books)):
    sheet.write_row('A'+str(i),books[i],format1)            # 写入整行
wb.close()                                                  # 关闭文件
```

修改后生成的 Excel 文件效果如图 8.8 所示。

书名	作者	出版社	推荐指数
家人闲坐，灯火可亲 汪曾祺散文集（愿你有	汪曾祺	光明日报出版社	99.7%
半小时漫画宋词（漫画科普开创者二混子新作	陈磊・半小时	上海文艺出版社	100%
笑场（全书新增40000字，李诞首部全新	李诞	北京联合出版有限公司	99.9%
戴老师魔性诗词课	戴建业	北京联合出版有限公司	98.3%
鲜衣怒马少年时-唐宋诗人的诗酒江湖（当当	少年怒马	湖南文艺出版社	100%
巷里林泉(大冰推荐作者故园风雨前新作，随	故园风雨前	长江文艺出版社	97.3%
于谦小酒馆（谦哥三宝：《动物园》《小酒馆	于谦	浙江文艺出版社	100%
36岁，人生半熟	宽宽	北京联合出版有限公司	99.9%
作家榜经典：唐诗三百首（马未都推荐版！通	蘅塘退士	中信出版社	99.5%
她们：当代文学大家阎连科，暌违十年，重磅	阎连科	河南文艺出版社	100%
许渊冲：美得让人窒息的唐诗宋词诗经3册套	陆苏	长江文艺出版社	99.9%
丰子恺活着本来单纯	丰子恺	北京联合出版有限公司	100%
于谦动物园（谦哥三宝：《动物园》《小酒馆	于谦	浙江文艺出版社	99.9%
文化苦旅（余秋雨独家定稿版 ，作者直接授	余秋雨	北京联合出版有限公司	98%
北野武的深夜物语 （虽然辛苦，我还是会选	北野武	四川文艺出版社	100%
《诗经》是一本故事书	王福利	延边教育出版社	100%
我想要两颗西柚（独家签名版。胡辛束 20	胡辛束	浙江文艺出版社	39.3%
不要和你妈争辩（《外婆的道歉信》作者巴克	弗雷德里克・	天津人民出版社	100%
亲爱的你（丁丁张）：畅销书作家、编剧丁丁	丁丁张	北京联合出版有限公司	100%

图 8.8　优化后的程序输出的 Excel 文件截图

8.2　就业信息管理

又到毕业季，李明同学来到学校学生处，希望了解一下往届学长们的就业情况，但他看到的是 Word 文档“毕业生就业情况反馈表”，这种以文件方式管理的信息，不方便查询、修改、统计和分享，应用价值很有限。李明同学希望借助自己学习的 Python 知识，将这些 Word 文档中的重要信息保存到数据库中，建立一个毕业生就业信息管理系统，效果如图 8.9 所示。

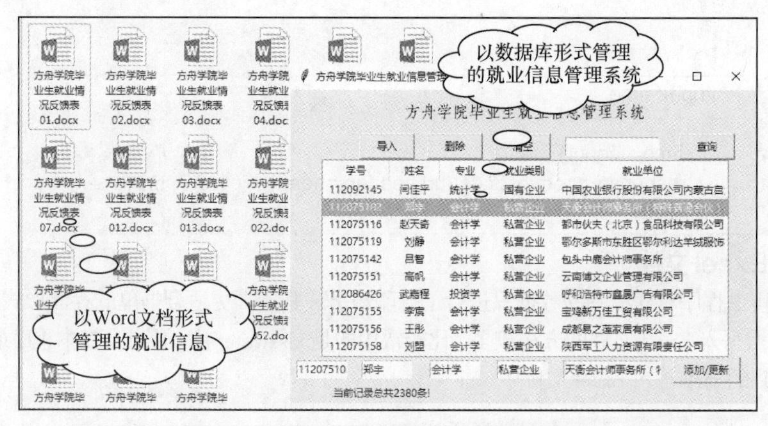

图 8.9 “项目 2 就业信息管理”效果示意图

项目 2 就业信息管理

8.2.1 项目分析

Python 拥有许多优秀的第三方库，可以帮助我们处理 Office 文档、管理数据库、搭建图形用户界面。本项目将运用这些知识建立一个相对完整的应用程序，实现毕业生就业信息由文件管理向数据库管理的升级。

在本项目中，已知有大量需要由毕业生就业后填写并以邮件形式反馈给学校学生处的 Word 文档，每个文档里有一个学生的就业信息，主要包括学号、姓名、专业、就业类别及就业单位等信息。

首先要将这些信息读取出来，并保存到数据库中，然后建立一个提供数据的添加、删除、修改、查询等功能的图形用户界面。需解决的问题如下。

问题 1：

如何读取 Word 文档中表格内指定的内容并将其保存到数据库中？

问题 2：

如何搭建图形用户界面，实现对数据库的增加、删除、修改、查询操作？

1. 分析文档结构

李明同学研究了一下“毕业生就业情况反馈表”Word 文档的结构，所有文档都采用了同样的表格，如

图 8.10 所示。本项目所需要提取的信息主要有学号、姓名、专业、就业类别及就业单位，只需读取表格中指定的行和列的内容即可。

方舟学院毕业生就业情况反馈表

学号	112074856	姓名	李娜	性别	女
院系	会计系	专业	会计学	班级	11 会计 8
毕业证号	201510139200399	手机	1390985888	邮箱	888888@qq.com
单位名称	北京友邦科贸有限公司				
单位地址	北京市	北京市北京友邦科贸有限公司			
单位性质	私营企业	薪资（月）	7700		

图 8.10 “毕业生就业情况反馈表”Word 文档的结构

2. 明确功能需求

李明同学咨询了学生处的老师，明确了学生就业信息管理的主要功能及其相关要求，从而得到本项目需要实现的主要功能。具体如表 8.3 所示。

表 8.3 就业信息管理主要功能描述

业务	业务描述	功能描述
收集	从邮箱下载“毕业生就业情况反馈表”，并将其保存到本地文件夹	打开指定文件夹，批量读取 Word 文档
提取	从每一个 Word 文档中复制关键信息到 Excel 表格中保存	提取 Word 文档中的指定内容，并将其保存到数据库中
添加	手工添加一个学生的就业信息	通过输入框输入信息，添加一条记录到数据库中
修改	修改指定学生的就业信息	编辑某个学生的就业信息，并将其保存到数据库中
查询	根据指定姓名模糊查询就业信息	通过姓名字段查询数据库，显示匹配到的所有记录
删除	删除指定学生的就业信息表	根据学号删除一条记录，或清空所有记录
计数	查看当前共收集了多少就业信息	显示当前数据库中的记录数，或者查询结果的记录数

3. 确定项目目标

根据以上对已有 Word 文档结构的分析，对管理工作业务进行梳理，李明同学将本项目的目标分解为以下 4 个小目标。

（1）建立数据库，创建包含学号、姓名、专业、就业类别及就业单位 5 个字段的数据表。

（2）读取 Word 文档中指定的信息，并将其添加到数据库。

（3）建立程序窗口，以表格形式显示数据库内容，建立打开、删除、查询、更新等功能的图形用户界面。

（4）实现对数据库内容的添加、删除、修改、查询等操作。

1. 读取 Word 文档

本书前面介绍了 Python 文件操作的相关知识，Word 文档的读取方法与之类似，需要安装 Word 文档的第三方库 docx，在命令行输入命令“pip install python-docx”即可完成安装。

本项目要读取的数据在表格中，运用第三方库 docx，可以将文档中所有的表格都放到 tables 列表中，只需要指定行和列，即可读取表格中的内容。例如，运行如下程序即可读取一份“毕业生就业信息反馈表”中的姓名和就业单位的信息。

```
from docx import Document                # 导入 Word 文档的第三方库
file='毕业生就业信息反馈表.docx'          # 打开 Word 文档
tables = Document(file).tables           # 获取文档中所有的表格
t = tables[0]                            # 读取第 1 个表格
print('姓名：',t.cell(0,4).text)          # 输出表格第 1 行第 4 列内容
print('就业单位：',t.cell(3,2).text)      # 输出表格第 4 行第 2 列内容
```

程序运行结果：

方舟学院毕业生就业情况反馈表

学 号	112074856	姓 名	李娜	性别	女
院系	会计系	专 业	会计学	班级	11 会计 8
毕业证号	201510139 200399	手 机	1390985888	邮 箱	888888@qq.com
单位名称	北京友邦科贸有限公司				

```
姓名： 李娜
就业单位： 北京友邦科贸有限公司
>>>
```

2. 建立数据库

本项目需要建立一个数据库，该数据库用于存储毕业生的就业信息。Python 自带的 SQLite 就是一款轻量级的数据库，它以“.db”文件的形式存在，无须安装管理软件，可以跨平台访问，非常简洁。使用前需要先用“pip install sqlite3”命令安装 sqlite3 数据库。以下程序用于连接 sqlite3 数据库，并用一条 SQL 语句建立了本项目所需要的数据表。

```
import sqlite3                                              # 导入 sqlite3 数据库
conn=sqlite3.connect('job.db')                              # 建立连接
cursor=conn.cursor()                                        # 创建操作指针
cursor.execute('create table joblist(snum varchar(20)\
     primary key,sname varcher(20),zy varcher(10),\         # 执行 SQL 语句
     lb varcher(20),com varcher(50))')
conn.commit()                                               # 提交执行结果
cursor.close()                                              # 关闭连接
```

本项目首先需要建立一个 joblist 数据表，该数据表包括 5 个字段。对该数据表进行的增加、删除、修改、查询操作可通过执行 SQL 语句来完成。本项目常用的 SQL 语句如表 8.4 所示。

表 8.4 就业信息管理中常用的 SQL 语句

操作	SQL 语句
新建数据表	create table joblist(snum varchar(20) primary key, sname varcher(20),zy varcher(10),lb varcher(20),com varcher(50))
查找全部	select * from joblist
模糊查询	select * from joblist where sname like '%李娜%'
修改信息	update joblist set zy='计算机信息管理' where sname= '李明'
添加记录	insert into joblist(snum,sname,zy,lb,com) values('112074856', '李娜', '会计学', '国有企业', '北京友邦科贸有限公司')
删除记录	delete from joblist where snum = 112074856
计数	jobs=exesql("select * from joblist") count=len(jobs.fetchall( ))

3. 设计图形用户界面

在 Python 中设计图形用户界面一般使用自带的 tkinter 库，本项目图形用户界面设计如图 8.11 所示，其中用到按钮、输入框、标签等基本控件；用 ttk 子库中的 Treeview 控件显示表格数据；用 filedialog 控件浏览目录，打开文件；用 messagebox 控件显示操作提示信息；用 grid(行，列)的方式来组织窗口布局。

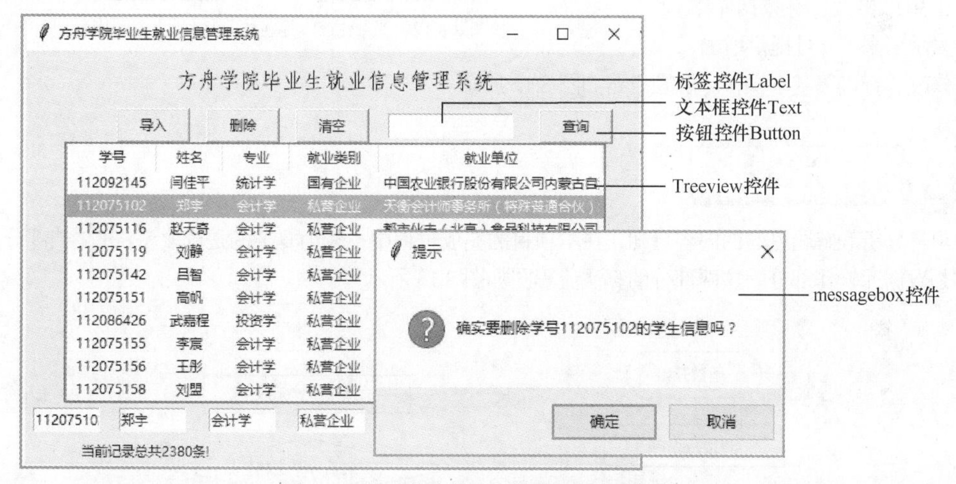

图 8.11 就业信息管理系统窗口的主要控件

使用 tkinter 库创建图形用户界面程序的过程比较复杂，一般需要创建窗口、设置属性、定义控件、绑定响应事件、布局窗口等步骤。下面的程序用于建立一个窗口，添加两个控件，再通过按钮事件来改变另一 Label 控件的显示内容。

```
import tkinter as tk                                      # 导入 tkinter 库
w = tk.Tk()                                               # 建立窗口对象
w.title('tkinter 测试')                                   # 设置标题
w.geometry('300x50')                                      # 设置窗口大小
def show():                                               # 定义按钮事件响应函数
    str1.set('点击了按钮！ ')                              # 单击时改变标签内容
str1=tk.StringVar()                                       # 设置一个窗口变量
linfo=tk.Label(w, textvariable=str1, width=30)            # 定义标签
linfo.grid(row=0,column=0)                                # 布局标签到第 1 行第 1 列
bt = tk.Button(w, text='显示', command=show)              # 定义按钮
bt.grid(row=0,column=1)                                   # 布局按钮到第 1 行第 2 列
w.mainloop()                                              # 显示窗口，侦测事件
```

程序运行结果：

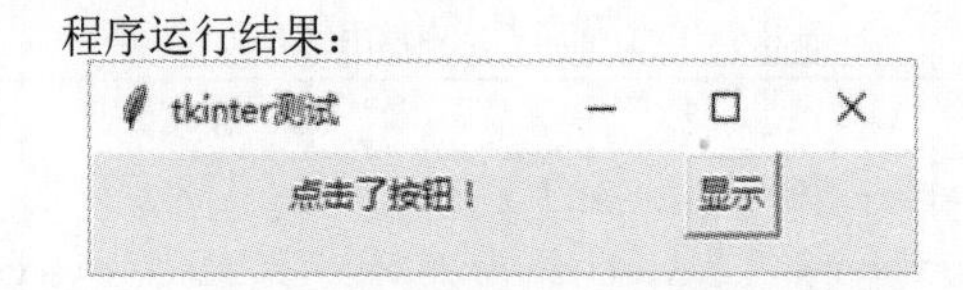

8.2.2 项目规划

掌握了 Word 文档的读取、数据库及图形用户界面的相关知识，就可以规划本项目的解题思路，并确定程序的基本流程了。

本项目可以分为两大部分：第 1 部分对大量的 Word 文档进行处理，提取出其中的信息，再将该信息写入数据库中；第 2 部分搭建图形用户界面，将数据库中的内容显示出来，并且提供增加、删除、修改、查询等基本操作。解题思路如图 8.12 所示。

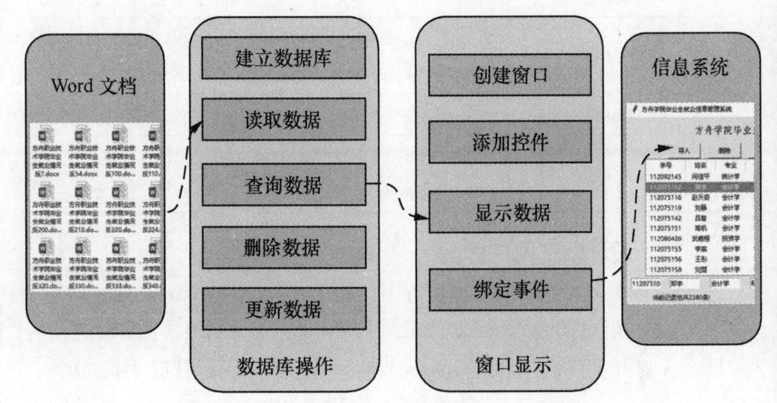

图 8.12 “项目 2 就业信息管理”解题思路

由项目分析和解题思路的内容可知，在本项目的完成过程中，较为复杂的是读取 Word 文档部分，使用最多的是数据库操作部分。这两部分的算法流程图如图 8.13 所示。

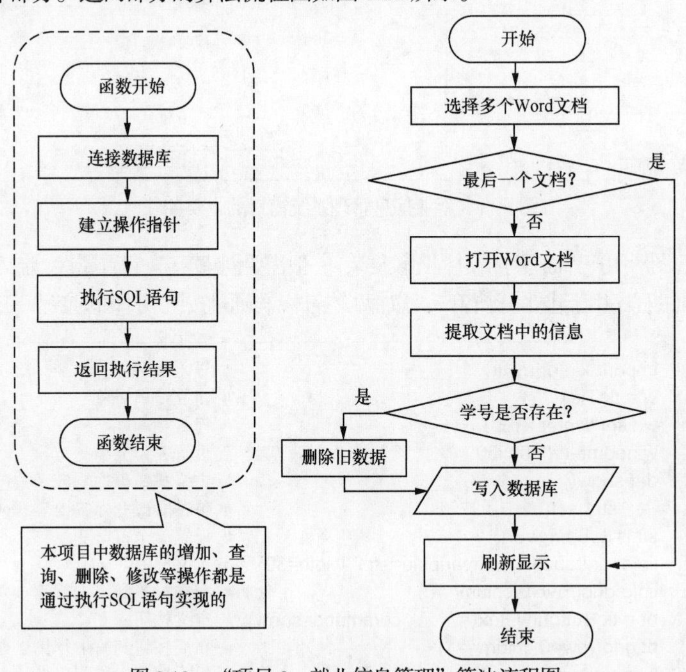

图 8.13 “项目 2 就业信息管理”算法流程图

8.2.3 项目实施

项目规划完成后，进入具体实施阶段，该阶段主要包括编程实现和调试运行两部分。这两部分是交替进行的，在编程过程中不断对程序进行调试运行，发现问题，修改完善。本项目的程序代码较长，将分为数据库操作、批量提取 Word 文档信息、显示数据内容、数据的查询与删除、搭建程序窗口 5 个部分来编写。

1. 数据库操作

本项目多次用到数据库操作，将其编写成一个函数，传入 SQL 语句，返回执行结果。另外，本项目用到的几个第三方库也要事先全部导入进来。

项目 2　就业信息管理（数据库操作）.py

```
1  import os,sqlite3                              # os 库和数据库模块
2  import tkinter as tk                           # tkinter 库
3  from tkinter import ttk,messagebox,filedialog
4  from docx import Document                      # 操作 Word 文档的 docx 库
5  def exesql(sql):                               # 定义执行 SQL 语句的函数
6      conn=sqlite3.connect('job.db')             # 建立链接
7      cursor=conn.cursor()                       # 建立操作指针
8      s=cursor.execute(sql)                      # 执行 SQL 语句
9      conn.commit()                              # 提交结果
10     return s                                   # 返回执行结果
```

2. 批量提取 Word 文档信息

本项目的信息来源主要是 Word 文档，程序首先调用 filedialog.askopenfilenames( )方法打开浏览文件窗口，遍历所有文件，让用户选择一个或多个 Word 文档，读取其中指定的信息。为了防止重复导入，需要先判断数据库中是否已存在该学生的信息，如果已存在，则删除原有数据，再插入新的数据。操作完成后，调用显示函数，刷新数据表中的内容。

项目 2　就业信息管理（批量提取 Word 文档信息）.py

```
11 def read_docx():
12     p=filedialog.askopenfilenames()            # 浏览文件，选择多个 Word 文档
13     for doc in p:                              # 遍历所有文件
14         if os.path.splitext(doc)[1] == '.docx':    # 查找“.docx”文档
15             tables = Document(doc).tables      # 获取文档中的表格
16             t = tables[0]
17             job=exesql('select * from joblist where snum='+t.cell(0,2).text)
18             if len(job.fetchall())>0:          # 如果已存在，则先删除
19                 exesql('delete from joblist where snum = '+t.cell(0,2).text)
20             sql='insert into joblist(snum,sname,zy,lb,com) values("'\
21                 +t.cell(0,2).text+'","'+t.cell(0,4).text+'","'+t.cell(1,4).text+'","'\
22                 +t.cell(5,2).text+'","'+t.cell(3,2).text+'")'
23             exesql(sql)                        # 添加到数据库
24             show_job()                         # 刷新显示
25     messagebox.showinfo('提示','成功导入/更新'+str(len(p))+'条就业信息!')
```

3. 显示数据内容

为了直观展示数据，需要以表格形式显示就业信息。tkinter 库提供的基础控件不合适，需要使用 ttk 子库中的 Treeview 控件，实现较专业的显示效果。

项目 2　就业信息管理（显示数据内容）.py

```
26 def show_job(sname='all'):
27     tree.column("学号",width=80, anchor='center')
28     tree.column("姓名",width=60, anchor='center')
29     tree.column("专业",width=60, anchor='center')
30     tree.column("就业类别",width=80, anchor='center')
31     tree.column("就业单位",width=200)            # 设置列的显示效果
32     tree.heading("学号",text="学号")
33     tree.heading("姓名",text="姓名")
34     tree.heading("专业",text="专业")
35     tree.heading("就业类别",text="就业类别")
36     tree.heading("就业单位",text="就业单位")
37     x=tree.get_children()                        # 清除原有数据
38     for item in x : tree.delete(item)
39     if(sname=='all') : job2=exesql('select * from joblist')
40     else : job2=exesql("select * from joblist where sname\
41                 like '%"+sname+"%'")             # 根据传入的学生姓名
42     jobs=job2.fetchall()                         # 查询要显示的数据
43     for i in jobs : tree.insert('','end',values=(i[0],i[1],i[2],i[3],i[4]))
44     str_num.set("当前记录总"+str(len(jobs))+"条!")
```

4. 数据的查询与删除

本项目要求能够根据姓名对所有数据进行模糊查询。删除操作分为删除一条数据和删除所有数据，所以要通过分别编写不同的函数来实现。

项目 2　就业信息管理（数据的查询与删除）.py

```
45 def del_snum():                                  # 根据学号删除
46         curItem = tree.focus()                   # 获取当前选中的学生信息
47         snum=str(tree.item(curItem)['values'][0])
48         if(messagebox.askokcancel('提示', '确实要删除学号'\
49                     +snum+'的学生信息吗？')):
50             if(exesql('delete from joblist where snum = '+snum)):
51                 messagebox.showinfo('提示','删除成功!')
52                 show_job()
53 def del_all():                                   # 删除所有数据
54         if(messagebox.askokcancel('提示', '确实要清空所有数据吗？')):
55             if(exesql('delete from joblist where 1')):
56                 messagebox.showinfo('提示','所有数据已清空!')
57                 show_job()
58 def search():                                    # 模糊查询
59     show_job(e1.get())                           # 根据消息框内容显示结果
```

5. 搭建程序窗口

要在 Python 中搭建图形用户界面，首先需要建立一个窗口对象，然后在上面定义各种控件，使用 grid() 方法进行布局。例如，本项目用到了标签、按钮、输入框及 Treeview 等控件，每个控件通过绑定事件函数来

完成具体的动作。

项目 2　就业信息管理（搭建程序窗口）.py

```python
60 w = tk.Tk()
61 w.title('方舟学院毕业生就业信息管理系统')
62 w.geometry('550x360')
63 l = tk.Label(w, text='方舟学院毕业生就业信息管理系统',
64         font=('Arial', 14), width=50, height=2)
65 l.grid(row=0,columnspan=7)
66 b_open = tk.Button(w, text='导入', width=8, height=1,
67              command=read_docx).grid(row=1,column=1)
68 b_del = tk.Button(w, text='删除', width=8, height=1,
69              command=del_snum).grid(row=1,column=2)
70 e1 = tk.Entry(w,width=12,font=('Arial', 12))
71 e1.grid(row=1,column=4)
72 b_search = tk.Button(w, text='查询', width=8, height=1,
73              command=search).grid(row=1,column=5)
74 b_delall = tk.Button(w, text='清空', width=8, height=1,
75              command=del_all).grid(row=1,column=3)
76 tree=ttk.Treeview(w,show="headings",
77        columns=('学号','姓名','专业','就业类别','就业单位'))
78 tree.grid(row=2,columnspan=7)
79 str_num=tk.StringVar()
80 linfo=tk.Label(w, textvariable=str_num,
81             anchor='nw',width=65, height=2)
82 linfo.grid(row=4,columnspan=7)
83 show_job()
84 w.mainloop()
```

1. 读取 Word 文档

在程序运行后，会显示图形用户界面。按图 8.14 所示操作，读取多个 Word 文档，然后程序调用 read_docx 函数逐一读取 Word 文档中的信息并将其写入数据库中，最后提示写入或更新信息的条数。

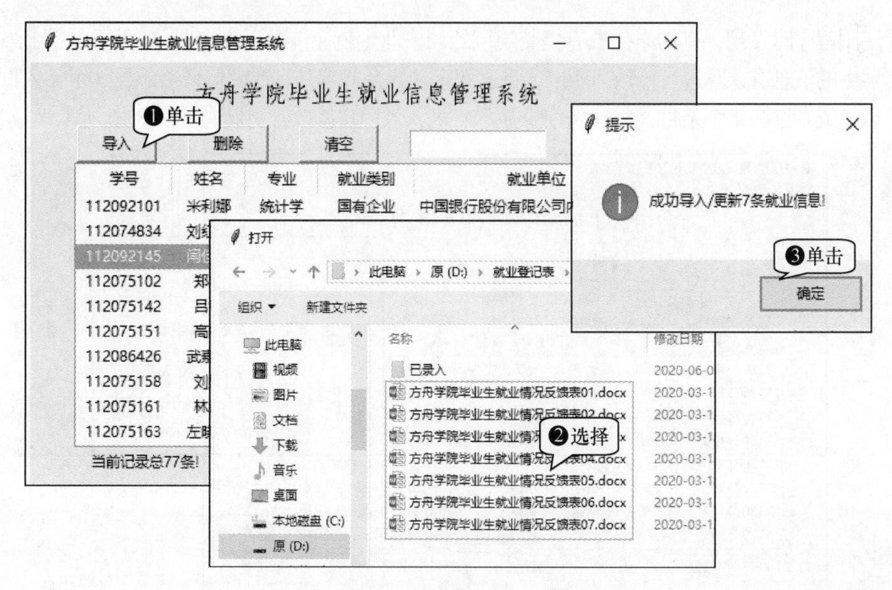

图 8.14　读取 Word 文档

2. 查询和删除信息

按图 8.15 所示操作，用户在输入框中输入姓名或某个关键字，单击“查询”按钮，程序调用 search 函数，将符合条件的信息查询出来并显示在列表中；用户单击某条信息，再单击“删除”按钮，程序显示提示框，对用户操作进行确认，再调用 del_sum 函数，将选定的信息删除。

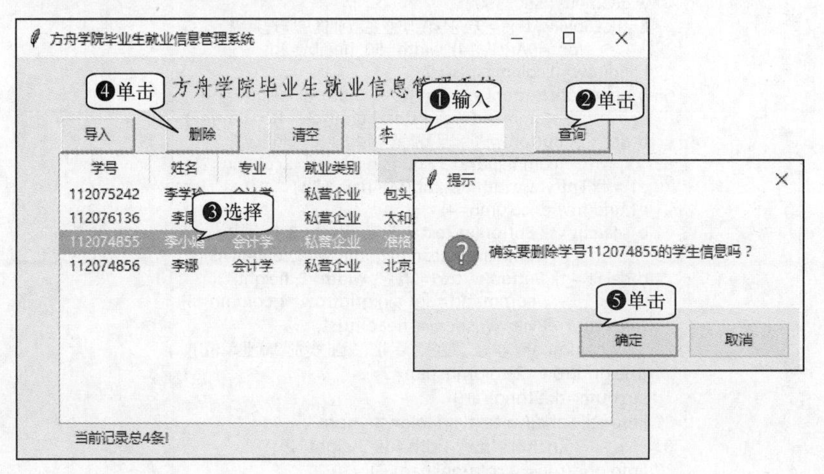

图 8.15　查询和删除信息

8.2.4 项目提升

本项目成功地将基于文件管理的“毕业生就业情况反馈表”转换成了基于数据库管理的就业信息管理系统，初步实现了项目需求，但使用过程中仍需要不断优化。

在实际使用程序时发现，有的学生没有提交规范的“毕业生就业情况反馈表”，需要用户手工添加，或者在看到某个学生的信息有误时进行修改。所以，将这两个功能合并起来，在窗口最后添加 5 个输入框，让用户手工输入信息；或者选中某个条目，将这条信息显示出来，供用户修改、更新，如图 8.16 所示。

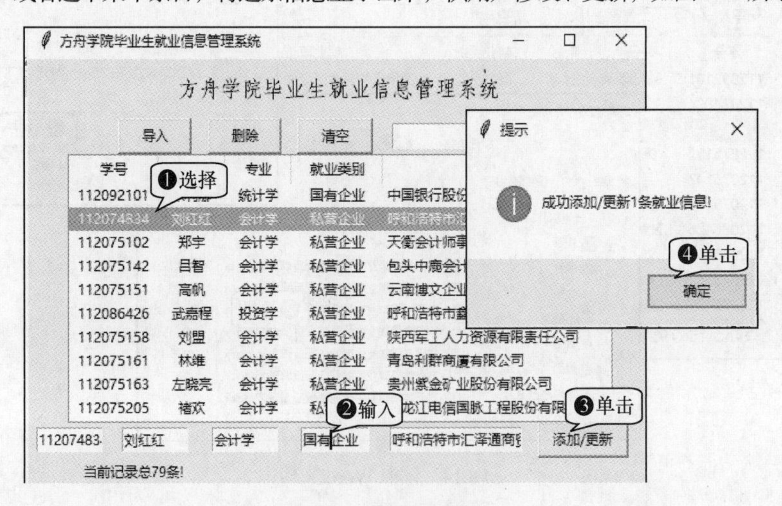

图 8.16　添加或更新信息

项目 2 就业信息管理（程序优化）.py

```
62 def addjob():                                    # 添加一条信息
63     job=exesql('select * from joblist where snum='+e2.get())
64     if len(job.fetchall())>0:
65         exesql('delete from joblist where snum = '+e2.get())
66     sql='insert into joblist(snum,sname,zy,lb,com) values("'+e2.get()\
67     +'","'+e3.get()+'","'+e4.get()+'","'+e5.get()+'","'+e6.get()+'")'
68     exesql(sql)
69     messagebox.showinfo('提示','成功添加/更新1条就业信息!')
70 def getinfo(event):                              # 将选中信息放入消息框
71     curItem = tree.focus()
72     n=tree.item(curItem)
73     e2.delete(0,'end');e3.delete(0,'end');e4.delete(0,'end')
74     e5.delete(0,'end');e6.delete(0,'end')
75     e2.insert(0,n['values'][0]);e3.insert(0,n['values'][1])
76     e4.insert(0,n['values'][2]);e5.insert(0,n['values'][3])
77     e6.insert(0,n['values'][4])
```

此外，窗口上还需要添加输入框和按钮，并且需要对 Treeview 控件绑定鼠标单击事件，调整窗口布局等细节需要完善。具体代码见文件“就业信息管理 B.py”。

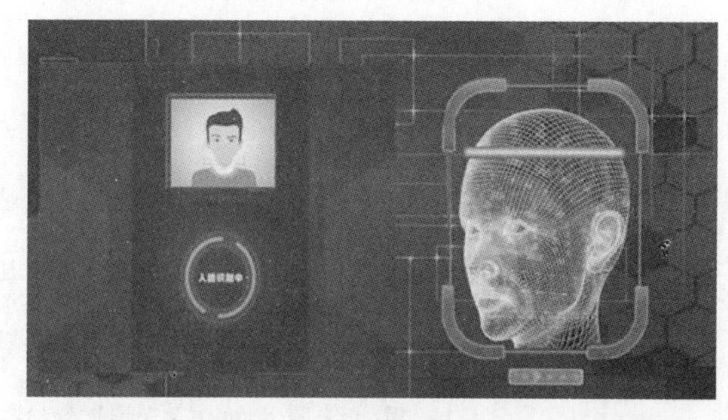

图 8.17 “项目 3 人脸识别考勤系统”示意图

8.3 人脸识别考勤系统

随着人工智能的发展，人脸识别得到了广泛应用，如购物时可以刷脸支付；银行办业务时可以刷脸认证；公司上班时可以刷脸考勤等。李明同学希望利用这一技术建立一个人脸识别考勤系统，如图 8.17 所示，该系统利用摄像头采集人脸照片，与人脸库中的照片进行对比，完成签到，自动保存签到记录。

项目 3 人脸识别考勤系统

8.3.1 项目分析

在 Python 中实现人脸识别的方法有很多。一种是基于 dlib、OpenCV 等第三方库来实现，但这些第三方库的安装和使用较为复杂，效果也一般；另一种是通过调用现有的 API 来实现，比如百度大脑开放的 API，该 API 使用起来较为方便，识别率高，而且每天 500 次以内的调用是免费的。本项目将采用百度大脑的 API 来完成人脸识别。

本项目需要实现的人脸识别考勤系统，用已有的人脸照片建立人脸库，考勤时，使用摄像头采集人脸照片，提取人脸特征信息，然后在人脸库中搜索，如果找到匹配的人脸，则返回签到成功。本项目应解决的问题如下。

问题 1：

如何调用本地摄像头获取人脸照片？

问题 2：

如何建立人脸库，进行人脸识别考勤，并保存考勤记录？

1. 明确功能需求

本项目已知的条件：所有学生的电子照片，可以用于人脸库的建立；一台笔记本计算机，可以用来运行 Python 程序，调用摄像头进行拍照签到。本项目的基本功能需求如下。

（1）打开本地摄像头，按空格键截取人脸照片。

（2）提取人脸特征信息，与人脸库中已有的照片进行对比。

（3）输出签到时间、班级、姓名等信息，同时将该信息记录到本地文件中。

（4）用上传照片的方式新增人脸信息到人脸库。

2. 寻找实现方法

人脸识别是基于人的脸部特征信息进行身份识别的一种生物识别技术，一般过程如下。

虽然有一些比较成熟的特征提取和识别的算法可用，但要用已有的 Python 知识写出完整的人脸识别程序还是比较困难的，有些第三方库的安装和调用也不是很方便。

百度大脑的 AI 开放平台提供了诸多人工智能的基础功能，可以方便地调用。比如人脸识别应用，就有人脸检测、人脸对比、人脸搜索、活体检测等许多功能。百度大脑还提供了可视化人脸库，便于进行人脸搜索和对比。所以本项目采用的技术路线是基于百度大脑的 API 实现人脸识别功能。

调用摄像头捕捉画面，可以使用 OpenCV 库实现。OpenCV 库是一款优秀的跨平台计算机视觉库，可用于获取摄像头实时视频中的某一帧，并将其保存成图片。

另外，本项目还将用 requests 库来发送请求，用 base64 库来转换图片格式，用 json 库来组织参数，用 time 库来记录时间等。

1. 创建人脸识别应用

在百度大脑官网（http://ai.baidu.com/）注册一个百度账号，按图 8.18 所示操作，创建一个“人脸识别考勤系统”的应用，即可获得相应的 AppID、API Key 和 Secret Key，这代表了应用的身份信息，在后面的 Python 代码中会用到它们。

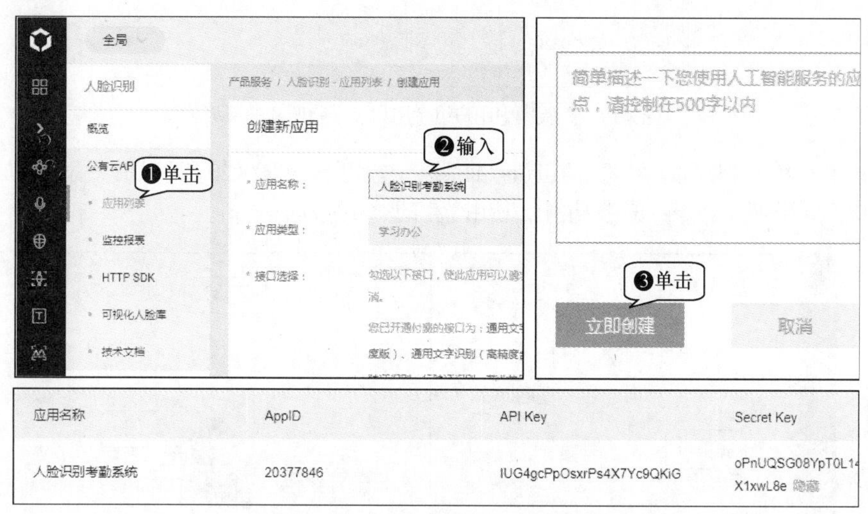

图 8.18　在百度大脑中创建应用

本项目主要使用百度的人脸搜索功能，而百度大脑提供了详细的技术文档和 Python 示例代码，有助于用户很快掌握 API 的使用方法。

2. 获取接口调用凭据

为了验证应用程序的接口调用权限，百度需要开发者在每次调用 API 时必须带上一个接口调用凭据（Access_Token）。Access_Token 可通过后台的 API Key 和 Secret Key 生成，即运行以下程序，但每个 Access_Token 的有效期只有 30 天，需要定期更换。

```
import requests
# client_id 为官网获取的 AK，  client_secret 为官网获取的 SK
host = 'https://aip.baidubce.com/oauth/2.0/token?grant_type=\
client_credentials&client_id=IUG4gcPpOsxrPs4X7Yc9QKiG&\
client_secret=oPnUQSG08YpT0L14lfUDGZoloX1xwL8e'
response = requests.get(host)
if response:
    print(response.json()['access_token'])
```

程序运行结果：

```
24.b2336cd54553e29b44a9e36a24746540.2592000.1594598026.282335-20377846
>>>
```

3. 建立人脸库

本项目主要是完成一对多的人脸搜索，首先需要构建一个人脸库，用于存放所有人脸特征。百度大脑中每个应用可以创建一个人脸库，每个人脸库里面可以分成若干个用户组，每个用户组里面可以存放若干用户信息，每个用户信息包括 user_id、user_info 和最多 20 张的人脸照片。人脸库中用户组、用户、人脸照片的层级关系如图 8.19 所示。

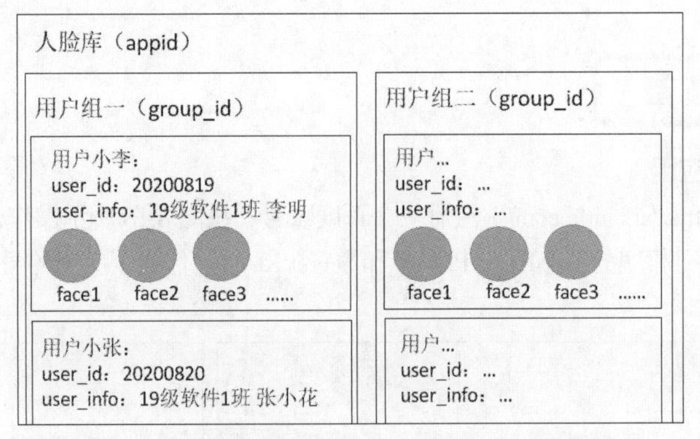

图 8.19　人脸库中用户组、用户、人脸照片的层级关系

根据项目分析，李明同学在“人脸识别考勤系统”应用中，按图 8.20 所示操作，添加“fzxy”用户组，将部分学生的人脸照片上传到该用户组中，使用学生的学号作为 user_id。

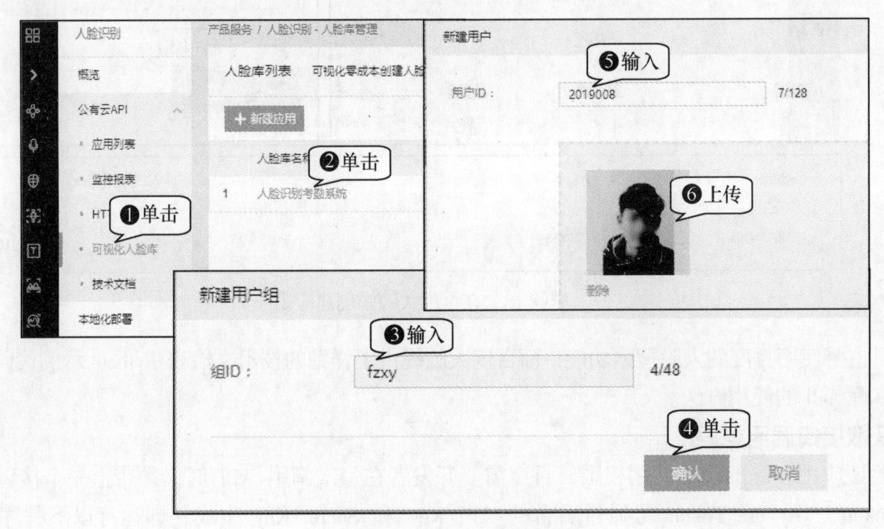

图 8.20　添加用户信息

8.3.2　项目规划

通过梳理项目要解决的问题，明确项目的技术路线，在完成项目前期准备之后，可以规划本项目的解题思路，并确定程序的流程。

本项目通过调用百度大脑 API 来完成人脸识别，要完成的主要工作有两个：一是调用本地摄像头进行拍照签到；二是调用百度大脑的 API。项目解题思路如图 8.21 所示。

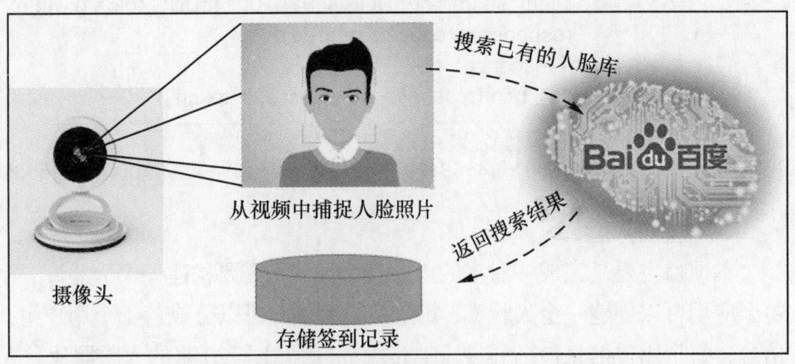

图 8.21　“项目 3　人脸识别考勤系统”解题思路

根据项目分析和解题思路可知，本项目主要包括调取本地摄像头进行拍照签到，以及发送 API 请求两个部分，算法流程图如图 8.22 所示。

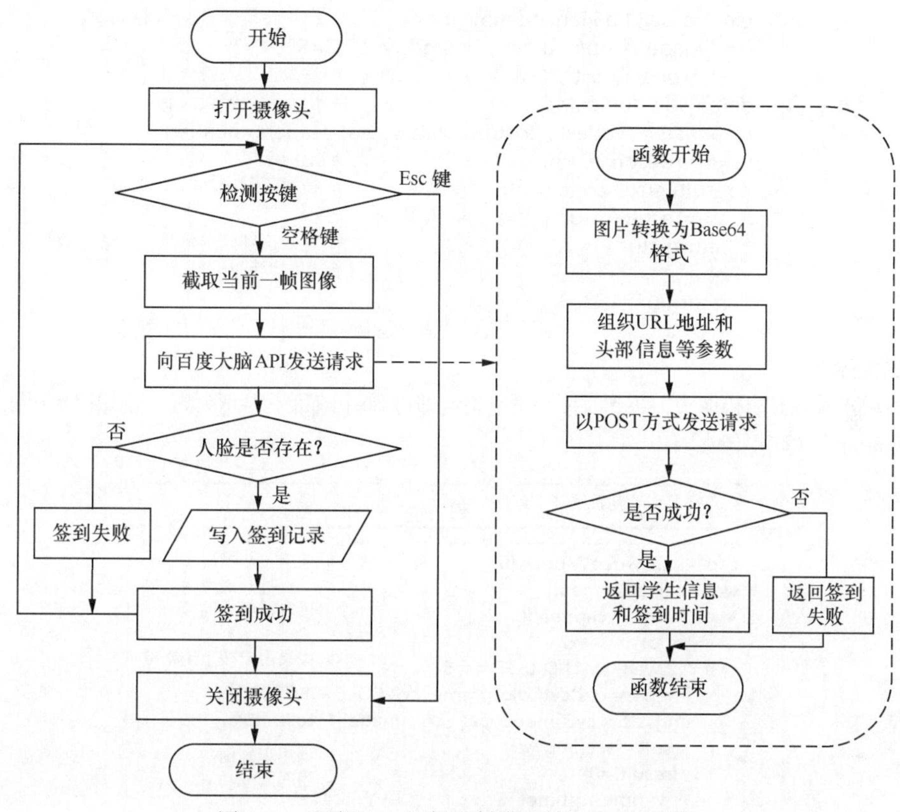

图 8.22　“项目 3　人脸识别考勤系统”算法流程图

8.3.3 项目实施

将项目中的某些特定功能交给专业的第三方平台，是当前软件开发中比较受欢迎的技术路线，比如本项目通过调用百度大脑 API 来实现人脸识别。项目实施时可以将这一过程编写成一个相对独立的函数，方便在以后的项目中借鉴使用。

1. 调用百度大脑 API

调用百度大脑 API 的函数及返回结果的格式，可以参考百度大脑官方帮助文档。本项目将图片转换成 Base64 格式，向百度大脑 API 发送请求，在已建立的“fzxy”用户组中搜索并返回搜索结果。

项目 3　人脸识别考勤系统（调用百度 API）.py

```
1  import cv2,base64,json,requests,time          # 导入必要的模块
2  def face(img):                                  # 转入图片
3      ak ='24.b2336cd54553e29b44a9e36a24746540.\  # 调用凭据
4          2592000.1594598026.282335-20377846'
5      url = "https://aip.baidubce.com/rest/2.0/face\   # 接口地址
6          /v3/search?access_token=" + ak
7      header={'content-type': 'application/json'}      # 头部信息
8      pic = base64.b64encode(img)                  # 图片转换为 Base64 格式
9      d={"image":str(pic,"utf-8"),"image_type":'BASE64',
10         "group_id_list":"fzxy"}                  # 参数指定人脸分组
11     data=json.dumps(d)                           # 所有参数转换成 json
12     response = requests.post(url, data=data, headers=header)
13     result=response.json()                       # 返回结果
14     if result['error_code']==0:                  # 搜索匹配成功
15         stu=result['result']['user_list'][0]['user_id']
16         return stu                               # 返回识别到的信息
17     else:                                        # 否则返回 0
18         return 0
```

2. 主程序

本项目要求始终开启摄像头，签到时按一下空格键即可调用上面的识别函数，返回识别结果；按下 Esc 键即可结束程序，关闭摄像头。

项目 3 人脸识别考勤系统（主程序）.py

```
20 cap = cv2.VideoCapture(0)                       # 使用 cv2 模块
21 while cap.isOpened():                            # 一直打开摄像头
22     ok,frame = cap.read()                        # 读取视频中的帧
23     if not ok : break
24     if cv2.waitKey(1) & 0xFF == 32:              # 如果用户按下空格键
25         image = cv2.cvtColor(frame, cv2.COLOR_BGR2RGB)
26         img_str = cv2.imencode('.jpg', image)[1].tostring()
27         result=face(img_str)                     # 调用识别函数
28         if(result!=0):                           # 当匹配成功时
29             t=time.strftime('%Y.%m.%d %H:%M:%S',
30                         time.localtime(time.time()))
31             with open('log.csv','a') as f:
32                 f.write(t+','+result+',签到成功\n') # 写入签到记录文件
33                 print(t+'  :  '+result+',签到成功！')# 输出提示信息
34         else:
35             print('人脸认证未通过，签到失败！')   # 提示签到失败
36     elif cv2.waitKey(1) & 0xFF ==27:             # 如果用户按下 Esc 键
37         cap.release();break                      # 关闭摄像头
38     cv2.imshow('Photo Graph',frame)              # 刷新显示
39 cv2.destroyAllWindows()                          # 关闭显示窗口
```

代码编写完成后，运行程序，成功打开笔记本计算机的摄像头，显示视频。由已添加人脸信息的学生和未添加人脸信息的学生分别按下空格键，测试结果如下。

已添加人脸信息的学生按下空格键，显示：

```
2020.06.13 16:23:20  :  2019008,签到成功！
>>>
```

未添加人脸信息的学生按下空格键，显示：

```
人脸认证未通过，签到失败！
>>>
```

签到记录文件：

	A	B	C
1	2020.06.13 16:13:19	2019002	签到成功
2	2020.06.13 16:15:18	2019007	签到成功
3	2020.06.13 16:20:20	2019006	签到成功
4	2020.06.13 16:23:20	2019008	签到成功

8.3.4 项目提升

从程序运行结果来看，本项目的程序能够打开摄像头，比较方便地完成基本的人脸识别签到，并记录签到结果。

本项目的程序已经可以完成基本功能，但使用时发现还存在两个明显的问题，具体如下。

（1）学生人数很多，如何批量上传学生人脸照片到人脸库？

（2）在签到记录和提示语中，可否显示学生班级和姓名信息？

在每条人脸信息中，除 user_id 之外，还可以添加一个描述性的字段 user_info。但在手动上传时，无法指定 user_info 字段。更合理的做法：编写一个人脸注册的函数，将已有的人脸照片批量合并，注册到人脸库中。如图 8.23 所示，从文件名中提取学生的 user_id 和 user_info。

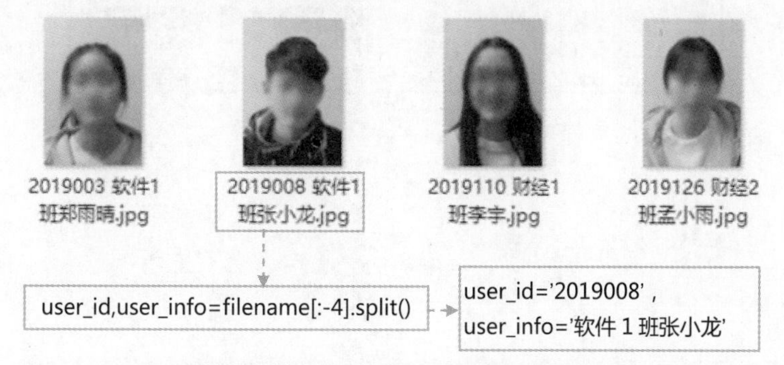

图 8.23　从文件名中提取用户信息示意图

因为注册人脸的程序相对于签到程序是独立的模块，所以单独建立一个名为“人脸识别考勤系统 B（人脸注册）.py”程序文件，程序代码如下。

项目 3 人脸识别考勤系统 B（人脸注册）.py

```
1  import os,base64,json,requests                          # 导入必要的模块
2  ak = '24.b2336cd54553e29b44a9e36a24746540.2592000.\
3  1594598026.282335-20377846'                            # 接口凭据
4  url = "https://aip.baidubce.com/rest/2.0/face/v3/faceset\
5  /user/add?access_token="+ak                            # 接口地址
6  header={'content-type': 'application/json'}
7  file_list = os.listdir("img\\")                        # 头部信息
                                                           # 照片位置
8  n=0
9  for filename in file_list:                              # 遍历每个文件
10     with open("img\\"+filename,'rb') as f:
11         pic=base64.b64encode(f.read())                  # 图片转换为 Base64 格式
12         user_id,user_info=filename[:-4].split()         # 提取文件名中的信息
13         p={"image":str(pic,"utf-8"),"image_type":'BASE64',
14           "group_id":"fzxy","user_id":user_id,"user_info":user_info}
15         response = requests.post(url, data=json.dumps(p), headers=he
16         result=response.json()
17         if result['error_code']==0:                     # 解析返回结果
                                                           # 上传注册成功
18             n+=1
19         else:
20             print(uinfo,'人脸信息添加失败！')            # 注册失败
21 print('成功添加',n,'张人脸信息！')
```

运行“人脸识别考勤系统 B（人脸注册）”程序，将 img 文件夹下的 413 张人脸信息全部上传到人脸库中，运行结果如下。

```
成功添加413张人脸信息！
>>>
```

再次运行签到程序，让多名学生进行签到操作，运行结果如下。

```
2020.06.13 16:43:15 财经1班李宇，签到成功！
2020.06.13 16:43:25 软件1班郑雨晴，签到成功！
2020.06.13 16:43:28 软件1班张小龙，签到成功！
2020.06.13 16:43:36 财经2班孟小雨，签到成功！
>>>
```

签到记录文件如下。

3	2020.06.13 16:20:20	2019006	签到成功
4	2020.06.13 16:23:23	2019008	签到成功
5	2020.06.13 16:43:15	财经1班李宇	签到成功
6	2020.06.13 16:43:25	软件1班郑雨晴	签到成功
7	2020.06.13 16:43:28	软件1班张小龙	签到成功
8	2020.06.13 16:43:36	财经2班孟小雨	签到成功
9			